中等职业教育国家规划教材 修订版
全国中等职业教育教材审定委员会审定

机械基础（多学时）
第 3 版

主　编　胡家秀

副主编　檀晓非

参　编　叶红朝　毛全有　李国强

主　审　陈廷雨

机械工业出版社

本书是教育部组织编写的中等职业教育国家规划教材，是在本书第 2 版的基础上，严格遵守教育部制定的"机械基础"课程教学大纲，并结合目前的新技术、新标准，以及课程改革的客观形势与实际需要，在广泛征求社会企业、学校教师等各方意见之后修订而成的。

本书共十一章，主要内容包括：概述、机械装置的受力、机械构件的强度与刚度、金属材料与热处理常识、机械零件的几何精度、机械常用机构、齿轮传动与齿轮系、机械挠性传动、联接、机械支承零部件、液压传动。

本书可作为中等职业学校机械类专业教材，也可供相关工程技术人员参考。

为便于教学，本书配套有电子课件、视频、习题答案等资源，使用本书作为教材的教师可登录机械工业出版社教育服务网（www.cmpedu.com），注册后免费下载，或来电（010-88379375）索取。

图书在版编目（CIP）数据

机械基础：多学时/胡家秀主编. —3 版. —北京：机械工业出版社，2023. 9

中等职业教育国家规划教材：修订版
ISBN 978-7-111-73807-7

Ⅰ.①机… Ⅱ.①胡… Ⅲ.①机械学–中等专业学校–教材 Ⅳ.①TH11

中国国家版本馆 CIP 数据核字（2023）第 170558 号

机械工业出版社（北京市百万庄大街 22 号 邮政编码 100037）
策划编辑：王莉娜 责任编辑：王莉娜 戴 琳
责任校对：张晓蓉 李 杉 闫 焱 封面设计：王 旭
责任印制：邸 敏
三河市宏达印刷有限公司印刷
2023 年 12 月第 3 版第 1 次印刷
210mm×285mm · 18.75 印张 · 394 千字
标准书号：ISBN 978-7-111-73807-7
定价：55.00 元

电话服务 网络服务
客服电话：010-88361066 机 工 官 网：www.cmpbook.com
010-88379833 机 工 官 博：weibo.com/cmp1952
010-68326294 金 书 网：www.golden-book.com
封底无防伪标均为盗版 机工教育服务网：www.cmpedu.com

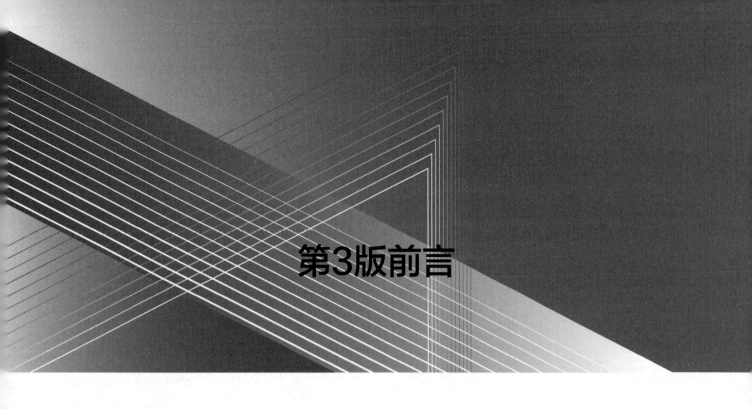

第3版前言

我国的职业教育近三十年来得到了长足发展，以服务制造业为己任的职业院校为"中国制造"培养高素质劳动者贡献良多。随着传统制造向智能制造的转型，职业教育的专业设置和课程构造都在发生巨大变化，传统制造技术课程平台化和融合信息技术的专业课程特色化成为新趋势。

《机械基础（多学时）》是教育部职教司最早确定的中等职业教育国家规划教材之一，首版还是 2001 年的事。2010 年，根据职业教育的中高职实际发展需要，对初版进行了修订。本版是第 2 次修订，主要体现了以下特色：

1）内容上以机械零件和机构的知识为核心，涵盖机械制造的基础技术：工程力学基础、金属材料与热处理常识、机械零件的几何精度、液压传动常识，保持教学内容的综合性和稳定性。

2）针对不同专业和学生的学习需求，将教学内容分为基本教学内容和拓展教学内容，拓展教学内容以二维码的形式链接在书中，供有需要的学生学习。

3）为推进教育数字化，制作了大量的动画和视频，并以二维码的形式链接在书中，供师生教学、学习参考。

4）贯彻新标准。凡在 2023 年 7 月前实施的相关国家标准，均在本书中予以贯彻，以适应行业发展的新需求，充分体现了本书的先进性。

5）融入了中国机械发展史，尤其是近年来中国制造所取得的成就，以培养学生的民族自信心。

6）每章后的思维训练采用客观题形式，以便于学生自检；作业练习要求学生在教师指导下完成。成绩评价以学生自评为主要依据，鼓励容错。

本书由胡家秀任主编，檀晓非任副主编，叶红朝、毛全有、李国强参加了编写，陈廷雨任主审。本书在编写过程中，得到了江阴克威齿轮箱制造有限公司原生产总监、高级工程师柴寿君，南京东星复合材料制品有限公司总经理、高级工程师张海生，长春机械研究院有限公司总工程师、高级工程师范辉等企业专家的大力支持，他们提供了宝贵的建议和意见，在此一并表示感谢！

编　者

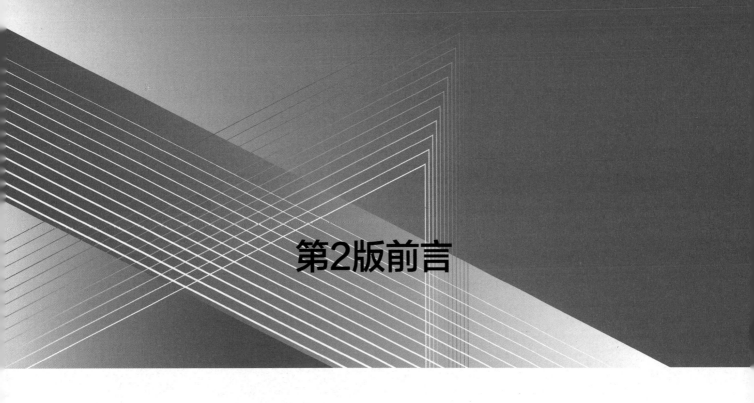

第2版前言

《机械基础》一书是教育部组织编写的中等职业教育国家规划教材，于 2001 年编写完成，在一段时间内为职业教育的发展做出了贡献，受到使用者的好评。然而，随着社会、经济、技术，以及职业教育本身的发展，职业教育的培养模式和相关教材的内容与编写方式都面临着更多、更新的要求，特别是对于职业教育的人才培养目标的逐步明晰，使编者认识到修订本书的必要性与迫切性。

机械基础是中等职业院校机械类专业的"支撑性"课程，该课程应覆盖机械类专业职业岗位必备的相关基础知识，同时还应协调好技能型人才知识能力目标的要求与目前职业教育的客观条件与发展现状。为此，本次修订主要体现在以下方面：

- 以教育部最新颁布的《中等职业学校机械基础教学大纲》作为基本依据，参考职业教育发达地区课程改革的经验编排内容。

- 简化大部分专题的教学内容，精简职业岗位初期接触较少的液压传动等内容。

- 增设机械润滑与密封等针对职业岗位应用的内容。

- 所编排的内容兼顾全书的系统性要求，使知识体系更加完整。书中涉及的选学内容用"＊"表示。

- 改变章后作业练习的形式，将基本概念学习考察与工程性应用训练的有机结合，便于课程学习评价的机动选择。

同时，本书采用了近年来最新颁布实施的国家标准，使其更具时效性。

本书共 12 章，由胡家秀主编并统稿，檀晓非任副主编，天津大学张策教授任主审。具体编写分工为：檀晓非编写第五、十章，叶红朝编写第四、九章，张军娜编写第二、三章，毛全有编写第十二章，其余各章由胡家秀编写。

本书在编写过程中得到了合作企业技术专家的支持，原机械职业教育基础课指导委员会机械设计学科组的同行们对本书也提出了许多宝贵意见，在此一并向他们表示衷心感谢。

为便于教学，本书配有免费电子课件，使用本书作为教材的教师可登录网站（www.cmpedu.com）注册后下载，也可来电（010-88379201）索取。

鉴于编者水平有限，书中难免存在缺点和不足，恳请广大读者批评指正。

编　者

第1版前言

　　本书是根据教育部职教司组织制订的"机械基础"课程教学大纲基本精神，在总结近年来中职本课程教改经验基础上编写的。编写一本在内容上能涵盖从事机、电工程一线职业岗位群高素质劳动者对机械基础方面的技术知识要求；文字上通俗易懂，注意理论知识与工程生产实践的密切结合；能使所有中等职业学校（包括中专、职业高中、技工学校）三年制机械类专业基本统一教学要求，以便为推行中等职业学校弹性学制创造必要条件的教材，是本书全体编者的努力目标。

　　本书编写时，考虑到本课程总信息含量较大，知识面较宽，总学时较多的特点，采用了相对独立的模块式结构，以利于为未来弹性学制所用。基于这一思想，本书共分为五篇十二章：由静力学概要、材料力学基础两章组成的工程力学基础篇；由金属材料与热处理基础、其他常用工程材料两章组成的机械工程材料基础篇；由常用机构、齿轮传动、齿轮系与减速器、带传动与链传动四章组成的常用机构与机械传动篇；由联接、支承零部件两章组成的联接与支承零部件篇；由液压传动基本概念、液压元件及简单液压系统分析两章组成的液压传动篇。书中画有"＊"者为选学内容。

　　本书的编写分工为：叶红朝（第三、四、九章），鹿国庆（第五、七章），毛全有（第十一、十二章），胡家秀（其余各章）。全书由胡家秀主编。章建民任主审。

　　在编写过程中，机械专指委基础课指委会机械设计学科组的许多同行提出了宝贵的意见，在此向他们表示衷心的感谢。鉴于编者水平有限，成书时间又比较仓促，书中难免有错误和不妥之处，热切希望广大读者批评指正。

　　为便于教学，本书配免费电子课件。有需要的学校请与责编联系：010-88379193。

编　者

2001 年 4 月

目　录

第一章　概　　述

人类生活中，无论何种产品，都必须经历机械加工这一最基本的生产过程。不管是宇航的飞船、高水平的计算机还是庞大复杂的核电站，它们的基础构件或制造这些产品的母机，必然是机械工程运作的结果。因此，机械工程是所有应用工程的基础，是人类改造世界最基本的手段。机械基础是工业生产一线技术人员的必备知识。

第一节　中国机械发展简史

中国五千年文明史是一部创造史，它铸就了灿烂的精神文化和卓越的工程文明，成为推动世界物质文明和精神文明的关键驱动力。机械工程技术是一切工程技术的基础。中国的机械工程技术历史悠久，成就辉煌。

早在商代，人们已发明了桔槔用来汲水灌溉（图 1-1），桔槔的结构相当于杠杆。汉朝张衡发明的天文仪器候风地动仪（图 1-2）也利用了杠杆原理。

三国时期蜀汉丞相诸葛亮北伐时为运粮草，巧妙设计了木牛流马，解决了崎岖山路运送粮草的大问题。此发明经久失传，后人据理推测其相当于近世的独轮车，但资料记载其机构相当精妙。

北宋时期的机械发展达到了相当的高度，北宋名相苏颂发明的水运仪象台（图 1-3）被誉为继中国的四大发明（造纸术、印刷术、指南针、火药）外的第五大发明。

商代发明的
汲水工具桔槔

图 1-1　商代发明的桔槔汲水

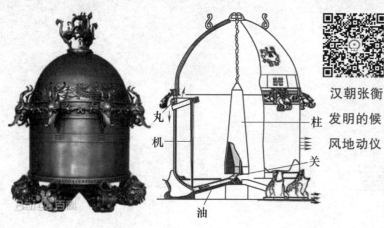

汉朝张衡
发明的候
风地动仪

水运仪象台

图 1-2　汉朝张衡发明的候风地动仪

图 1-3　水运仪象台

　　中国古代在世界机械技术发展史上有许多足以自傲的成就，但自从蒸汽机问世引发的第一次工业革命使西方的制造业突飞猛进，迅速拉开了中国与发达国家的差距，加上战乱和灾难，解放前中国的工业基础极其薄弱，很多产品的前缀都会有个"洋"字。中华人民共和国成立以后，在中国共产党领导下，人民当家做主，积极性与创造性被充分激发出来，加上科学决策，通过十一个"五年计划"，到 2015 年，我国已经拥有 39 个工业大类、191 个中类、525 个小类的产业门类，成为全世界唯一拥有联合国产业分类中全部工业门类的国家。装备制造领域发展日新月异，尤其是改革开放 40 余年，中国制造业取得了长足的进步，众多中国制造成就成为中国的骄傲。下面寥举数例以证中国制造业发展的今日辉煌：例 1，大国重器——国产盾构机（图 1-4）；例 2，大国重器——亚洲最大重型自航绞吸船"天鲲号"（图 1-5）；例 3，大国重器——"天宫一号"（图 1-6），为中国空间站探路；例 4，大国骄傲——水陆两栖飞机"鲲龙-600"试飞成功（图 1-7）。同学们可以扫码学习，一睹究竟。

国产盾构机

重型自航
绞吸船
"天鲲号"

图 1-4　大国重器——国产盾构机

图 1-5　大国重器——亚洲最大重型
自航绞吸船"天鲲号"

"天宫一号"

水陆两栖飞机
"鲲龙-600"

图 1-6　大国重器——"天宫一号"

图 1-7　大国骄傲——水陆两栖飞机"鲲龙-600"

第二节　机械的构成

机械是机器与机构的总称。

机器是用来变换或传递能量、物料和信息，能减轻或替代人类劳动的工具。

生活中的自行车、汽车、洗衣机、计算机，工业生产中的机床、机器人、自动生产线等都属于机器。显然，自行车能方便地助人变换能量，从而增加人的速率；汽车可以传递物料；而计算机则为人类传递、存储和处理信息开辟了无限广阔的应用领域。

一、机器的组成

无论何种机器，一般都由三部分组成，即原动装置、传动装置和执行装置。

图 1-8a 所示的台钻是用来在工件上加工孔的机器。由图 1-8b 可扼要分析其工作过程：电动机与其上左边的带轮连接，通过带将动力与运动传递给右边的带轮，此带轮轴与变速箱输入轴连接，通过变速箱（内部结构将在后续章节分析）变速，从而使与变速箱输出轴相连接的钻头具有需要的转速与钻削力（转矩）。显然，台钻的原动装置是电动机，传动装置由带传动装置与变速箱组成，执行装置是完成切削任务的钻头。

带传动装置

电动机

变速箱

a) 结构　　　　　　　　　　　　　　b) 传动部分

图 1-8　台钻

图 1-9 所示的牛头刨床是用来在工件上刨削平面的机器。由电动机通过带传动装置和齿轮传动装置实现减速，其执行装置为摆动导杆机构，通过它改变了运动形式，将齿轮传递的回转运动转变为滑枕的直线移动，带动刨刀做往复移动，实现对工件的刨削加工。

以上两例的机器是切削加工用的机床，其原动装置是电动机，而交通工具，如飞机、火车、汽车、轮船等，其原动装置则多数是汽油、柴油发动机，这些原动装置的输出运动

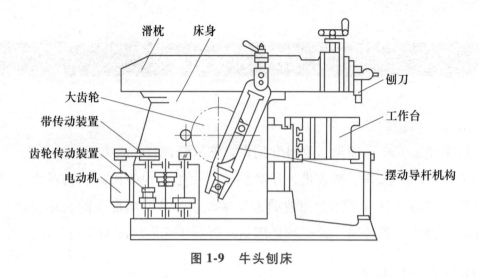

图 1-9 牛头刨床

都是圆周运动。当需要直接输出直线位移运动时，原动装置还可能是液压缸等。

由于电动机与汽油、柴油发动机的输出转速一般都比较高，此时在原动装置与执行装置之间就需要设置一级必要的传动装置，因为其输出功率相对稳定，就可获得所需要的较大转矩、较低转速或较小转矩、较高转速。

二、机构与构件

观察分析表明，传动装置与执行装置都是由一些基本形式的机构与传动承担的。而从运动的角度看，传动也属于机构范畴，所以说机构是构成机器的基本组元。

机构是具有确定相对运动的构件组合。图 1-10 所示为牛头刨床中为实现滑枕运动的摆动导杆机构，由若干构件（大齿轮、滑块、导杆、滑枕）组合而成。构件是机器中运动的最小单元。

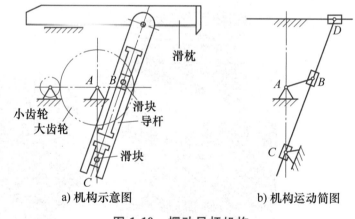

a) 机构示意图　　　　　b) 机构运动简图

图 1-10 摆动导杆机构

三、机械零件与部件

从制造的角度看，机器是由许多零件组成的。零件是不可拆的最小制造单元。

一个零件可能是一个构件（如图 1-10 所示的导杆）。多数构件是由若干零件固定连接而成的刚性组合。图 1-11 所示的齿轮构件就是由轴、键和齿轮组合而成的。

各种机械中普遍使用的零件称为通用零件，如齿轮、轴、弹簧与常用的紧固件；只在某类机械中使用的零件称为专用零件，如汽轮机的叶片、内燃机的活塞等。

部件是从装配视角对某些承担独立功能零件组合的统称，如图 1-12 所示的轴承、联轴器等都是典型的部件。

a) 深沟球轴承　　　　b) 凸缘联轴器

图 1-11　齿轮构件　　　　　　　　图 1-12　机械部件

综前所述，归纳要点如下：

1）构件与零件的区别在于：构件是机械运动的基本单元，零件是机械制造的基本单元。

2）机器与机构的区别在于：虽然机器和机构都具有确定的相对运动，且机器可以是一个机构或由若干构件与零件组成，但机器具有能代替或减轻人类劳动、完成功能转换的特征，而机构则不具有此特征。

第三节　机械的运动可行性评价

一、运动副、自由度与约束

1. 运动副

构件与构件之间既保证相互接触和制约，又保持确定的运动，这样的可动连接称为运动副。

只允许被连接的两构件在同一平面或相互平行的平面内做相对运动的运动副称为平面运动副。

按照接触特性，平面运动副可分为低副和高副。构件间的接触形式为面接触的运动副称为低副。常见的平面低副有移动副和回转副。图 1-13a 所示为移动副及其运动简图图形符号；图 1-13b、c 所示为回转副及其运动简图图形符号，回转副有时也称为铰链。

构件间的接触形式为点、线接触的运动副称为高副，如图 1-14 所示。在凸轮机构和齿轮机构中，构件 1 和构件 2 形成的运动副均为高副。

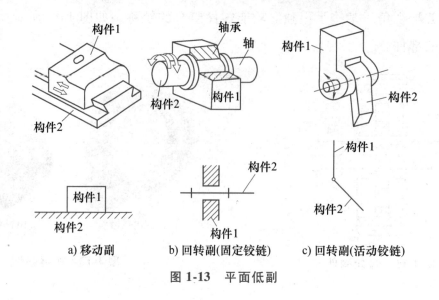

a) 移动副　　　　　b) 回转副(固定铰链)　　　c) 回转副(活动铰链)

图 1-13　平面低副

2. 自由度

做平面运动的构件相对于指定参考系的独立运动的数目，称为构件的自由度。任何做平面运动的自由构件都有 3 个独立的运动。如图 1-15 所示的 xOy 坐标系中，构件具有沿 x 轴和 y 轴的移动，以及绕任一垂直于 xOy 平面的轴线 A 的转动，因此做平面运动的自由构件有 3 个自由度。

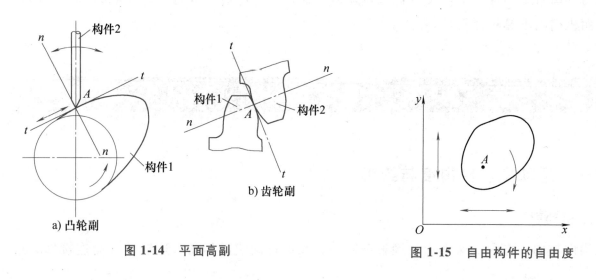

a) 凸轮副　　　　　　　　b) 齿轮副

图 1-14　平面高副

图 1-15　自由构件的自由度

3. 约束

当两构件组成运动副后，它们之间的某些相对运动受到限制，这种对于相对运动所加的限制称为约束。每加 1 个约束，自由构件便失去 1 个自由度。运动副的约束数目和约束特点，取决于运动副的形式。

如图 1-13 所示，当两构件组成平面回转副时，两构件间只具有一个独立的相对转动；当两构件组成平面移动副时，两构件便只具有一个独立的相对移动。因此，平面低副实际引入了 2 个约束，保留 1 个自由度。

如图 1-14 所示，当两构件组成高副时，在接触处公法线 $n—n$ 方向的移动受到约束，保留了沿公切线 $t—t$ 方向的移动和绕接触点 A 的转动。因此，平面高副实际引入 1 个约束，保留了 2 个自由度。

机械是由若干机构组合而成的，因此评价机械的运动可行性实际是对机构运动可行性的评价。设机构的原动件数为 W，机构的自由度为 F，机构的运动可行性由以下原则评价：

1）当 $W=F$ 时，机构的运动确定，即机械的运动可以准确实现。

2）当 $W<F$ 时，机构的运动不确定，即除非增加原动件，使之与机构的自由度 F 相等，否则机械的运动将处于不确定的状态。

3）当 $W>F$ 时，机构因超约束而无法运动，即机械的运动不可行。

因此，机械的运动可行性评价实际可归结为相关机构自由度 F 的计算及与原动件数 W 的比较问题。

二、平面机构自由度的计算

机构相对于机架所具有的独立运动数目称为机构的自由度。这里仅介绍最基本的平面机构自由度的计算方法，复杂机构自由度的计算均建立在此基础上。

设一个平面机构由 N 个构件组成，其中必有一个构件为机架，则活动构件数 $n=N-1$。它们在未组成运动副之前，共有 $3n$ 个自由度，用运动副连接后引入约束，减少了自由度。若机构中共有 P_L 个低副、P_H 个高副，则平面机构的自由度 F 的计算公式为

$$F=3n-2P_L-P_H \tag{1-1}$$

如图 1-16 所示的颚式破碎机机构，其活动构件数 $n=3$，低副数 $P_L=4$，高副数 $P_H=0$，则该机构的自由度为

$$F=3n-2P_L-P_H=3\times3-2\times4-0=1$$

自由度计算的关键是准确分辨实际作用的活动构件与运动副的数目，计算中涉及局部自由度与虚约束等复杂情况的处理，这些知识可以在需要继续学习时获取，这里不再赘述。

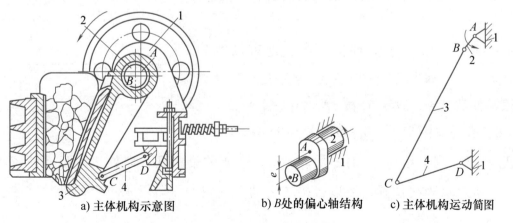

a) 主体机构示意图　　　b) B 处的偏心轴结构　　　c) 主体机构运动简图

颚式破碎机
主结构

图 1-16　颚式破碎机机构

三、机械装置运动可行性评价

机械装置是由机构组成的，通过对机械装置所有机构自由度的计算，可以正确判别机械装置运动可行性，从而给机械装置运动设计以正确的评价。下文以典型机械装置为例，说明运动可行性评价的过程。

例 1-1 对图 1-16 所示的颚式破碎机主体机构进行运动可行性评价。

解 如图所示，总构件数 $N=4$，故活动构件数 $n=N-1=3$，杆 3 分别与曲柄 2、摇杆 4 组成活动铰链，曲柄 2、摇杆 4 又与机架 1 组成固定铰链，因此共形成 4 个回转副，即 $P_L=4$，机构自由度为

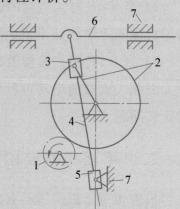

$$F=3n-2P_L-P_H=3\times3-2\times4-0=1$$

由于原动件数 $W=1=F$，因此判定机构具有确定的运动。

例 1-2 对图 1-9 所示的牛头刨床主体运动机构进行运动可行性评价。

图 1-17 牛头刨床主体机构

解 为便于计算，将图 1-9 所示牛头刨床主体机构上各构件标注了序号，原动件齿轮 1 标上了箭头，齿轮 2 可以抽象为杆 2，如图 1-17 所示。

显然，这里 $N=7$，$n=N-1=7-1=6$。仔细观察可知：齿轮 1、2 组成齿轮副；大齿轮 2 与机架 7、滑块 3 分别组成转动副；导杆 4 与滑块 3、摇块 5 分别组成移动副，而与滑枕 6 组成转动副；摇块 5 与机架 7 组成转动副；滑枕 6 与机架 7 组成移动副，即本机构共有 1 个齿轮副（高副 $P_H=1$），5 个转动副和 3 个移动副（低副 $P_L=8$）。于是机构的自由度为

$$F=3n-2P_L-P_H=3\times6-2\times8-1=1$$

由于原动件数 $W=1=F$，因此判定机构具有确定的运动。

例 1-3 试判别图 1-18 所示五杆机构的运动可行性。

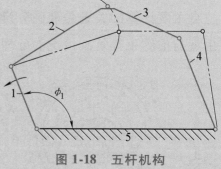

图 1-18 五杆机构

解 图中原动件数 $W=1$，$N=5$，$n=N-1=5-1=4$，$P_L=5$，$P_H=0$，机构自由度 $F=3n-2P_L-P_H=3\times4-2\times5-0=2$，因此 $F>W$，当只给定 ϕ_1 时，从动件 2、3、4 的位置既可以处于图示实线位置，也可以处于图示双点画线位置，所以机构的运动不确定，需再增加 1 个原动件，才能获得确定的运动。

思维训练

一、概念自检题

1-1　机器与机构的主要区别是（　　）。

A. 机器的运动较复杂　　　　　　　　　B. 机器的结构较复杂

C. 机器能完成有用的机械功或机械能　　D. 机器能变换运动形式

1-2　下列实物：1）车床，2）游标卡尺，3）洗衣机，4）齿轮减速器，5）机械式钟表，其中（　　）是机器。

A. 1)和2)　　　　　B. 1)和3)　　　　　C. 1)、2)和3)　　　　　D. 4)和5)

1-3　下列实物：1）台虎钳，2）百分表，3）水泵，4）台钻，5）牛头刨床工作台升降装置，其中（　　）是机构。

A. 1)、2)和3)　　　　　　　　　　　B. 1)、2)和5)

C. 1)、2)、3)和4)　　　　　　　　　D. 3)、4)和5)

1-4　下列实物：1）螺钉，2）起重吊钩，3）螺母，4）键，5）缝纫机脚踏板，其中（　　）属于通用零件。

A. 1)、2)和5)　　　　　　　　　　　B. 1)、2)和4)

C. 1)、3)和4)　　　　　　　　　　　D. 1)、4)和5)

1-5　两构件构成运动副的主要特征是（　　）。

A. 两构件以点、线、面相接触　　　B. 两构件能做相对运动

C. 两构件相连接　　　　　　　　　D. 两构件既连接又能做相对运动

1-6　判定图1-19所示运动副A，它限制两构件的相对运动为（　　）。

A. 相对转动　　　　　　　　　　　B. 沿接触点A切线方向的相对移动

C. 沿接触点A法线方向的相对移动　D. 相对转动和相对移动

1-7　如图1-20所示，运动副为高副的是（　　）。

A. a)　　　　　　B. b)　　　　　　C. c)　　　　　　D. d)

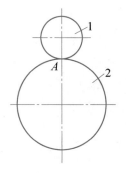

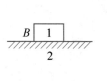

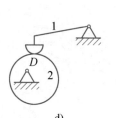

a)　　　　　　　b)　　　　　　　c)　　　　　　　d)

图1-19　题1-6图　　　　　　　　　　图1-20　题1-7图

1-8　下列可动连接：1）内燃机的曲轴与连杆。2）缝纫机的针杆与机头的连接。3）车床滑板与床面的连接。4）火车车轮与铁轨的接触。其中（　　）是高副。

A. 1）　　　　　　B. 2）　　　　　　C. 3）　　　　　　D. 4）

二、运算自检题

1-9　机构具有确定相对运动的条件是（　　）。

A. $F \geqslant 0$　　　B. $N \geqslant 4$　　　C. $W \geqslant 1$　　　D. $F = W$

1-10　图1-21所示机构的自由度为（　　）。

A. 1　　　　　　B. 2　　　　　　C. 3　　　　　　D. 0

1-11　要使图1-22所示机构具有确定的相对运动，需要的原动件数为（　　）。

A. 1个　　　　　B. 2个　　　　　C. 3个　　　　　D. 4个

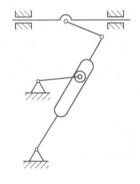

图1-21　题1-10图

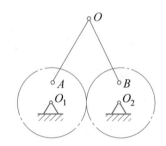

图1-22　题1-11图

1-12　图1-23所示为汽车车窗玻璃的升降机构，自由度计算式正确的是（　　）。

A. $F = 3 \times 7 - 2 \times 8 - 3 = 2$　　　　B. $F = 3 \times 6 - 2 \times 7 - 3 = 1$

C. $F = 3 \times 5 - 2 \times 6 - 2 = 1$　　　　D. $F = 3 \times 6 - 2 \times 6 - 3 = 3$

1-13　图1-24所示机构的自由度为（　　）。

A. 1

C. 3

B. 2

D. 4

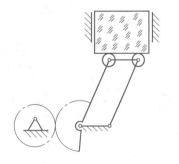

图1-23　题1-12图

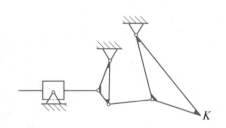

图1-24　题1-13图

作业练习

1-14　绘制图 1-25 所示各机构的机构运动简图，并计算其自由度。

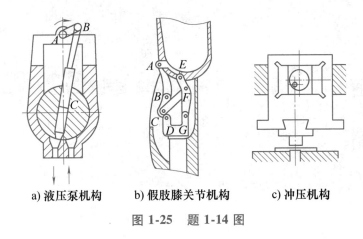

a) 液压泵机构　　b) 假肢膝关节机构　　c) 冲压机构

图 1-25　题 1-14 图

第二章 机械装置的受力

变速器是机器中应用最广泛的机械装置，打开箱盖，可以看到如图 2-1a 所示的齿轮系直观结构。由于它能比较全面地反映箱内齿轮啮合传动情况，制图时，此视图常被选为变速器的主视图。机械装置的工作零部件彼此在接触处均受力的作用，零件的寿命直接取决于所受力的大小与性质，因此必须进行力学分析。工程上力的概念与中学物理课讲授的没有本质区别，但为便于计算，约定了某种特定的规范解析运算体系，由此形成了工程力学。从学科体系上说，工程力学包括理论力学与材料力学两大部分：前者主要研究构件的运动与受力，后者侧重分析构件的强度与刚度（抗变形能力）。从技能型人才实际应用角度看，我们需要掌握的是应用静力学原理对构件进行受力分析和简单受力状态下构件强度校核的知识。本章主要解决构件受力分析的问题。

如图 2-1b 所示，工程上为了对实际研究对象（如汽车、船舶、机床、卫星等）进行力学分析，首先把它理想化，即抽象为力学模型，这样才便于进行数学描述，得到数学模型（这一过程简称建模），然后进行求解；对复杂的问题，则可通过建模并借助计算机进行数值求解。随后，对得出的结果进行分析，特别要与试验结果进行比较，如果误差符合要求，则结束分析，误差大时，往往要修改力学模型再分析。由此可见，力学模型直接决定计算结果的正确性，是力学分析的基础，十分重要。

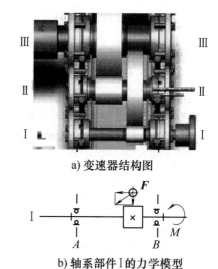

a) 变速器结构图

b) 轴系部件 I 的力学模型

图 2-1 典型机械装置——变速器

图 2-1 所示的 I 轴是变速器中的高速轴，外部的驱动力矩 M，通过右侧的联轴器传给轴上的小齿轮，并由小齿轮传递给 II 轴的大齿轮，大、小齿轮在啮合接触中存在相互的作

用力 F（F 是箭头所示沿三维坐标方向分力的合力）。

如何对实际对象进行正确的工程力学计算呢？这里需要应用静力分析。静力分析的常用模型为刚体模型。刚体是受力时不产生变形或其变形可以忽略不计的物体。

第一节　静力分析基础

一、基本概念

1. 力

力是物体间的相互作用。这种作用有两种效应，即使物体产生运动状态变化的运动效应与产生形状变化的变形效应。力有三个要素，即大小、方向与作用点。如图 2-2 所示，力是矢量，因此可以用有向线段 OA 表示（书中用一加黑的字母表示），矢线的始端 O 表示力的作用点，矢线方向表示力的方向，按一定比例尺所作线段 OA 的长度表示力的大小。计算时，以往工程单位制中的力的单位 kgf（千克力）已不再使用，统一采用法定计量单位 N（牛顿），两者的换算关系为：$1\mathrm{kgf} = 9.807\mathrm{N}$。

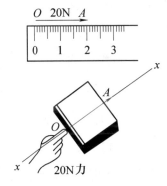

图 2-2　力的表示

力对刚体只有运动效应（包括平动、转动及其特例——平衡），这时力的三要素可改述为大小、方向、作用线。这种作用在刚体上的力沿其作用线滑移的性质称为力的可传性（图 2-3）。图 2-4a 所示刚性环与图 2-4b 所示柔性环均在二力作用下平衡，即 $F_1 = F_2$，从运动效应看，力 F_1 沿作用线滑移前后，对刚性环而言是相同的，但对柔性环却发生了呈椭圆形到仅有局部变形的悬殊差异。可见，力的可传性只适用于刚体，而此性质对简化构件受力分析贡献甚大。

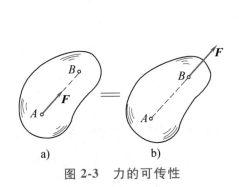

图 2-3　力的可传性

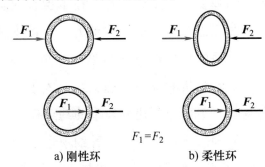

a) 刚性环　　　　b) 柔性环

图 2-4　力滑移对刚性环与柔性环的效应

2. 分布力与集中力

在物理学中，物体的受力一般认为集中于一点，称为集中力。实际上，任何物体间的作用力都分布在有限面积上或体积内，即分布力。集中力在客观实际中并不存在，它只是分布力的理想模型，但由于分布力的分布规律比较复杂，因此工程计算中，常将其简化为集中力。

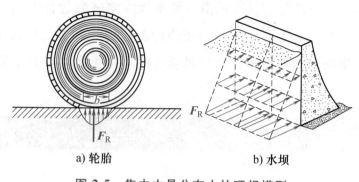

图 2-5a、b 所示分别为静置在路面上的汽车轮胎和水坝。轮胎为弹

a) 轮胎　　　　b) 水坝

图 2-5　集中力是分布力的理想模型

性构件，其所受的力作用在宽度为 b 的小面积内，当 b 同其他尺寸（如汽车轮距）相比很小时，即可忽略不计，而用集中力 F_R 代替。但在车辆动力学中，则要考虑弹性变形后的分布力，需要用弹性力学来分析。水坝受到静水压力载荷，分布在坝与水的接触面上，为面分布力，做近似计算时，将坝体简化为截面梁的线分布载荷，即如图 2-5b 所示的虚线三角形，在分析坝体平衡时，可用集中力 F_R 的大小与作用位置代替分布力。

3. 理想约束

理想约束是对物体间接触和连接方式的理想化处理。

实际物体在空间的接触和连接有两类方式：一类如空中飞行的炮弹、飞机或卫星等，它们在空间的运行没有受到其他物体预加的限制，称为自由体；另一类如地面上的汽车、轨道上的列车、轴承中的轴、支承在柱子上的房架等，其空间运动受到其他物体预加的限制，称为非自由体或约束体。

对物体预加的限制称为约束。地面对汽车、轨道对车轮、轴承对轴、柱子对房架等都是约束。

物体的受力可分为两类：约束力与主动力。约束施加给被约束物体的力称为约束力或约束反力；除约束力以外的其他力称为主动力或载荷，如重力，结构承受的风力、水力，机械中的弹簧力、电磁力等。在本课程研究中，主动力一般是给定的，而工作中则往往需要根据实际需要自行确定主动力，对物体进行的受力分析只是分析约束力。

接触面的物理性质分为绝对光滑（理想约束）和存在摩擦（一般为非理想约束）两种。初学者分析时宜先从理想约束入手，以便为以后解决存在非理想约束的工程实际问题奠定基础。下面介绍比较典型的约束模型。

（1）理想刚性约束　这种约束也是刚体，它与被约束体间为刚性接触，常见的有：

1）光滑接触面。当物体与固定约束（图 2-6a）或活动约束（图 2-6b）间的接触面非常光滑，其摩擦可忽略不计时，即可简化为这类约束，约束力的方向为公法线 n 的方向，称为法向反力，记为 F_N。

2）光滑圆柱铰链。这种约束简称为柱铰，包括固定圆柱铰链（图 2-7）和活动圆柱铰链（图2-8），实际是平面回转副的两种表现形式，常称为固定铰链和活动铰链。这种光滑面约束，其约束体与被约束体的接触点在二维空间内是未知的，因此其约束力可用一对正交力 F_x、F_y 表示。

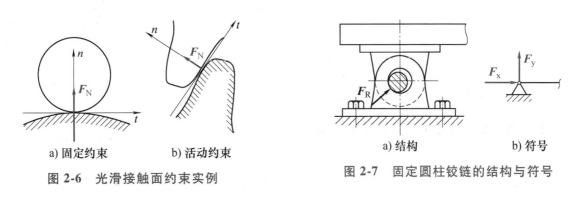

　　a) 固定约束　　　　b) 活动约束　　　　　　　a) 结构　　　　　b) 符号

图 2-6　光滑接触面约束实例　　　　　图 2-7　固定圆柱铰链的结构与符号

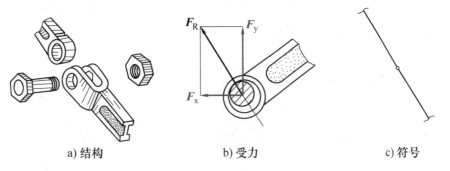

　　a) 结构　　　　　　　b) 受力　　　　　　　c) 符号

图 2-8　活动圆柱铰链的结构与符号

　　（2）理想柔性约束　　如图2-9所示，柔性线绳受物体外力（如重力）作用，此时线绳的约束力与外力方向相反，并一定沿着线绳方向。当忽略摩擦时，此约束称为理想柔性约束。工程中常遇到的钢索、链条、传动带等物体均可近似认为是柔性约束。

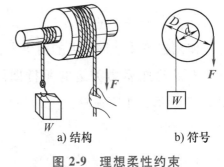

　　a) 结构　　b) 符号

图 2-9　理想柔性约束

二、静力学公理

　　静力学公理是人类经过长期经验积累和实践验证总结出来的最基本的力学规律。下述四个公理是静力学分析的基础。

1. 二力平衡公理

刚体受两个力作用，处于平衡状态的充分与必要条件是：二力大小相等、方向相反，且作用在同一直线上（图2-10a）。

　　这个公理总结了作用于刚体上最简单的力系（两个或两个以上的一组力）平衡所必须满足的条件。这个条件对刚体来说，既必要又充分。但对非刚体来说，此条件是不充分的。例如，对柔性约束，受两个等值、反向的拉力作用时可以平衡，而受两个等值、反向的压力作用时就不能平衡。

若刚体受两个力作用处于平衡状态，则这两个力的方向必在二力作用点的连线上，此刚体称为二力体，如果刚体是杆件，也称二力杆（图2-10b）。

2. 加减平衡力系公理

在任意一个已知力系上，随意加上或减去一个平衡力系，此时原力系对物体的作用效应不变。

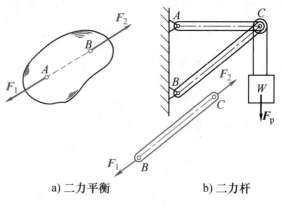

a）二力平衡   b）二力杆

图 2-10 二力平衡及二力杆

此公理对研究力系简化十分重要。这实际上是力可传性的推理，如图2-11所示，图a为原力系，图b在原力系上加上一个$F_1 = F_2$的平衡力系，设$F = F_1$，显然F与F_2也构成平衡力系，可以减去，于是变为图c情况，力在刚体上成功地实现了滑移。

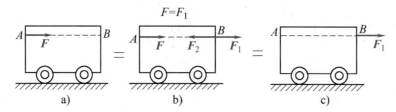

图 2-11 加减平衡力系的证明

3. 平行四边形公理

作用在物体上同一点的两个力，可以合成为一个力，其作用线通过该点，合力的大小和方向由以已知两力为边的平行四边形的对角线表示。此公理也称为平行四边形法则。如图2-12所示，作用在O点上的两个已知力$\boldsymbol{F}_1$、$\boldsymbol{F}_2$的合力为$\boldsymbol{F}$，力的合成法则可写成矢量式

$$\boldsymbol{F} = \boldsymbol{F}_1 + \boldsymbol{F}_2$$

4. 作用力与反作用力公理

两个物体之间的作用力和反作用力，总是大小相等、方向相反、作用线相同，但分别作用在两个物体上。例如，车刀在工件上切削，车刀作用在工件上的切削力为$\boldsymbol{F}_p$，与此同时，工件必有一反作用力$\boldsymbol{F}_p'$作用在车刀上，如图2-13所示，此两力$\boldsymbol{F}_p$、$\boldsymbol{F}_p'$总是等值、反向、共线的。但由于这一对力是作用在不同物体上的，所以并非一对平衡力。

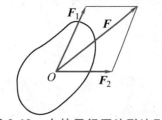

图 2-12 力的平行四边形法则

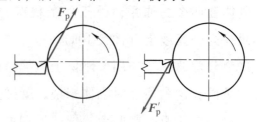

图 2-13 作用力与反作用力

三、构件的受力图示

在机械装置中，任一构件都是在与其他构件相互联系中工作的，因此其受力情况通常比较复杂。为了将复杂的问题简单化，需要选择确定的研究构件（单一物体或物体组合），对它进行受力分析。为了清楚地研究构件的受力情况，必须将研究对象从周围的物体中分离出来（即解除约束），单独画出，这种被分离的物体称为分离体。画有分离体及其全部主动力和约束力的简图称为受力图。下面举例说明构件受力图的画法。

例 2-1　用力拉动碾子以轧平路面，碾子遇到一障碍，如图 2-14a 所示，如果不计接触处的摩擦，试画出碾子的受力图。

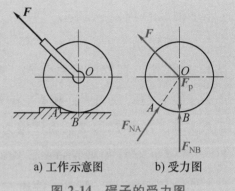

a) 工作示意图　b) 受力图

图 2-14　碾子的受力图

解　1）取碾子为研究对象，并画出分离体图。

2）画出主动力：有重力 F_p 和杆对碾子的拉力 F。

3）画出约束力。碾子在 A 处受到 F_{NA} 的作用，在 B 处受到 F_{NB} 的作用，它们都沿着碾子上接触点的公法线而指向圆心 O。

碾子的受力如图 2-14b 所示。

例 2-2　水平梁 AB 的 A 端为固定铰链支座，B 端为可动铰链支座，梁中点 C 受主动力 F_p 的作用，如图 2-15a 所示。不计梁的自重，试画出梁的受力图。

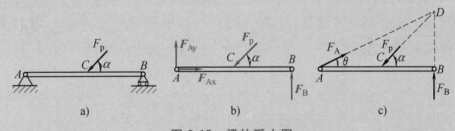

图 2-15　梁的受力图

解　1）取梁为研究对象，并画出分离体图。

2）画出主动力 F_p。

3）画出约束力。可动铰链支座 B 的约束力 F_B 通过铰链中心，垂直于支承面；固定铰链支座 A 的约束力方向未知，用水平分力 F_{Ax} 和垂直分力 F_{Ay} 来表示，如图 2-15b 所示。（梁 A 端的约束反力也可用三力平衡汇交定理来确定，如图 2-15c 所示，梁平衡时，已知主动力 F_p、约束力 F_B 与未知力 F_A 必汇交于一点 D，由此可确定其大小与方向。）

例 2-3　图 2-16a 所示为一压榨机的机构简图，ABC 为杠杆，CD 为连杆，D 为滑块。在杠杆的端部加一力 F_p，不计各构件的自重和接触处的摩擦，试分别画出连杆、杠杆和滑块的受力图。

解　1）取连杆 CD 为研究对象。在 C 处它受铰链的约束力 $\boldsymbol{F}_{s1}$ 的作用，在 D 处它受铰链的约束力 $\boldsymbol{F}_{s2}$ 的作用，因不计自重及摩擦力，故 CD 杆为二力杆。因此 $\boldsymbol{F}_{s1}$、$\boldsymbol{F}_{s2}$ 必沿 C 和 D 的连线，且等值、反向，$\boldsymbol{F}_{s1}$、$\boldsymbol{F}_{s2}$ 的指向由经验判断为压力。当所受力指向不明时，可预设一方向。

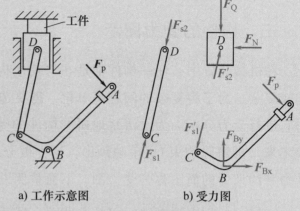

图 2-16　压榨机受力图

2）取杠杆 ABC 为研究对象。它受主动力 $\boldsymbol{F}_{p}$ 的作用，在铰链 C 处受到二力杆 CD 给它的约束力 $\boldsymbol{F}'_{s1}$ 的作用，在铰链 B 处受固定铰链支座给它的约束力 $\boldsymbol{F}_{Bx}$ 和 $\boldsymbol{F}_{By}$ 的作用（约束力也可根据三力汇交定理确定，而只画出合反力 $\boldsymbol{F}_{B}$）。这里 $\boldsymbol{F}'_{s1}$ 与 $\boldsymbol{F}_{s1}$ 为作用力与反作用力，可以确定。

3）取滑块 D 为研究对象。在铰链 D 处，它受二力杆 CD 给它的约束力 $\boldsymbol{F}'_{s2}$ 的作用，在与工件的压紧面上，受到工件给它的力 $\boldsymbol{F}_{Q}$ 的作用，由 $\boldsymbol{F}'_{s2}$ 的方向可知，滑块 D 还将与导轨的右侧接触，所以还受到约束力 $\boldsymbol{F}_{N}$ 的作用，其方向向左。

分别画出连杆 CD、杠杆 ABC、滑块 D 的受力图，如图 2-16b 所示。

例 2-4　图 2-17a 所示为液压夹具。液压缸中的油液压力 $\boldsymbol{F}_{p}$ 通过活塞杆 AD、连杆 AB 使杠杆 BOC 压紧工件。其中 A 和 B 为铰接，O 处为固定铰链支承，C 和 E 处为光滑接触。不计各构件自重，试分别画出活塞杆 AD、连杆 AB、滚轮 R（铰链 A）、杠杆 BOC，以及它们组成的机构的受力图。

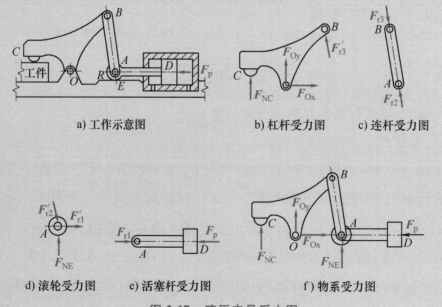

a) 工作示意图　　　b) 杠杆受力图　　　c) 连杆受力图

d) 滚轮受力图　　　e) 活塞杆受力图　　　f) 物系受力图

图 2-17　液压夹具受力图

解　1）取活塞杆 AD 为研究对象。它的 D 端受到油液压力 F_p 的作用，A 端受到铰链的约束力 F_{r1} 的作用。因不计自重，故活塞杆为二力杆，力 F_{r1} 与 F_p 等值、反向、共线，如图 2-17e 所示。

2）取连杆 AB 为研究对象。它的两端分别受到铰链 A 与 B 的约束力 F_{r2} 和 F_{r3} 的作用，因不计自重，故连杆也是二力杆。根据光滑铰链的性质，约束力 F_{r2} 和 F_{r3} 必沿铰链 A 和 B 的中心连线，且等值、反向、共线，如图 2-17c 所示。

3）取滚轮 R（连同铰链 A）为研究对象。它受到活塞杆的推力 F'_{r1} 及连杆与支承面的约束力 F'_{r2} 和 F_{NE} 的作用，如图 2-17d 所示。

4）取杠杆 BOC 为研究对象。在 B 处它受到连杆的推力 F'_{r3} 的作用，在 C 处受到工件的法向力 F_{NC} 的作用，在 O 处受到固定铰链支承的约束力 F_{Ox} 和 F_{Oy} 的作用，如图 2-17b 所示。

5）取活塞杆、连杆、滚轮和杠杆组成的机构为研究对象。铰链 A 处的力 F_{r1} 与 F'_{r1}、F_{r2} 与 F'_{r2}，及铰链 B 处的 F_{r3} 与 F'_{r3} 均为作用力与反作用力。这些力成对出现在机构内部。这种物系内各物体间的相互作用力称为内力。对物系来说，内力为一平衡力系，其作用效果为零，所以受力图中不必画出内力，只需画出物系以外的物体对物系的作用即可，这种力称为外力。此例中作用在机构上的外力有：油液压力 F_p、支承面和工件的法向力 F_{NE} 和 F_{NC} 及固定铰链支承 O 的约束力 F_{Ox} 和 F_{Oy}，如图 2-17f 所示。

第二节　平面汇交力系

静力学研究的主要问题是力系的合成与平衡。力系有各种不同的类型，其合成结果和平衡条件也各不相同。按照力系中各力的作用线是否在同一平面内，可将力系分为平面力系和空间力系两类；按照力系中各力是否相交（或平行），力系又可分为汇交力系、平行力系和任意力系。各类力系在工程实际中都会遇到。

根据由简到繁、由特殊到一般的认知规律，本书先从比较简单的平面汇交力系开始研究。

平面汇交力系是各力的作用线都在同一平面内，且汇交于同一点的力系。如图 2-18 所示起重机的吊钩，即受一平面汇交力系的作用。

研究平面汇交力系的合成与平衡常采用两种方法：

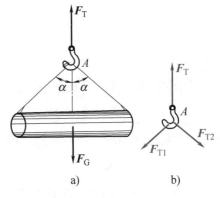

图 2-18　平面汇交力系实例

几何法和解析法。

一、平面汇交力系合成的几何法

根据力的可传性原理，作用于刚体上的平面汇交力系中的各点可以分别沿它们的作用线移到汇交点上，并不影响其对刚体的作用效果，所以平面汇交力系与作用于同一点的平面力系（平面共点力系）对刚体的作用效果相同。因此这里只研究共点力系合成的几何法则。

1. 两个共点力合成的三角形法则

这一法则实际上是力的平行四边形法则的另一种表达方式。设有 F_1 和 F_2 两力作用于某刚体的 A 点，则其合力可用平行四边形法则确定，如图 2-19a 所示。不难看出，在求合力 F 时，可不必作出整个平行四边形。如图 2-19b 所示，作图时可省略 AC 与 CD，直接将 F_2 的始端移至 F_1 的末端，连接 F_1 的始端和 F_2 的末端，通过 $\triangle ABD$ 即可求得合力 F。此法称为求两个共点力合力的三角形法则，其矢量式为

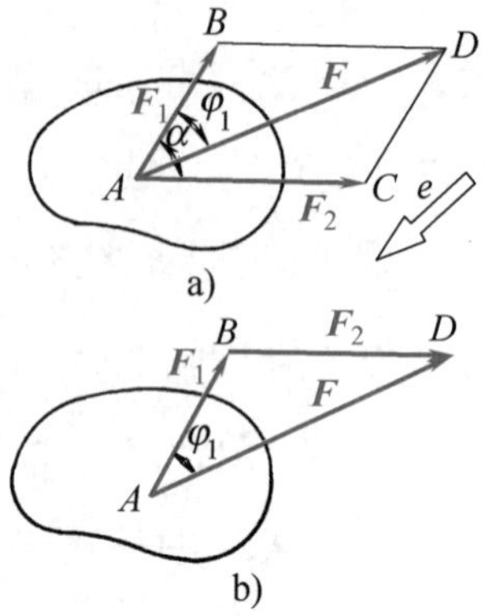

图 2-19 两个共点力合成的三角形法则

$$F = F_1 + F_2$$

2. 多个共点力合成的多边形法则

如图 2-20a 所示，设有一平面汇交力系 F_1、F_2、F_3、F_4 作用于刚体上的 O 点，要求此力系的合力，可连续实施三角形法则，依次将各力合成。其方法为：先作 F_1、F_2 的合力 F_{12}，再将 F_{12} 与 F_3 合成为 F_{123}，最后将 F_{123} 与 F_4 合成，即得到该力系的合力 F（图 2-20c）。

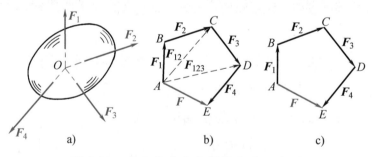

图 2-20 多个共点力合成的多边形法则

由图 2-20b 可以看出，虚线矢量 F_{12}、F_{123} 可不必画出，只要将力系中的各力首尾相接，形成一个开口的多边形 $ABCDE$，最后将其封闭，由最先画出的 F_1 的始端 A 指向最后画出的力 F_4 的末端 E 所形成的矢量，即为合力 F。此法称为多边形法则，其矢量表达式为

$$F = F_1 + F_2 + F_3 + F_4$$

上述方法可推广到平面汇交力系有 n 个力的情况，于是可得结论：平面汇交力系合成的结果是一个合力，合力作用线通过力系汇交点，合力由力多边形的封闭边表示，即等于

力系各力的矢量和。其矢量表达式为

$$F = F_1 + F_2 + \cdots + F_n \tag{2-1}$$

二、平面汇交力系平衡的几何条件

由前文可知，平面汇交力系可以合成为一个合力，即平面汇交力系可用其合力来代替。因此，若合力 F 等于零，则说明物体处于平衡；反之，若物体处于平衡，则其合力 F 一定等于零。可见平面汇交力系平衡的充分与必要条件是力系的合力等于零，即

$$F = \sum_{i=1}^{n} F_i = 0 \tag{2-2}$$

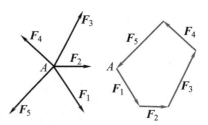

在力系合成的几何法中，平面汇交力系的合力是由力多边形的封闭边表示的，当力系平衡时，合力封闭边变为一点，即力系中各力首尾相接构成一个自行封闭的力多边形，如图 2-21 所示。因此，可得平衡力系平衡的充分与必要的几何条件是：力系中各力构成的力多边形自行封闭。

图 2-21 平面汇交力系平衡的几何条件

用力多边形封闭的条件求解平面汇交力系平衡问题的方法称为几何法。这种方法常用于求解三力汇交的平衡问题，这时三力构成一个自行封闭的力三角形。

例 2-5 如图 2-22a 所示，起重机匀速吊起一钢管，已知钢管所受重力 $F_G = 6\text{kN}$，吊索 AB 和 AC 与铅垂线的夹角均为 $\alpha = 30°$。不计吊钩与吊索的自重，试求吊索 AB 与 AC 的拉力。

解 因已知力 F_G 和待求的吊索的拉力均作用在钢管上，故选钢管为研究对象。

画出钢管的受力图（图 2-22b），它受到重力 F_G 和两吊索拉力 F_{TB}、F_{TC}。

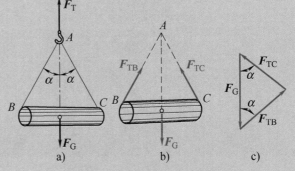

图 2-22 三力汇交平衡问题

根据三力平衡汇交定理，这三个力的作用线必汇交于 A 点，构成一个平面力系。根据平面汇交力系平衡的几何条件，作出力三角形。如图 2-22c 所示，先画已知力 F_G，然后依次画出力 F_{TB} 和 F_{TC}。

由力三角形的几何关系，求得吊索的拉力为

$$F_{TB} = F_{TC} = \frac{F_G}{2\cos\alpha}$$

将 $F_G = 6\text{kN}$，$\alpha = 30°$代入上式得

$$F_{TB} = F_{TC} = 3.46\text{kN}$$

例 2-6　如图 2-23a 所示，在三角架 ABC 的销钉 B 上，作用一铅垂力 $F_p = 1000\text{N}$。已知 $\alpha = 45°$、$\beta = 30°$，各杆自重不计，试求杆 AB 和 BC 所受的拉力。

解　因 AB 和 BC 均为二力杆，故销钉对它们的约束力必沿杆的轴线。设杆 AB 受拉，杆 BC 受压，则受力情况如图 2-23b 所示。取与两杆相关的销钉 B 为研究对象，它受到已知力 F_p 及杆 AB 和 BC 给它的约束反力 F_1、F_2 的作用，受力图如图 2-23c 所示。根据平面汇交力系平衡的几何条件，画出力三角形 abc，如图 2-23d 所示。由正弦定理得

$$\frac{F_1}{\sin 30°} = \frac{F_2}{\sin 45°} = \frac{F_p}{\sin 105°}$$

解得

$$F_1 = \frac{\sin 30°}{\sin 105°} F_p = \frac{0.500}{0.966} \times 1000\text{N} = 518\text{N}$$

$$F_2 = \frac{\sin 45°}{\sin 105°} F_p = \frac{0.707}{0.966} \times 1000\text{N} = 732\text{N}$$

由作用力与反作用力公理可知，AB 杆的拉力 $F_1' = F_1 = 518\text{N}$；BC 杆的压力 $F_2' = F_2 = 732\text{N}$。

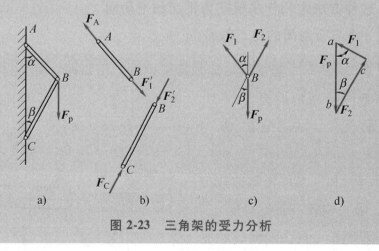

图 2-23　三角架的受力分析

三、平面汇交力系合成的解析法

对于平面汇交力系的合成，更常用的方法是解析法。解析法的基础是力在坐标轴上的投影。

1. 力在坐标轴上的投影

设物体的某点 A 作用有一力 F，取直角坐标系 xOy 如图 2-24 所示。力 F 在坐标轴上的投影定义为：F 矢线两端向坐标轴引垂线得垂足 a、b 和 a'、b'，线段 ab、$a'b'$ 分别为力 F 在 x、y 轴上投影的大小。投影的正负号规定为：从 a 到 b（或从

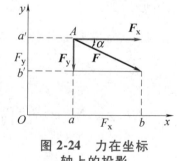

图 2-24　力在坐标轴上的投影

a'到b'）的指向与坐标轴的正向相同为正，相反为负。力 $\boldsymbol{F}$ 在 x、y 轴上的投影分别记作 F_x 和 F_y。

若已知力 $\boldsymbol{F}$ 的大小及其与 x 轴所夹的锐角 α，则有

$$\left.\begin{aligned} F_x &= F\cos\alpha \\ F_y &= F\sin\alpha \end{aligned}\right\} \tag{2-3}$$

必须注意，如果将力 $\boldsymbol{F}$ 沿坐标轴方向分解，所得分力 $\boldsymbol{F}_x$、$\boldsymbol{F}_y$ 的值与力在同轴的投影 F_x、F_y 相等，但分力是矢量，力的投影是代数量（标量），两者不可混淆。

2. 平面汇交力系合力的解析法

设在刚体 O 点有一平面汇交力系 $\boldsymbol{F}_1$、$\boldsymbol{F}_2$、…、$\boldsymbol{F}_n$ 作用。根据式（2-1），有

$$\boldsymbol{F} = \sum \boldsymbol{F} = \boldsymbol{F}_1 + \boldsymbol{F}_2 + \cdots + \boldsymbol{F}_n$$

将上式分别向 x、y 轴投影，有

$$\left.\begin{aligned} F_x = F_{x1} + F_{x2} + \cdots + F_{xn} = \sum F_x \\ F_y = F_{y1} + F_{y2} + \cdots + F_{yn} = \sum F_y \end{aligned}\right\} \tag{2-4}$$

式（2-4）表明，力系的合力在某轴上的投影等于各力在同一轴上投影的代数和。这一关系称为合力投影定理。

现利用合力投影定理求平面汇交力系的合力：先由式（2-4）求出力系中各力在 x、y 两直角坐标轴上的投影之和 $\sum F_x$、$\sum F_y$，即为合力 $\boldsymbol{F}$ 在 x、y 轴上的投影 F_x、F_y，然后由图 2-24 所示几何关系，用勾股定理求得合力

$$\left.\begin{aligned} F &= \sqrt{F_x^2 + F_y^2} = \sqrt{\left(\sum F_x\right)^2 + \left(\sum F_y\right)^2} \\ \tan\alpha &= \left|\frac{F_y}{F_x}\right| = \left|\frac{\sum F_y}{\sum F_x}\right| \end{aligned}\right\} \tag{2-5}$$

例 2-7　试用解析法求如图 2-25 所示吊钩所受合力的大小和方向。

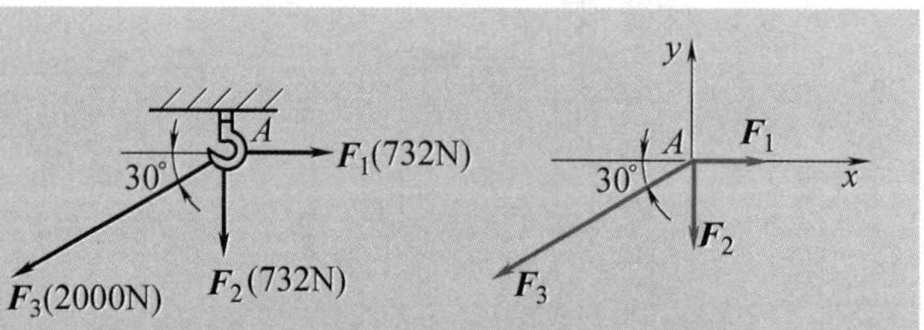

图 2-25　吊钩的受力

解　建立直角坐标系 xAy，并应用式（2-4）求出

$$\begin{aligned} F_x &= F_{x1} + F_{x2} + F_{x3} \\ &= (732 + 0 - 2000\cos30°)\ \text{N} \\ &= -1000\text{N} \end{aligned}$$

$$F_y = F_{y1} + F_{y2} + F_{y3} = (0 - 732 - 2000\sin30°)\ \text{N} = -1732\text{N}$$

再按式（2-5）求得

$$F = \sqrt{F_x^2 + F_y^2} = \left(\sqrt{(-1000)^2 + (-1732)^2}\right)\ \text{N} = 2000\text{N}$$

$$\tan\alpha = \left|\frac{F_y}{F_x}\right| = \left|\frac{-1732}{-1000}\right| = \sqrt{3}$$

故 $\alpha = 60°$

因 F_x 和 F_y 均为负值，所以合力 $\boldsymbol{F}$ 在第三象限，与 x 轴所夹锐角为 $60°$，其作用线通过原力系的汇交点。

四、平面汇交力系的平衡方程及其应用

由前文可知，平面汇交力系平衡的充分与必要条件是力系的合力 $\boldsymbol{F}$ 大小为零，则由式（2-5）应有

$$F = \sqrt{\left(\sum F_x\right)^2 + \left(\sum F_y\right)^2}$$

要使上式成立，必须满足

$$\left.\begin{array}{l} \sum F_x = 0 \\ \sum F_y = 0 \end{array}\right\} \tag{2-6}$$

于是，平面汇交力系平衡的必要与充分条件是：力系中各力在两个直角坐标轴上的投影的代数和等于零。式（2-6）称为平面汇交力系的平衡方程，这是两个独立的方程，可以求解两个未知量。

下面举例说明平面汇交力系平衡方程的应用。

例 2-8　图 2-26a 所示为一简易起重机。重物 $F_G = 20\text{kN}$，用绳子挂在支架的定滑轮 B 上，绳子的另一端接在铰车 D 上。A、B、C 各处均为铰链，不计杆、绳、滑轮的自重，并略去滑轮的大小和各接触处的摩擦。试求平衡时杆 AB 和 BC 所受的力。

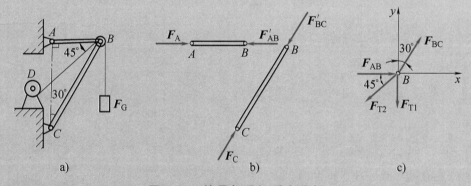

图 2-26　简易起重机受力分析

解　1）确定研究对象。杆 AB 和 BC 均为二力杆，假设两杆均受压力，如图 2-26b 所示。求杆 AB 和杆 BC 所受的力，可通过求两杆对滑轮 B 的约束力来解决。因此取滑轮 B 为研究对象。它受杆 AB、BC 的约束力 F_{AB} 和 F_{BC} 以及绳子拉力 F_{T1}、F_{T2} 的作用，$F_{T1} = F_{T2} = F_G$，因滑轮大小不计，故可认为 F_{T1}、F_{T2} 作用在滑轮中心 B，如图 2-26c 所示。

2）取直角坐标系 xBy 如图 2-26c 所示，为了便于计算，坐标轴应尽可能选在与未知力的作用线相垂直的方向，且与力系中各力间有较简单的几何关系。

3）列平衡方程求解。

$$\sum F_y = 0, \quad F_{BC}\cos30° - F_{T1} - F_{T2}\sin45° = 0$$

得

$$F_{BC} = \frac{F_{T1} + F_{T2}\sin45°}{\cos30°} = \left(\frac{20 + 20 \times 0.707}{0.866}\right) kN = 39.42 kN$$

$$\sum F_x = 0, \quad F_{AB} + F_{BC}\sin30° - F_{T2}\cos45° = 0$$

得

$$F_{AB} = F_{T2}\cos45° - F_{BC}\sin30° = (20 \times 0.707 - 39.42 \times 0.5) kN = -5.57 kN$$

所得结果中，F_{BC} 为正值，表示这个力的实际方向与图示假设方向相同，即 BC 受压；F_{AB} 为负值，表示这个力的实际方向与假设方向相反，即杆 AB 实际受拉。

例 2-9 增力机构如图 2-27a 所示，已知活塞 D 上受到油液压力 $F_p = 3000N$，通过连杆 BC 压紧工件。当平衡时，杆 AB、BC 与水平线的夹角均为 $\alpha = 8°$。不计各杆自重和接触处的摩擦，试求工件受到的压力。

解 根据作用力与反作用力公理，工件所受的压力可通过求工件对压块的力 F_Q 而得到，因已知力 F_p 作用在活塞上，而活塞杆与压块间有一根二力杆相联系，所以必须分别研究活塞杆 BD 和压块 C 的平衡才能解决问题。

1）取活塞杆 BD 为研究对象。作用在活塞上的力有油液压力 F_p 和二力杆 AB、BC 的约束力 F_{AB}、F_{BC}。F_{AB}、F_{BC} 沿着各杆的中心线，假设其指向如图 2-27b 所示。显然，这是一个平面汇交力系。取直角坐标系 xBy（图 2-27b），列出平面汇交力系的平衡方程

$$\sum F_x = 0, \quad F_{AB}\cos\alpha - F_{BC}\cos\alpha = 0 \tag{a}$$

$$\sum F_y = 0, \quad F_{AB}\sin\alpha + F_{BC}\sin\alpha - F_p = 0 \tag{b}$$

由式（a）可得 $F_{AB} = F_{BC}$，代入式（b），解得

$$F_{AB} = F_{BC} = \frac{F_p}{2\sin\alpha}$$

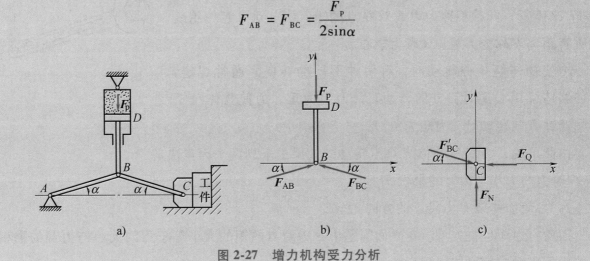

a)　　　　　　b)　　　　　　c)

图 2-27 增力机构受力分析

2）再取压块 C 为研究对象。作用在压块上的力有支承面的作用力 $\boldsymbol{F}_N$ 和工件的作用力 $\boldsymbol{F}_Q$，以及二力杆 BC 的作用力 $\boldsymbol{F}'_{BC}$。由作用力与反作用力公理和二力杆的受力特点可知，$\boldsymbol{F}'_{BC}$ 与 $\boldsymbol{F}_{BC}$ 等值、反向、共线。压块 C 的受力图如图 2-27c 所示，以 C 点为原点取直角坐标系 xCy，这也是一平面汇交力系，列出平衡方程

$$\sum F_x = 0, \quad F'_{BC}\cos\alpha - F_Q = 0$$

将 $F'_{BC} = F_{BC} = \dfrac{F_p}{2\sin\alpha}$ 代入上式，可得

$$F_Q = \frac{F_p}{2}\cot\alpha = \frac{3000}{2}\cot 8° \mathrm{N} = 10673\mathrm{N}$$

由作用力与反作用力公理可知，工件受到的压力与 $\boldsymbol{F}_Q$ 等值、反向。

第三节　力矩与力偶

在研究较复杂力系的合成和平衡问题时，将遇到力学中两个重要的概念——力矩和力偶。

一、力矩、力偶

1. 力对点的矩

用扳手拧螺母时。力 $\boldsymbol{F}$ 使扳手及螺母绕 O 点转动（图 2-28）。由经验可知，使螺母绕 O 点转动的效果，不仅与力 $\boldsymbol{F}$ 的大小有关，而且与 O 点到力作用线的垂直距离 h 有关，因此力 $\boldsymbol{F}$ 对扳手的作用可用两者的乘积 Fh 来度量，此乘积称为力 $\boldsymbol{F}$ 对 O 点的矩。O 点到力 $\boldsymbol{F}$ 作用线的垂直距离 h 称为力臂。O 点为矩心。

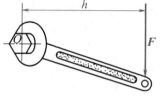

图 2-28　扳手的力矩

力使物体绕矩心转动时，有两种不同的转向。通常规定：力使物体绕矩心逆时针方向转动时，力矩为正；力使物体绕矩心顺时针方向转动时，力矩为负。

由此可见，力 $\boldsymbol{F}$ 使物体绕 O 点转动的效果由下列两个因素决定：

1）力的大小与力臂的乘积 Fh。

2）力使物体绕 O 点转动的方向。

因此，力矩也是矢量。在平面问题中，力对点的矩的大小等于力的大小与力臂的乘积，它的正负表示力使物体绕矩心转动的方向。

力 $\boldsymbol{F}$ 对 O 点的矩用符号 $M_0(\boldsymbol{F})$ 表示，其计算公式为

$$M_0(\boldsymbol{F}) = \pm Fh$$

力矩的单位取决于力和力臂的单位，在法定计量单位中，力矩的单位为 N·m。

当力的作用线通过矩心时，因力臂为零，故力矩等于零，此时力不能使物体绕矩心转动。

2. 合力矩定理

定理：平面汇交力系的合力对平面内任意一点的矩等于所有各分力对该点的矩的代数和。这个定理建立了合力的矩和分力的矩之间的关系。现证明如下：

设在物体上的 A 点作用有平面汇交力系 $\boldsymbol{F}_1$、$\boldsymbol{F}_2$、$\cdots$、$\boldsymbol{F}_n$，如图 2-29 所示，该力系的合力为 $\boldsymbol{F}$。为计算力系中各力对平面内任一点的矩，取直角坐标系 xOy，并让 Ox 轴通过力系中各力的汇交点 A，令 $OA = l$，则力系中各分力对 O 点的矩分别为

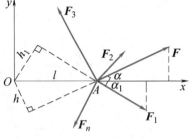

图 2-29　合力矩定理

$$M_0(\boldsymbol{F}_1) = -F_1 h_1 = -F_1 l\sin\alpha_1 = F_{1y} l$$

$$M_0(\boldsymbol{F}_2) = F_{2y} l$$

$$\vdots$$

$$M_0(\boldsymbol{F}_n) = F_{ny} l$$

由图可见，力系的合力 $\boldsymbol{F}$ 对 O 点的矩为

$$M_0(\boldsymbol{F}) = Fh = Fl\sin\alpha = F_y l$$

这里 F_{1y}、F_{2y}、$\cdots$、F_{ny} 和 F_y 分别为分力 $\boldsymbol{F}_1$、$\boldsymbol{F}_2$、$\cdots$、$\boldsymbol{F}_n$ 和合力 $\boldsymbol{F}$ 在 Oy 轴上的投影。根据合力投影定理，有

$$F_y = F_{1y} + F_{2y} + \cdots + F_{ny}$$

将上式两端各乘以 l，得

$$F_y l = F_{1y} l + F_{2y} l + \cdots + F_{ny} l$$

所以

$$M_0(\boldsymbol{F}) = M_0(\boldsymbol{F}_1) + M_0(\boldsymbol{F}_2) + \cdots + M_0(\boldsymbol{F}_n)$$

即

$$M_0(\boldsymbol{F}) = \sum_{i=1}^{n} M_0(\boldsymbol{F}_i)$$

至此，定理得到证明。

在计算力矩时，力臂一般可通过几何关系确定。然而有些实际问题中，由于几何关系比较复杂，力臂不易求出，会给力矩的计算带来一些困难。但是如果将力进行适当分解，计算各分力的力矩很方便，这时应用合力矩定理来计算力矩就比较简单了。

例 2-10　图 2-30a 所示直齿圆柱齿轮的齿面受一啮合角 $\alpha = 20°$ 的法向压力 $F_n = 980N$ 的作用，齿轮分度圆直径 $d = 160mm$，试计算力 F_n 对齿轮轴心 O 的力矩。

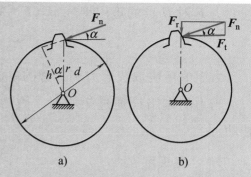

图 2-30　直齿轮受力的力矩

解一　运用力矩的计算公式

齿轮轴心 O 为矩心，力臂 $h = (d\cos\alpha)/2$，则力 F_n 对 O 点的矩为

$$M_O(F_n) = F_n h = F_n \frac{d}{2}\cos\alpha = \left(980 \times \frac{0.16}{2} \times \cos\alpha\right) N \cdot m = 73.7 N \cdot m$$

解二　应用合力矩定理

将 F_n 分解为圆周力 F_t 和径向力 F_r（图 2-30b），则根据合力矩定理，得

$$F_r = F_n\sin\alpha, \quad F_t = F_n\cos\alpha$$

$$M_O(F_n) = M_O(F_t) + M_O(F_r)$$

因为径向力 F_r 通过矩心 O 点，故 $M_O(F_r) = 0$，于是

$$M_O(F_n) = M_O(F_t) = F_t \frac{d}{2} = F_n\cos\alpha \frac{d}{2} = 73.7 N \cdot m$$

例 2-11　一轮在轮轴 B 处受一切向力 F 的作用，如图 2-31a 所示，已知 F、R、r、α，试求此力对轮与地面接触点 A 的力矩。

解　本题若根据力矩的定义求力 F 对 A 点的矩，则因力臂未标明而不易求出，但利用合力矩定理来求解却很简便。为此，将 F 分解为 F_x、F_y 两个分力，根据合力矩定理，得

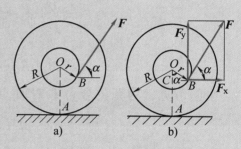

图 2-31　轮轴的力矩

$$M_A(F) = M_A(F_x) + M_A(F_y)$$

$$M_A(F_x) = -F_x CA = -F_x(OA - OC) = -F\cos\alpha(R - r\cos\alpha)$$

$$M_A(F_y) = F_y r\sin\alpha = F\sin\alpha r\sin\alpha = Fr\sin^2\alpha$$

$$M_A(F) = -F\cos\alpha(R - r\cos\alpha) + Fr\sin^2\alpha = F(r - R\cos\alpha)$$

3. 力偶和力偶矩

生活中，汽车驾驶人用双手转动转向盘驾驶汽车（图 2-32a），电动机定子的磁场对转子作用电磁力使之旋转（图 2-32b），人们用两个手指旋转钥匙开门，这时在转向盘、电动机转子、钥匙上作用着一对等值、反向、作用线不在同一直线上的平行力，它们能使物体转动。这种大小相等、方向相反而作用线不在同一直线上的两个平行力，称为力偶，记作

（**FF'**）。力偶的两个力之间的垂直距离 d
称为力偶臂（图 2-32c），力偶所在的平
面称为力偶的作用面。

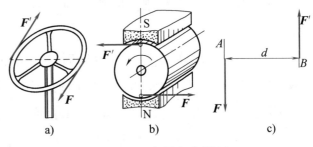

由经验可知，在力偶作用面内，力偶
使物体产生转动的效应取决于力偶的转
向、力偶两个平行力的大小，以及力偶臂
d 的大小。所以，在力学中用力偶中一个

图 2-32 力偶和力偶矩

力的大小和力偶臂的乘积 Fd 作为度量力偶在其作用面内对物体转动效应的物理量，称为力
偶矩，并以符号 $M(\textbf{FF'})$ 或 M 表示，即

$$M(\textbf{FF'}) = M = \pm Fd$$

力偶的转向，一般规定逆时针方向为正，顺时针方向为负，与力矩一样。力偶矩的法
定计量单位为 N·m。

4. 力偶的性质、平面力偶的等效条件

1）力偶无合力，力偶不能与一个力等效。当一个力偶作用在物体上时，只能使物体转
动。而一个力作用在物体上时，则将使物体移动或既有移动又有转动。所以，力偶对物体
的作用不能用一个力来等效代替，即力偶不能合成为一个力。因此，力偶不能与一个力平
衡，力偶必须用力偶来平衡。

由于力偶中两力等值、反向，所以力偶在任一轴上投影的代数和等于零（图 2-33）。

2）力偶中两力对其作用面内任一点的矩的代数和等于力偶矩。

证明：如图 2-34 所示，已知力偶（**FF'**）的力偶矩 $M = Fh$。在力偶的作用面内任取一
点 O 为矩心，则力偶（**FF'**）对 O 点的力偶矩为

$$M_O(\textbf{F}) + M_O(\textbf{F'}) = F(x + h) - F'x = Fh = M$$

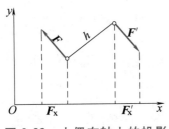

图 2-33 力偶在轴上的投影

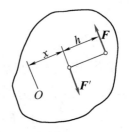

图 2-34 力偶中力对任一点的矩

可见，力偶对其作用面内任一点的矩与该点（矩心）的位置无关，这说明力偶对其作
用面内任一点的转动效应是相同的。

3）由力偶的性质可知，同平面力偶等效的条件是：力偶矩的大小相等，力偶的转向相
同。由此可得：

① 只要保持力偶矩不变，力偶可以在其作用面内做任意的移转，而不改变它对刚体的

作用效果。因此，力偶对刚体的作用与力偶在其作用面内的位置无关。

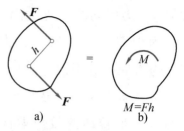

图 2-35 力偶的不同表示

② 只要保持力偶矩不变，可以同时改变力偶中力的大小和力偶臂的长短，而不改变力偶对物体的作用效果。

正因为这样，力偶可用力和力偶臂表示，也可用一端带箭头的弧线来表示。图 2-35 所示就是同一力偶的不同表示法，图中弧线箭头表示力偶的转向，弧线旁的符号表示力偶矩的大小。

二、平面力偶系的合成和平衡条件

1. 平面力偶系的合成

作用在物体同一平面上的多个力偶，称为平面力偶系。设在物体的同一平面内作用有两个力偶（$F_{1Q}F'_{1Q}$）和（$F_{2Q}F'_{2Q}$），如图 2-36a 所示，它们的力臂分为 d_1、d_2，则这两个力偶的力偶矩分别为

$$M_1 = F_{1Q}d_1, \quad M_2 = -F_{2Q}d_2$$

根据力偶的性质，在保持力偶矩不变的条件下，同时改变力偶中力的大小和力偶臂的长短，并使它们具有相同的力偶臂长 d，然后将它们在其作用面内移转，可使力的作用线两两重合，得到与原力偶等效的两个新力偶（$F_{1p}F'_{1p}$）和（$F_{2p}F'_{2p}$），如图 2-36b 所示，各力的大小可由下列等式算出：

$$M_1 = F_{1Q}d_1 = F_{1p}d$$
$$M_2 = -F_{2Q}d_2 = -F_{2p}d$$

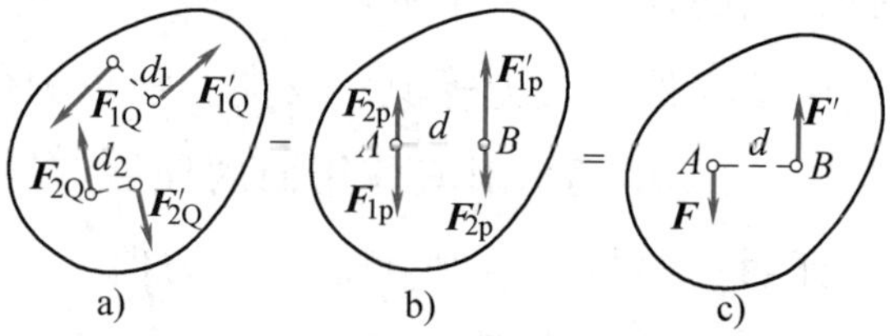

图 2-36 力偶的合成

将作用在 A、B 两点的共线力分别合成（设 $F_{1p}>F_{2p}$）得

$$F = F_{1p} - F_{2p}$$
$$F' = F'_{1p} - F'_{2p}$$

显然，F 与 F' 构成一力偶（FF'），它就是力偶（$F_{1Q}F'_{1Q}$）和（$F_{2Q}F'_{2Q}$）的合力偶（图 2-36c）。若以 M 表示合力偶的力偶矩，则得

$$M = Fd = (F_{1p} - F_{2p})d = F_{1p}d - F_{2p}d = M_1 + M_2$$

上述结果推广到平面力偶系中有 n 个力偶的情况，则有

$$M = M_1 + M_2 + \cdots + M_n = \sum_{i=1}^{n} M_i \tag{2-7}$$

即平面力偶系可以合成为一个合力偶，合力偶的力偶矩等于各分力偶矩的代数和。

2. 平面力偶系的平衡条件

如果平面力偶系的合力偶矩等于零（$M = \sum_{i=1}^{n} M_i = 0$），则表明使物体顺时针方向转动的

力偶矩与使物体逆时针方向转动的力偶矩相等，转动效果相互抵消，因此物体保持平衡。由此，平面力偶系平衡的充分与必要条件是：力偶系中各力偶矩的代数和等于零，即

$$\sum_{i=1}^{n} M_i = 0 \qquad\qquad (2\text{-}8)$$

例 2-12　梁 A、B 受一力偶作用，其力偶矩 $M = 1000\,\text{N}\cdot\text{cm}$，尺寸如图 2-37 所示（单位为 cm），试求支座 A、B 的反力。

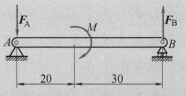

图2-37　受力偶作用的简支梁

解　取 AB 梁为研究对象。梁在力偶矩为 M 的力偶及支座 A、B 的反力下平衡，所以支座 A、B 的反力应组成一个逆时针转向的力偶。由于支座 B 为可动铰链支座，反力 $\boldsymbol{F}_B$ 的方向垂直支承面向上，所以支座 A 的反力 $\boldsymbol{F}_A$ 应垂直支承面向下，且 $F_A = F_B$。

如图 2-37 所示，AB 梁受平面力偶系作用平衡，列出平面力偶系的平衡方程

$$\sum M = 0, \quad M - F_A \times 50 = 0$$

得

$$F_A = \frac{M}{50} = \frac{1000}{50}\text{N} = 20\text{N}$$

$$F_A = F_B = 20\text{N}$$

从本例可以看出，力偶在梁上的位置，对支座 A、B 的反力没有影响。

例 2-13　用多轴钻床在水平工件上钻孔时，每个钻头对工件施加一压力和力偶（图 2-38）。已知三个力偶的力偶矩分别为 $M_1 = M_2 = 10\,\text{N}\cdot\text{m}$，$M_3 = 20\,\text{N}\cdot\text{m}$，固定螺栓 A 和 B 之间的距离 $l = 0.2\text{m}$，试求两螺栓所受的水平力。

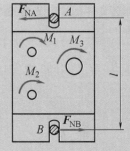

图 2-38　工件钻孔的受力分析

解　选工件为研究对象。工件在水平面内受三个力偶和两个螺栓的水平反力的作用而平衡。因为力偶只能和力偶平衡，故两个螺栓的水平反力 $\boldsymbol{F}_{NA}$ 和 $\boldsymbol{F}_{NB}$ 必然组成一个力偶，该力偶中两力的方向假设如图 2-38 所示，且 $F_{NA} = F_{NB}$。由平面力偶系的平衡条件，有

$$\sum M = 0, \quad F_{NA}l - M_1 - M_2 - M_3 = 0$$

得

$$F_{NA} = F_{NB} = \frac{M_1 + M_2 + M_3}{l} = \frac{10 + 10 + 20}{0.2}\text{N} = 200\text{N}$$

螺栓 A、B 所受的水平力分别与力 $\boldsymbol{F}_{NA}$、$\boldsymbol{F}_{NB}$ 等值、反向。

三、力的平移定理

定理：可以把作用在刚体上 A 点的力 $\boldsymbol{F}$ 平行移到任一点 B，但必须同时附加一个力偶，这个附加力偶的矩等于原来的力 $\boldsymbol{F}$ 对新作用点 B 的矩。

证明： 图 2-39a 中力 F 作用于刚体上的 A 点，在刚体上任取一点 B，并在 B 点加上等值、反向的力 F' 和 F''，使它们与力 F 平行，且 $F' = F'' = F$，如图 2-39b 所示。显然，三个力 F、F'、F'' 组成的新力系与原来的一个力 F 等效，但这三个力可看作是一个作用点在 B 的力 F' 和一个力偶（FF''）。这样，原来作用在 A 点的力 F，现在被一个

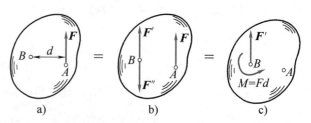

图 2-39　力的平移定理

作用在 B 点的力 F' 和一个力偶（FF''）等效替换。这就是说，可以把作用于 A 点上的力 F 平行移到另一点 B，但必须同时附加上一个相应的力偶，这个力偶称为附加力偶（图 2-39c）。显然，附加力偶的力偶矩为

$$M = Fd$$

式中，d 为附加力偶的力偶臂。由图 2-39 可见，d 就是 B 点到力 F 作用线的垂直距离。因此，Fd 也等于力 F 对 B 点的矩，即

$$M_B(F) = Fd$$

因此证明　　　　　　　　　　　　$$M = M_B(F)$$

例 2-14　锥齿轮半径 $r = 50\text{mm}$，受轴向力 $F_a = 30\text{kN}$（图 2-40a），试分析力 F_a 对轴的作用。

解　将力 F_a 平行移到轴线上，可知轴受一力 F_a' 和一矩为 M 的力偶的作用（图 2-40b）。

$$F_a' = F_a = 30\text{kN}$$

$$M = F_a r = 30\text{kN} \times 50\text{mm} = 1500\text{N} \cdot \text{m}$$

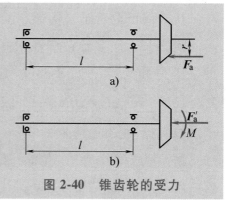

图 2-40　锥齿轮的受力

第四节　平面任意力系

本节将讨论平面任意力系的简化方法、平衡条件及平衡方程的应用。

一、平面任意力系的简化

1. 平面任意力系（简化）的主矢和主矩

设刚体上作用有一平面任意力系 F_1、F_2、$\cdots$、F_n，各力的作用点分别为 A_1、A_2、$\cdots$、A_n，如图 2-41a 所示。在力系平面内任取一点 O，称为简化中心。根据力的平移定理，将力系中各力都向 O 点平移，得到一个汇交于 O 点的平面汇交力系 F_1'、F_2'、$\cdots$、F_n' 和一组由相

应的附加力偶 M_1、M_2、$\cdots$、M_n 组成的附加力偶系（图 2-41b）。

$$F_1' = F_1$$
$$F_2' = F_2$$
$$\vdots$$
$$F_n' = F_n$$
$$M_1 = M_O(F_1)$$
$$M_2 = M_O(F_2)$$
$$M_n = M_O(F_n)$$

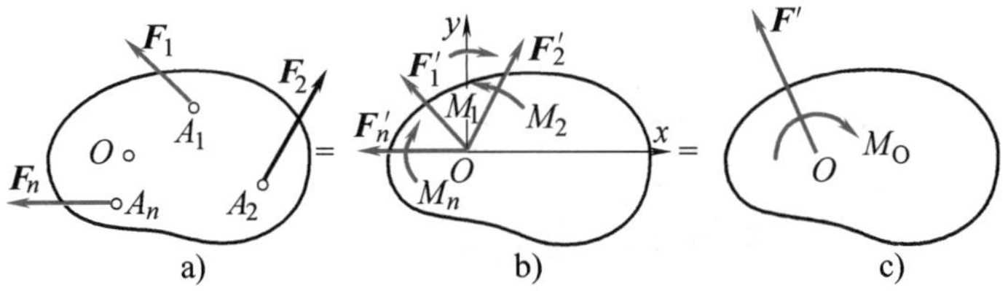

图 2-41　平面任意力系的简化

所得平面汇交力系可合成为一个作用于 O 点的合矢量 F'。

$$F' = F_1' + F_2' + \cdots + F_n' = F_1 + F_2 + \cdots + F_n = \sum_{i=1}^{n} F_i$$

合矢量 F' 称为原力系的主矢。取直角坐标系 xOy，如图 2-41b 所示，由式（2-5）可得主矢 F' 的大小和方向分别为

$$F' = \sqrt{\left(\sum F_x\right)^2 + \left(\sum F_y\right)^2}$$

$$\tan\theta = \left| \frac{\sum F_y}{\sum F_x} \right|$$

所得附加平面力偶系可合成为一个合力偶，其力偶矩用 M_O 表示，则

$$M_O = M_1 + M_2 + \cdots + M_n = M_O(F_1) + M_O(F_2) + \cdots + M_O(F_n) = \sum_{i=1}^{n} M_O(F_i)$$

力偶矩 M_O 称为原力系对简化中心 O 点的主矩。

由此可得结论：平面任意力系向平面内任意点（简化中心）简化，其一般结果为作用在简化中心的一个主矢和一个在作用面内的主矩，主矢等于原力系各力的矢量和，主矩等于原力系中各力对简化中心之矩的代数和。

由于主矢等于各力的矢量和，所以它与简化中心的选择无关。而主矩等于各力对简化中心之矩的代数和，取不同的点为简化中心时，各力的力臂有所改变，因而各力对简化中心的矩也要改变。所以在一般情况下，主矩与简化中心的选择有关。以后凡提到主矩，都必须标明简化中心。符号 M_O 中的下标就表示简化中心为 O。

2. 固定端约束

前面介绍了几种类型的约束及其反力方向确定的方法。作为平面任意力系向一点简化的应用实例，下面来分析工程实际中遇到的另一种类型的约束及其约束力。

图 2-42 所示为车床刀架，当拧紧螺母时，车刀被牢固地夹持在刀架上，既不能转动也不能移动，这种性质的约束称为固定端约束。自定心卡盘夹紧工件（图 2-43）、一端插入墙内的梁，以及一端埋入地下的电线杆等都属于这种约束。

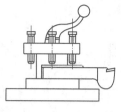

图 2-42 车床刀架

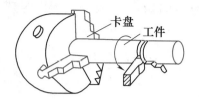

图 2-43 自定心卡盘

对于上述固定端约束的构件，可以用一端插入刚体内的悬臂梁来表示（图 2-44a），在主动力 F 的作用下，墙对构件插入部分的约束力应是杂乱地分布在接触面上的一群力，这群力组成了一个平面任意力系（图 2-44b）。根据平面任意力系的简化理论，将该力系向 A 点简化，得到一个作用在 A 点的约束反力 F'（主矢）和一个力偶矩为 M_A 的约束力偶（主矩）。为了便于表示，约束力通常用它的水平分力 F_{xA} 和铅垂分力 F_{yA} 来代替（图 2-44c）。显然，约束力 F_{xA}、F_{yA} 限制构件上下移动，而约束力偶 M_A 限制构件绕 A 点转动。

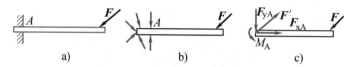

图 2-44 固定端约束的力的分析

二、平面任意力系的平衡方程及其应用

1. 平面任意力系的平衡方程

前面已指出，平面任意力系向任一点 O 简化，一般可得一主矢 F' 和一主矩 M_O，若主矢、主矩均等于零，则说明这一平面任意力系是平衡力系；反之，若平面任意力系是平衡力系，则它向任意点简化的主矢、主矩必同时为零。故平面任意力系平衡的充分与必要条件为

$$F' = \sqrt{\left(\sum F_x\right)^2 + \left(\sum F_y\right)^2} = 0$$

$$M_O = \sum M_O(F) = 0$$

由此可得平面任意力系的平衡方程为

$$\left.\begin{array}{l} \sum F_x = 0 \\ \sum F_y = 0 \end{array}\right\} \tag{2-9}$$

$$\sum M_O(F) = 0$$

式（2-9）表明，力系中各力在任何方向的坐标轴上投影的代数和为零，各力对平面内任意一点之矩的代数和为零。

式（2-9）包含两个投影方程和一个力矩方程，是平面任意力系平衡方程的基本式。此外，还有两力矩形式，即在三个平衡方程中有两个力矩方程和一个投影方程，可写为

$$\left. \begin{array}{l} \sum M_{\mathrm{A}}(\boldsymbol{F}) = 0 \\ \sum M_{\mathrm{B}}(\boldsymbol{F}) = 0 \end{array} \right\} \qquad (2\text{-}10)$$

$$\sum F_{\mathrm{x}} = 0(\text{或} \sum F_{\mathrm{y}} = 0)$$

附加条件：x（或 y）轴不垂直于 A、B 两点的连线。

上述两组方程都可用来解平面任意力系的平衡问题。究竟选用哪一组较为方便，须视问题的具体条件而定。但不论哪一组方程，对于受平面任意力系作用的一个研究对象的平衡问题，至多可以写出三个独立的平衡方程，求解三个未知量。

解题时，矩心和投影轴皆可任意选定。但为了计算简便，应力求在每一方程中只包含一个未知量，以简化计算。因此，若待求未知力有 3 个，投影轴最好与其中两个未知力的作用线垂直，而矩心最好选其中两个未知力作用线的交点。

现举例说明求解平面任意力系平衡问题的方法和主要步骤。

例 **2-15**　减速器中，齿轮轴由径向轴承 A 和推力轴承 B 支承，如图 2-45a 所示。A 轴承可简化为可动铰链支座，B 轴承可简化为固定铰链支座。已知 F、a。试求 A、B 两轴承的约束力。

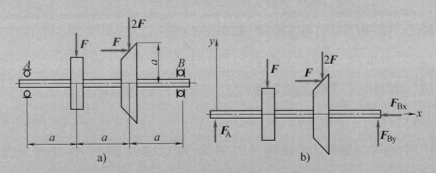

图 **2-45**　减速器齿轮轴的受力分析

解　1）取齿轮轴为研究对象。

2）画受力图，如图 2-45b 所示。

3）取直角坐标系如图 2-45b 所示，列平衡方程求解，得

$$\sum F_{\mathrm{x}} = 0, \qquad\qquad F - F_{\mathrm{Bx}} = 0$$

$$F_{\mathrm{Bx}} = F$$

$$\sum M_{\mathrm{B}}(\boldsymbol{F}) = 0,$$

$$-F_{\mathrm{A}}3a + F2a + 2Fa - Fa = 0$$

$$F_{\mathrm{A}} = F$$

$$\sum F_{\mathrm{y}} = 0, \qquad F_{\mathrm{A}} + F_{\mathrm{By}} - F - 2F = 0$$

$$F_{\mathrm{By}} = 2F$$

例 2-16 悬臂梁一端被固定在墙内，如图 2-46 所示。梁上受均布载荷作用，其载荷集度（单位长度上的载荷大小）$q = 750\text{N/m}$。在梁的自由端 B 作用有集中力 $F_p = 1.5\text{kN}$ 及一力偶，其矩 $M = 1.8\text{kN·m}$，试求固定端的约束力。

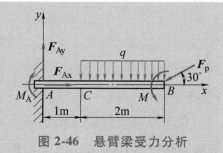

图 2-46 悬臂梁受力分析

解 1）取悬臂梁为研究对象。

2）画受力图。作用在梁上的力有载荷集度为 q 的均布载荷、集中力 F_p、力偶 M，以及固定端的约束力 F_{Ax} 和 F_{Ay}、约束力偶 M_A。F_{Ax}、F_{Ay} 的指向和 M_A 的转向假设如图 2-46 所示。

3）取直角坐标系如图 2-46 所示，列平衡方程求解，得

$\sum F_x = 0,$ $F_{Ax} - F_p\cos30° = 0$

$F_{Ax} = F_p\cos30° = 1.30\text{kN}$

$\sum F_y = 0,$ $F_{Ay} - F_p\sin30° - q\times2 = 0$

$F_{Ay} = F_p\sin30° + q\times2 = 2.25\text{kN}$

$\sum M_A(F) = 0,$ $-M_A - q\times2\times2 + M - F_p\sin30°\times3 = 0$

$M_A = -q\times2\times2 + M - F_p\sin30°\times3 = -3.45\text{kN·m}$

M_A 为负值，说明约束力偶的实际方向与图示假设的方向相反。

例 2-17 起重机的水平梁 AB 所受重力 $F_G = 1\text{kN}$，载荷 $F_Q = 8\text{kN}$，梁的 A 端为固定铰链支座，B 端用中间铰与拉杆 BC 连接（图 2-47a），若不计拉杆 BC 的自重，试求拉杆的拉力和支座 A 的约束力。

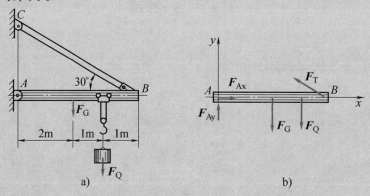

图 2-47 起重机水平梁受力分析

解 1）取 AB 梁与重物为研究对象。

2）画受力图。AB 梁除受已知力 F_G 和 F_Q 作用外，还受未知力：拉杆的拉力 F_T 和铰链 A 的约束力 F_A 的作用。因为 BC 为二力杆，故力 F_T 沿 BC 连线。力 F_A 的方向未知，故分解为两个分力 F_{Ax}、F_{Ay}（图 2-47b）。这些力为一平面任意力系。

3）列平衡方程求解。由于 AB 梁处于平衡，因此这些力必然满足平面任意力系的平衡方程。取坐标系如图 2-47b 所示，得

$$\sum M_A(\boldsymbol{F}) = 0, \qquad F_T\sin30°×4-F_G×2-F_Q×3=0$$

$$F_T = \frac{2F_G+3F_Q}{4\sin30°} = 13\text{kN}$$

$$\sum M_B(\boldsymbol{F}) = 0, \qquad -F_{Ay}×4+F_G×2+F_Q×1=0$$

$$F_{Ay} = \frac{2F_G+F_Q}{4} = 2.5\text{kN}$$

$$\sum F_x = 0, \qquad F_{Ax}-F_T\cos30°=0$$

$$F_{Ax} = F_T\cos30° = 11.26\text{kN}$$

此例采用的是二力矩形式的平衡方程组。若采用基本形式的平衡方程组也可，但不如此法简捷。

2. 平面平行力系的平衡方程

平面平行力系是平面任意力系的一种特殊情况，其平衡方程可由平面任意力系的平衡方程导出。如图 2-48 所示，设物体受平面平行力系 $\boldsymbol{F}_1$、$\boldsymbol{F}_2$、…、$\boldsymbol{F}_n$ 的作用，如选取 x 轴与各力垂直，则不论力系是否平衡，每一个力在 x 轴上的投影恒等于零，即 $\sum F_x \equiv 0$。于是，平行力系只有两个独立的平衡方程，即

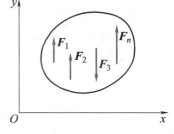

图 2-48 平面平行力系

$$\left.\begin{array}{l} \sum F_y = 0 \\ \sum M_O(\boldsymbol{F}) = 0 \end{array}\right\} \qquad (2\text{-}11)$$

平面平行力系的平衡方程也可用两个力矩方程的形式，即

$$\left.\begin{array}{l} \sum M_A(\boldsymbol{F}) = 0 \\ \sum M_B(\boldsymbol{F}) = 0 \end{array}\right\} \qquad (2\text{-}12)$$

此时的附加条件为：A、B 两点的连线不与各力作用线平行。

例 2-18 已知如图 2-49 所示起重机所受重力 $F_W = 100\text{kN}$，最大起重量 $F_G = 36\text{kN}$，图示尺寸 $b = 0.6\text{m}$，$l = 10\text{m}$，$a = 3\text{m}$，$x = 4\text{m}$，起重臂上的平衡铁所受重力 F_Q，试求此起重机在满载与空载时都不至于翻倒的平衡重力 F_Q 的范围。

解 1）取起重机为研究对象。

2）画受力图。起重机在平衡时，受到 F_G、F_W、F_Q、F_{AN}、F_{BN} 五个力的作用，这些力组成一平面平行力系，按题意可分为满载右翻和空载左翻两个临界情况。当 $F_Q = F_{Q\min}$ 时，要防止起重机满载时绕 B 轨右翻，此时左轨 A 悬空，$F_{AN} = 0$。同理，当取 $F_Q = F_{Q\max}$ 时，要防止起重机空载绕 A 轨左翻，此时右轨 B 悬空，$F_{BN} = 0$，$F_G = 0$。

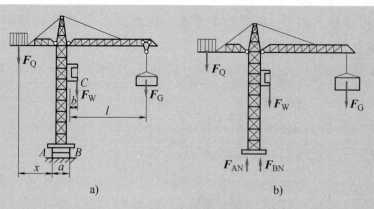

图 2-49　起重机受力

3）列平衡方程求解。

满载时，$F_G = F_{Gmax}$，$F_Q = F_{Qmin}$，$F_{AN} = 0$。

$$\sum M_B(\boldsymbol{F}) = 0, \qquad F_{Qmin}(x+a) - F_W b - F_G l = 0$$

$$F_{Qmin} = \frac{F_W b + F_G l}{x+a} = 60 \text{kN}$$

空载时，$F_G = 0$，$F_Q = F_{Qmax}$，$F_{BN} = 0$。

$$\sum M_A(\boldsymbol{F}) = 0, \qquad F_{Qmax} x - F_W(b+a) = 0$$

$$F_{Qmax} = \frac{F_W(b+a)}{x} = 90 \text{kN}$$

平衡重力的范围为：$60 \text{kN} \leqslant F_Q \leqslant 90 \text{kN}$。

3. 物体系统的平衡问题

前面研究的都是单个物体的平衡问题。但是工程中的机械和结构都是由几个物体通过一定的约束组成的系统，力学上统称为物体系统，简称物系。研究物系的平衡问题，往往不仅要求出物系所受的外力，而且要求出系统内部各物体之间相互作用的内力，这就需要将物系中某些物体取出来单独研究才能求出全部未知力。而当研究对象选定后，其解题的方法与解单个物体平衡问题的方法相同。可见，选择适当的研究对象是正确、迅速求解物系平衡问题的关键。当物系平衡时，组成物系的每一个物体都处于平衡状态。因此，解题时可以选取整个系统为研究对象，也可以选取局部系统或单个物体为研究对象。究竟选哪些物体为研究对象，则要根据具体条件而定。

例 2-19　图 2-50a 所示为一手动水泵，图中尺寸单位均为 cm。已知 $F_p = 200$N，不计各构件的自重，试求图示位置时，连杆 BC 所受的力、手柄上 A 点的反力，以及水压力 F_Q。

解　分别取手柄 ABD、连杆 BC 和活塞 C 为研究对象。分析可知，BC 杆不计自重时

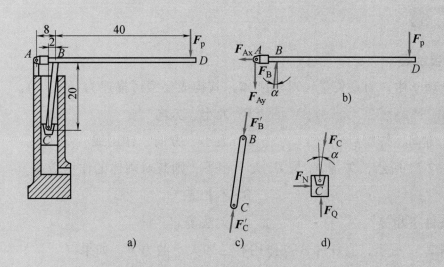

图 2-50 手动水泵受力

为二力杆，受力有 $F'_C = F'_B$。由作用力与反作用力公理知，$F_B = F'_B$，$F_C = F'_C$。所以 $F_B = F_C$，各力方向如图所示。

1）以手柄 ABD 为研究对象，受力图如图 2-50b 所示，对该平面任意力系，列出平衡方程，得

$$\sum M_A(\boldsymbol{F}) = 0, \quad -48F_p + 8F_B\cos\alpha = 0$$

$$F_B = \frac{48F_p}{8\cos\alpha} = \frac{48F_p\sqrt{20^2 + 2^2}}{8 \times 20} = 1206\text{N}$$

$$\sum F_x = 0, \quad -F_{Ax} + F_B\sin\alpha = 0, \quad F_{Ax} = F_B\frac{2}{\sqrt{20^2 + 2^2}} = 120\text{N}$$

$$\sum F_y = 0, \quad -F_{Ay} + F_B\cos\alpha - F_p = 0, \quad F_{Ay} = F_B\frac{20}{\sqrt{20^2 + 2^2}} - F_p = 1000\text{N}$$

2）取连杆 BC 为研究对象，受力图如图 2-50c 所示。对二力杆 BC，结合作用力与反作用力公理，有 $F'_B = F'_C = F_B = 1206\text{N}$。

3）取活塞 C 为研究对象，受力如图 2-50d 所示。可知这是一个平面汇交力系的平衡问题，列出平衡方程求解，得

$$\sum F_y = 0, \quad F_Q - F_C\cos\alpha = 0$$

因为 $$F'_C = F_C = 1206\text{N}$$

所以 $$F_Q = F_C\cos\alpha = 1206 \times \frac{20}{\sqrt{20^2 + 2^2}}\text{N} = 1200\text{N}$$

思维训练

一、概念自检题

2-1 在物理学中，力是矢量。对于刚体，其构成要素可描述为（　　）。

A. 大小

B. 大小、方向

C. 大小、方向、作用点

D. 大小、方向、作用线

2-2 如图 2-51 所示，矢量 F_1 与 F_2 大小相等，则其对刚体的作用效果（　　）。

A. 相等

B. 不相等

C. 一定条件下相等

D. 无法确定

2-3 如图 2-52 所示，直杆的 A 点作用有已知大小的力 F，如果（　　）。

A. 在 B 点施加与 F 大小相同、平行且反向的力 F'，则物系平衡

B. 在 B 点施加任何力，物系都不平衡

C. 在 A 点沿 F 作用线施加等值的力 F'，物系可以平衡

D. 在 B 点施加与 F 大小相同、平行且反向的力 F'，物系不平衡

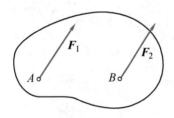

图 2-51　题 2-2 图

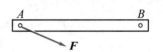

图 2-52　题 2-3 图

2-4 如图 2-53 所示，在 5 个力的平行四边形中，各力的作用点均在 A 点，各图形中，F_R 是对应 F_1 和 F_2 合力的图是（　　）。

A. a)　　　　B. b)　　　　C. c)　　　　D. d)　　　　E. e)

2-5 在图 2-53 所示的 5 个力平行四边形中，形成力系平衡的图是（　　）。

A. a)　　　　B. b)　　　　C. c)　　　　D. d)　　　　E. e)

2-6 如图 2-54 所示，电动机水平放置在基础上，F_G 是电动机所受重力，F_{N1} 是电动机

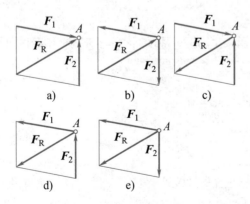

图 2-53　题 2-4、题 2-5 图

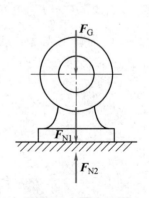

图 2-54　题 2-6 图

对基础的压力，F_{N2} 是基础对电动机的支承力，其中，构成作用力与反作用力的是（　　），构成平衡力的是（　　）。

 A. F_G 与 F_{N1} B. F_G 与 F_{N2} C. F_{N1} 与 F_{N2} D. F_G 与 F_{N1}、F_{N2}

 2-7　所谓二力杆是指（　　）。

 A. 不计杆件自重及摩擦的受力杆 B. 只受到两端约束力作用的受力杆

 C. 只受到两个外力作用的杆件 D. 不受外力，忽略自重及摩擦的杠杆

 2-8　如图 2-55a 所示，设各杆自重不计，各接触处的摩擦不计，为二力杆的是（　　）。

 A. AO 杆 B. AC 杆 C. DB 杆 D. DB、AC 杆

 2-9　如图 2-55b 所示，设各杆自重不计，各接触处的摩擦不计，为二力杆的是（　　）。

 A. O_1A、BC 杆 B. O_1A、AB 杆 C. O_1A、CO_3 杆 D. AB、CO_3 杆

 2-10　刚体受平面汇交力系作用，其力的多边形如图 2-56 所示，为平衡力系的是（　　），其中（　　）为其余各力的合力。

 A. a)，F_3 B. a)，F_4 C. b)，F_3 D. b)，F_4

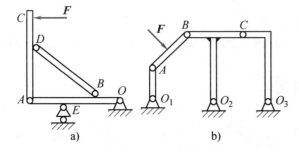
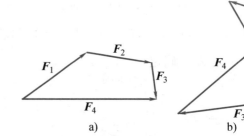

图 2-55　题 2-8、题 2-9 图   图 2-56　题 2-10 图

 2-11　如图 2-57 所示，圆柱体所受重力为 F_G，置于 V 形槽内，当平衡时，槽的约束力为 F_{NA} 与 F_{NB}，则有（　　）。

 A. $F_{NA}=F_G\cos\theta$，约束力方向由 A 指向 O；$F_{NB}=F_G\cos\theta$，约束力方向由 B 指向 O

 B. $F_{NA}=F_G\cos\theta$，约束力方向由 O 指向 A；$F_{NB}=F_G\cos\theta$，约束力方向由 O 指向 B

 C. $F_{NA}=F_{NB}$ D. $F_{NA}=F_{NB}=F_G\cos\theta$

 2-12　如图 2-58 所示，在梁上作用有一力偶，则固定铰链支座 A 对梁的约束力（　　）。

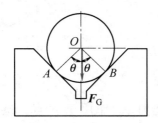
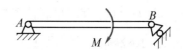

图 2-57　题 2-11 图   图 2-58　题 2-12 图

A. 为一集中反力，作用于 A 点，力矢方向垂直朝上

B. 为一集中反力，作用于 A 点，力矢方向垂直梁 B 支承平面，指向右下

C. 为一集中反力，作用于 A 点，力矢方向垂直梁 B 支承平面，指向左上

D. 为一力偶矩，逆时针方向

二、运算自检题

2-13 已知：$F_1 = 200\text{N}$，$F_2 = 150\text{N}$，$F_3 = 200\text{N}$，$F_4 = 100\text{N}$，各力的方向如图 2-59 所示，则（   ）。

A. 力 F_1 在 x 轴上的投影为 100N

B. 力 F_2 在 y 轴上的投影为 200N

C. 力 F_3 在 x 轴上的投影为 141N

D. 力 F_4 在 y 轴上的投影为 50N

2-14 F_1、F_2、F_3 三力共拉一碾子。已知：$F_1 = 1\text{kN}$，$F_2 = 1\text{kN}$，$F_3 = 1.732\text{kN}$，各力的方向如图 2-60 所示，则此三力的合力（   ）。

A. $F' = F_1\cos60° + F_2 + F_3\cos30° \approx 3000\text{N}$，力的方向指向水平方向

B. $F' = F_1\sin60° + F_3\sin30° \approx 1732\text{N}$，力的方向垂直指向上方

C. $F' = F_1\sin60° - F_3\sin30° \approx 0\text{N}$

D. 因为 $F' = F_1 + F_2 + F_3$，所以 $F' = 3.732\text{kN}$，力的方向则由首尾相接的三个力之后的多边形封闭矢量方向确定

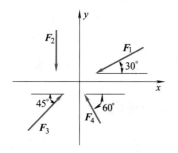

图 2-59 题 2-13 图

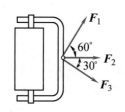

图 2-60 题 2-14 图

2-15 如图 2-61 所示，支架的 B 铰链处所受重力为 F_G，已知 $F_G = 10\text{kN}$，则 A、C 的支座反力分别为（   ）。

A. $F_A = F_G\cos60° = 5\text{kN}$，力的方向水平向右

B. $F_A = F_G\cos60°$

C. $F_C = F_G/\sin60° \approx 11.546\text{kN}$，力的方向由 C 点指向 B 点

D. $F_C = F_G\sin60° \approx 8.66\text{kN}$，力的方向由 B 点指向 C 点

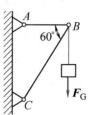

图 2-61 题 2-15 图

2-16 图 2-62 所示为一夹具中的杠杆增力机构，其推力 F_P 作用于 A 点，夹紧时杆 AB 与水平线夹角 $\alpha = 10°$，显然 AB 为二力杆，则杆对物块 A 的作用力 F_{BA} 的大小为（   ）。

A. $F_\mathrm{p}\sin10°$　　　B. $F_\mathrm{p}\cos10°$　　　C. $F_\mathrm{p}/\sin10°$　　　D. $F_\mathrm{p}/\cos10°$

2-17　在图 2-62 所示的杠杆增力机构中，夹紧力 F_Q 应为 F_p 的（　　）倍。

A. $\tan10°$　　　B. $\cot10°$　　　C. $1/\sin10°$　　　D. $1/\cos10°$

2-18　如图 2-63 所示铰链四杆机构 $ABCD$，在铰链 B 上作用一已知力 F_Q，在铰链 C 上作用一未知力 F_p，此机构处于平衡状态。不计各杆自重和接触处的摩擦，则力 F_p 为（　　）。

A. $F_\mathrm{Q}/\sin45°\cos30°$　　　　　　　B. $\sin45°\cos30°F_\mathrm{Q}$

C. $F_\mathrm{Q}\cos45°/\cos30°$　　　　　　　D. $\sin45°F_\mathrm{Q}/\sin30°$

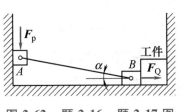

图 2-62　题 2-16、题 2-17 图

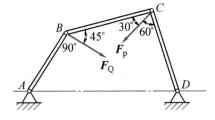

图 2-63　题 2-18 图

2-19　如图 2-64 所示各种情况下，力 F 对点 O 的矩为 Fl 的是（　　）。

A. a)　　　B. b)　　　C. a)、b)　　　D. c)

2-20　如图 2-64 所示各种情况下，力 F 对点 O 的矩为 $l\sin\beta$ 的是（　　）。

A. d)　　　B. c)　　　C. d)、c)　　　D. e)

2-21　如图 2-64e 所示，力 F 对点 O 的矩为（　　）。

A. bF　　　B. aF　　　C. $\sqrt{a^2+b^2}\,F\cos\alpha$　　　D. $\sqrt{a^2+b^2}\,F\sin\alpha$

2-22　如图 2-64f 所示，力 F 对点 O 的矩为（　　）。

A. $aF\cos\alpha$　　　B. $lF\cos\alpha$　　　C. $aF\cos\alpha+lF\sin\alpha$　　　D. $aF\cos\alpha-lF\sin\alpha$

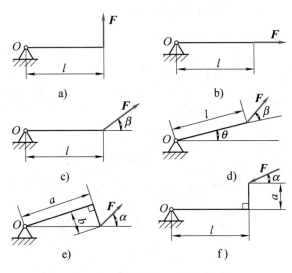

图 2-64　题 2-19~题 2-22 图

2-23 如图 2-65 所示，力 F_G 和力 F 对点 A 的矩 M_G、M_F 分别为（　　）。

A. $0.5\sqrt{a^2+b^2}\cos\alpha F_G$ 和 $0.5\sqrt{a^2+b^2}\cos\alpha F$

B. $\sqrt{a^2+b^2}\cos\alpha F_G$ 和 $\sqrt{a^2+b^2}\cos\alpha F$

C. $0.5\sqrt{a^2+b^2}\sin\alpha F_G$ 和 $\sqrt{a^2+b^2}\cos\alpha F$

D. $0.5\sqrt{a^2+b^2}\cos\alpha F_G$ 和 $\sqrt{a^2+b^2}\sin\alpha F$

2-24 如图 2-66 所示，汽锤锻打工件时，因工件偏置使锤头受偏心力而发生偏斜。已知：锻打力 $F_p=1000\text{kN}$，偏心距 $e=2\text{cm}$，锤头高 $h=20\text{cm}$，则锤头加在导轨两侧的压力为（　　）。

A. $N=2eF_p/h=200\text{kN}$，作用于导轨 $h/2$ 处，由左侧垂直指向轴线

B. $N=N'=2eF_p/h=200\text{kN}$，作用于导轨两侧 $h/2$ 处，分别垂直指向轴线

C. $N=N'=eF_p/h=100\text{kN}$，分布于导轨两侧 $h/2$ 处，分别垂直指向轴线

D. $N=N'=eF_p/h=100\text{kN}$，分布于导轨左右两侧端头，分别垂直指向轴线

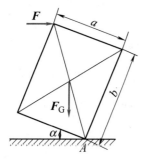

图 2-65　题 2-23 图

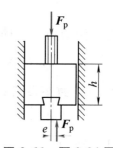

图 2-66　题 2-24 图

作业练习

2-25 试画出图 2-67 所示约束物体的受力图。

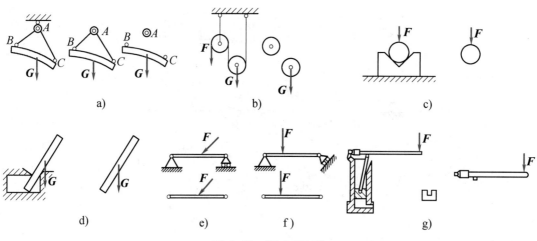

图 2-67　题 2-25 图

2-26　梁的支承及载荷情况如图 2-68 所示,已知 $F(F'=F)$、a、l、α。试求 A、B 两支座的约束力。

2-27　已知 $F = 400\text{N}$,$a = 50\text{cm}$,$M = 10\text{N} \cdot \text{m}$,$q = 10\text{N/cm}$,求如图 2-69 所示各梁的支座反力。

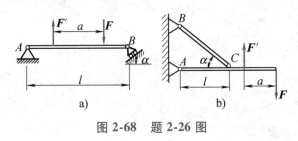

图 2-68　题 2-26 图

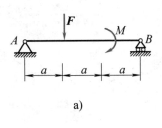

a)

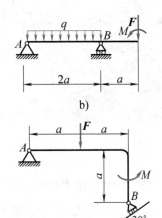

b)

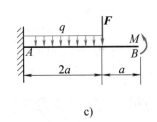

c)

d)

图 2-69　题 2-27 图

2-28　已知 $F_p = 1\text{kN}$,$q = 1\text{kN/m}$,$M = 1\text{kN} \cdot \text{m}$,$a = 1\text{m}$,求图 2-70 所示各梁的支座反力。

2-29　用盘形铣刀加工直齿圆柱齿轮时,齿轮装在分度头上。如图 2-71 所示,切削力 $F_a = 2\text{kN}$,$F_r = 0.5\text{kN}$,主轴自重不计,A 轴承处可简化为可动铰链支座,试求 A、B 处轴承的支座反力。

2-30　如图 2-72 所示,一人字梯上有一所受重力 F_p 的人位于 H 点,已知 F_p、l、a、h、α。试求绳索 DE 的拉力及光滑地面 A、B 两处的约束力。

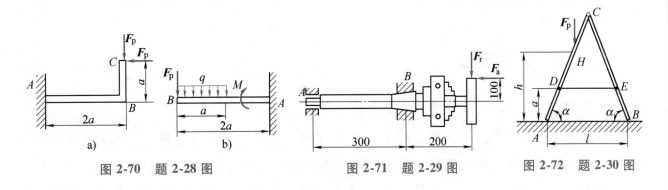

图 2-70　题 2-28 图　　　　　图 2-71　题 2-29 图　　　　　图 2-72　题 2-30 图

第三章　机械构件的强度与刚度

在清楚了机械装置中机构的构件受力后，我们必须对构件在力的作用下能否正常工作进行全面考察，由此需要研究构件的强度与刚度。

由于实际物体在受力作用时，其内部各质点间的相对距离总要发生一定的伸长或缩短，即变形，当构件所受外力过大时，会发生断裂或压溃等破坏，为保证机械设备安全可靠地工作，要求每一构件有足够的抵抗破坏的能力，这种能力称为强度。有些构件即使有足够的强度，由于变形仍会影响正常工作，如齿轮轴的挠曲变形将造成齿轮和轴承的不均匀磨损，从而缩短构件的使用寿命，并引起噪声，因此对这类构件还要求有足够的抵抗变形的能力，这种能力称为刚度。

强度与刚度是构件设计必须考虑的问题，因而强度与刚度的设计是机械设计的主题。

第一节　准备知识

一、内力、截面法

1. 内力

构件在未受外力作用时，存在着维系其质点间一定的相对位置、使构件保持一定形状的内力。这种内力源于构成物质的原子间结合力，不在工程力学的研究范围之内。

当构件受到外力作用时，构件内部相邻质点间的相对位置要发生变化，因此，构件在原有内力的基础上，产生附加内力，它力图使各质点恢复其原来的位置。工程力学中所研究的内力即此附加内力。

显然，附加内力是由外力对构件的作用引起的，外力增大，附加内力也随之增大。但任何构件的附加内力增大均有其极限，此极限值与构件的材料性质有关。当外力超过附加内力的极限值时，构件就要发生破坏。可见构件承受外载荷的能力与它的内力密切相关。因此，在研究构件的强度、刚度等问题时，需要讨论附加内力与外力的关系，以及附加内力的极限问题，在工程力学中，通常简称其为内力。

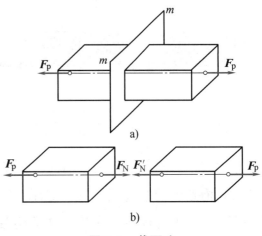

图 3-1　截面法

2. 截面法

通过截面，使构件内力显示出来，以便计算其数值的方法，称为截面法。如图 3-1a 所示的杆，在外力 F_p 的作用下处于平衡状态，力 F_p 的作用线与杆的轴线重合，要求 m—m 截面处的内力，可用假想平面在该处将杆截开，分成左右两段（图 3-1b）。右段对左段的作用用合力 F_N 表示，左段对右段的作用用合力 F_N' 表示，F_N 和 F_N' 就是该截面两边质点相互作用内力的合力。根据作用力与反作用力公理，它们大小相等、方向相反。因此，在计算内力时，只需截取截面两侧的任一段来研究即可。

现取左段研究。由平衡方程 $\sum F_x = 0$，可得

$$F_N - F_p = 0, \qquad F_N = F_p$$

即该横截面上的内力是一作用线与杆轴线重合、大小等于 F_p 的轴向力。

可以将截面法求内力的步骤归纳如下：

1）一截为二。在欲求内力处，假想用一截面将构件一截为二。

2）弃一留一。任选其中一部分为研究对象，并画出其受力图（包括外力和内力）。

3）列式求解。列出研究对象的静力平衡方程，并求出内力。

二、杆件的基本变形

机器或结构物中所采用的构件形状是多种多样的，工程力学研究的对象是杆件，即纵向（长度方向）尺寸比横向尺寸要大得多的构件。当外力以不同的方式作用于杆件时，将使它产生不同形式的变形。具体变形形式虽各式各样，但基本变形形式却只有四种，即拉伸与压缩、剪切、扭转、弯曲。

以后各节先分别介绍杆件四种基本变形的强度和刚度计算，再讨论由几种基本变形组合在一起的组合变形。

第二节　构件轴向拉伸时的强度计算

一、轴向拉伸与压缩的概念

工程实际中，承受拉伸与压缩的杆件是很常见的。例如，紧固螺栓（图3-2a）、起重机的吊索及其桁架中的杆（图3-2c）是承受拉伸的杆件；液压千斤顶的活塞杆、图3-2c所示的杆2是承受压缩的杆件。这些杆件结构各异，加载方式不同，但它们的共同特点是，作用于杆件上外力的作用线都与杆件轴线重合，杆件的变形是沿轴线方向伸长或缩短。所以，若把杆件的形状和受力情况进行简化，都可以简化成如图3-2b、d、e所示的计算简图。

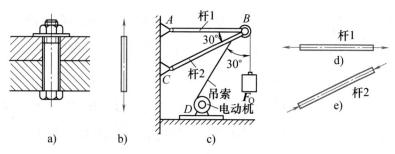

图3-2　拉伸与压缩受力杆件

二、轴向拉伸与压缩时横截面上的内力和应力

1. 轴力

为了对拉压杆进行强度计算，首先分析内力。设拉杆在外力 F_p 作用下处于平衡状态（图3-3a）。为了显示拉杆横截面上的内力，运用截面法，将杆沿任一横截面 $m—m$ 假想分为两段（图3-3b）。因拉杆的外力均与杆轴线重合，由内、外力平衡条件可知，其任一横截面上内力的作用线也必与杆的轴线重合，即垂直于杆的横截面，并通过横截面形心。这种内力称为轴力，常用符号 F_N 表示。

轴力 F_N 的大小由左段（或右段）的平衡方程

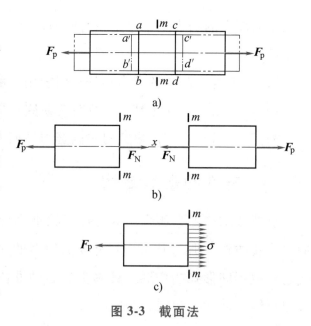

图3-3　截面法

$$\sum F_x = 0, \qquad F_N - F_p = 0$$

得
$$F_N = F_p$$

当轴力的指向背离横截面时，杆受拉，规定轴力为正；反之，杆受压，轴力为负。

2. 横截面上的应力

仅知道拉（压）杆的轴力还无法判断杆件的强度。因为力 F_N 虽大，拉（压）杆如果很粗，则不一定会被破坏；反之，若 F_N 虽不大，但拉（压）杆很细，却有被破坏的可能。因此，杆件是否破坏，不取决于横截面上内力的大小，而取决于单位面积上内力的大小。单位面积上的内力称为应力，其单位为 N/m²，称为帕斯卡，符号为 Pa。应力的常用单位是MPa，$1MPa = 10^6 Pa$。

要知道横截面上任意一点的应力，必须首先知道横截面上内力的分布规律。而要了解内力的分布规律，还必须从研究杆件的变形入手。

取一等截面直杆，试验前，在杆的表面画上两条垂直于轴线的直线 ab、cd（图 3-3a），然后在杆的两端加一对轴向拉力 F_p，可以观察到 ab、cd 分别平移至 $a'b'$、$c'd'$ 位置，且仍为垂直于轴线的直线。根据观察到的现象，可以认为，变形前原为平面的横截面，变形后仍保持为平面。由此可以推断，若将杆件设想为由无数纵向纤维所组成，则在两个横截面之间所有纵向纤维的伸长变形是相同的。因此，可以推想它们的受力是相同的，所以在横截面上各点的内力也相同。若以 A 表示横截面的面积，以 σ 表示横截面上的应力，则应力 σ 的大小为

$$\sigma = \frac{F_N}{A}$$

这就是拉（压）杆横截面上应力的计算公式。

σ 的方向与 F_N 一致，即垂直于横截面。垂直于横截面的应力称为正应力，都用 σ 表示，如图 3-3c 所示。和轴力 F_N 的符号规定一样，规定拉应力为正，压应力为负。

三、材料在拉伸与压缩时的力学性能

分析杆件的强度时，除计算杆件在外力作用下表现出来的应力外，还应了解材料的力学性能。所谓材料的力学性能，是指材料在外力作用下表现出来的变形和破坏方面的特性，需由试验来确定。在室温下，以缓慢平稳的方式加载进行试验，称为室温拉伸试验，它是测定材料力学性能的基本试验。为了便于比较不同材料的试验结果，试样应按国家标准（GB/T 228.1—2021）加工成标准试样（图 3-4）。

图 3-4　拉伸试件

（一）低碳钢在拉伸时的力学性能

低碳钢是指碳的质量分数在 0.25% 以下的碳素钢，它在拉伸试验中表现出来的力学性

能最典型。

试验开始，把试样装在试验机上，使它受到缓慢增加的拉力，记录各时刻的拉力 F_p，以及与各拉力 F_p 对应的试样标距 L_o 长度内的伸长量 ΔL，直至破坏。由于 ΔL 与试件标距 L_o 和横截面面积 S_o 有关，为了消除它们的影响，反映材料本身的性能，将 F_p 除以试件横截面面积 S_o，即得 $F_p / S_o = R$；将横坐标 ΔL 除以试件标距 L_o，可得 $\Delta L / L_o = \varepsilon$。$\varepsilon$ 称为线应变。若以 R 为纵坐标，ε 为横坐标，随着 F_p 的缓慢增加，将得到一系列的点。连接这些点，便是表示 R 与 ε 的关系曲线（图 3-5），称为应力应变图，它表明了低碳钢在拉伸时的力学性能。

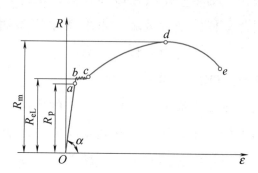

图 3-5 低碳钢拉伸试验曲线（R-ε 曲线）

1. 弹性阶段

如图 3-5 所示，Ob 段为弹性阶段。Oa 段为直线段，它表明应力 R 与应变 ε 成正比，即

$$R \propto \varepsilon$$

或写成
$$R = E\varepsilon \tag{3-1}$$

式（3-1）称为拉（压）胡克定律，E 为弹性模量，它是与材料有关的常量，不同材料的 E 值可查有关手册，钢的 $E = 210 \mathrm{GN/m^2} = 210 \mathrm{GPa}$。

Oa 段的最高点 a 所对应的应力 R_p 称为规定塑性延伸强度。显然，只有应力低于 R_p 时，应力才与应变成正比，材料才服从胡克定律。

由 a 点到 b 点，应力和应变不再是直线关系，但由于低碳钢 a、b 两点非常接近，一般可不做严格区分。在 Ob 段内，若拉力解除，变形可全部消失，这种变形称为弹性变形。b 点对应的应力 R_{eL} 是保证只出现弹性变形的最高应力，也是产生屈服的初始点，称为下屈服强度。当然，应力大于下屈服强度后，如果将拉力解除，则试样变形的一部分随之消失，但还残留一部分变形不再消失，这种变形称为残余变形或塑性变形。

若以 $R = F_N / S_o$，$\varepsilon = \Delta L / L_o$ 代入式（3-1），可得胡克定律的另一种表达形式，即

$$\Delta L = \frac{F_N L_o}{E S_o} \tag{3-2}$$

由式（3-2）可知，在弹性范围内，杆件的绝对伸长 ΔL 与轴力 F_N 及长度 L_o 成正比，与横截面面积 S_o 及材料的弹性模量 E 成反比。显然，$E S_o$ 乘积越大，杆件的变形越小，$E S_o$ 称为抗拉（压）刚度。

2. 屈服阶段

如图 3-5 所示，bc 段为屈服阶段。过 b 点材料出现塑性变形，R-ε 曲线上出现一段沿 ε 坐标方向上、下微微波动的锯齿形线段，这说明应力变化不大，而变形却迅速增长，材料好像失去了对变形的抵抗能力，这种现象称为材料的屈服。屈服阶段的最低应力值称为材

料的下屈服强度 R_{eL}。由于材料在屈服阶段产生塑性变形，而工程实际中的受力杆件都不允许发生过大的塑性变形，所以当其应力达到材料的下屈服强度时，便认为已丧失正常的工作能力。所以下屈服强度是衡量材料强度的重要指标。

3. 强化阶段

图 3-5 所示 cd 段为强化阶段。屈服阶段过后，要增加变形就必须增加拉力，材料又恢复了抵抗变形的能力，这种现象称为材料的强化。强化阶段中的最高点 d 所对应的应力是材料承受的最高应力，称为抗拉强度 R_m。它是衡量材料强度的另一重要指标。

4. 局部变形阶段

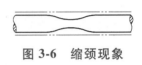

图 3-6　缩颈现象

到达抗拉强度后，试样在某一局部范围内横向尺寸突然缩小，形成缩颈现象（图 3-6）。缩颈部分的急剧变形引起试件迅速伸长；缩颈部位横截面面积快速减小，试样承受的拉力明显下降，到 e 点试件被拉断。

5. 断后伸长率和断面收缩率

材料的塑性可用样件断裂后遗留下来的塑性变形来表示。一般有下面两种表示方法：

（1）断后伸长率 A

$$A = \frac{L_u - L_o}{L_o} \times 100\%$$

式中　L_u——试件标距长度；

　　　L_o——试件拉断后的标距长度。

（2）断面收缩率 Z

$$Z = \frac{S_o - S_u}{S_o} \times 100\%$$

式中　S_o——试验前试件的横截面面积；

　　　S_u——试件断口处最小横截面面积。

A、Z 大，说明材料断裂时产生的塑性变形大，塑性好。工程上通常将 $A > 5\%$ 的材料称为塑性材料，如钢、铜、铝等；将 $A < 5\%$ 的材料称为脆性材料，如铸铁、玻璃、陶瓷等。

（二）其他材料在拉伸时的力学性能

1. 屈服强度

图 3-7a 所示为几种塑性材料拉伸时的 $R\text{-}\varepsilon$ 曲线，这些塑性材料没有明显的屈服阶段，工程上常采用条件屈服强度 $R_{p0.2}$ 作为其强度指标。$R_{p0.2}$ 是产生 0.2% 塑性应变的应力值（图 3-7b）。

2. 铸铁拉伸时的力学性能

铸铁是工程上广泛应用的脆性材料，它在拉伸时的 $R\text{-}\varepsilon$ 曲线是一段微弯的曲线

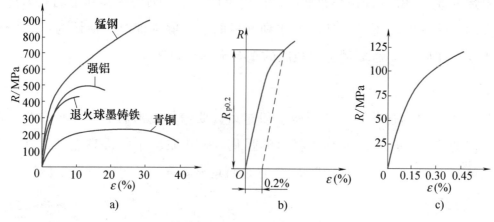

图 3-7　其他材料拉伸试验曲线（R-ε 曲线）

（图 3-7c），表明应力与应变的关系不符合胡克定律，但在应力较小时，R-ε 曲线很接近直线，故可近似地认为服从胡克定律。由图还可以看出，铸铁在较小的应力下就被突然地拉断，没有屈服和缩颈现象，拉断前变形很小，断后伸长率通常只有 0.5%~0.6%。

铸铁没有屈服现象，拉断时的抗拉强度 R_m 是衡量强度的唯一指标。一般说，脆性材料的抗拉强度都比较低。

（三）材料压缩时的力学性能

金属材料的压缩试样一般制成很短的圆柱，以免被压弯。圆柱高度为直径的 1.5~3 倍。

低碳钢压缩时的 R-ε 曲线（图 3-8）与其拉伸时的 R-ε 曲线（图 3-8 虚线所示）相比，在屈服阶段以前，两曲线基本重合。这说明压缩时的规定塑性延伸强度、弹性模量以及屈服强度与拉伸时基本相同。屈服阶段以后，试样越压越扁，曲线不断上升，无法测出强度极限。因此，对于低碳钢一般不做压缩试验。

铸铁压缩时的 R-ε 曲线如图 3-9 所示。试样在较小的变形下突然破坏，破坏断面的法线与轴线的夹角为 45°~55°。比较图 3-7c 与图 3-9 可知，铸铁的抗压强度比抗拉强度要高出 4~5 倍。其他脆性材料也具有这样的性质。

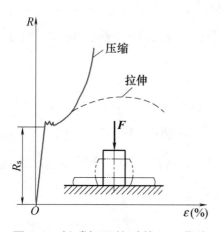

图 3-8　低碳钢压缩时的 R-ε 曲线

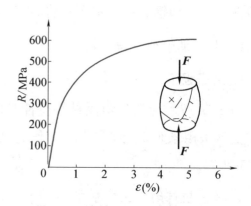

图 3-9　铸铁压缩时的 R-ε 曲线

通过研究低碳钢、铸铁在拉伸与压缩时的力学性能，可以得出塑性材料和脆性材料力学性能的主要区别如下：

1）塑性材料在断裂时有明显的塑性变形；而脆性材料在变形很小时突然断裂，无屈服现象。

2）塑性材料在拉伸时的规定塑性延伸强度、屈服强度和弹性模量与压缩时相同，说明它的抗拉强度与抗压强度相同；而脆性材料的抗拉强度远远小于抗压强度。因此，脆性材料通常用来制造受压构件。

四、杆件拉伸与压缩时的强度计算

（一）许用应力

由前文所述已经知道，机器或工程结构中的每一构件，都必须保证安全可靠地工作，如果构件发生了过大的塑性变形或断裂，则将失去正常工作的能力，这些现象可统称为失效。材料失效时的应力称为极限应力。

对于塑性材料，在材料屈服时就会发生过大的塑性变形而失效，所以屈服强度是它的极限应力；对于脆性材料，在变形很小时就发生断裂而失效，所以抗拉强度是它的极限应力。

构件在安全可靠地工作时，材料所允许承受的最大应力称为许用应力，用 $[\sigma]$ 表示。从经济方面考虑，许用应力应接近极限应力。但由于构件的实际情况（如工作条件、载荷估计的准确性、材料的均匀性等），为了确保构件安全可靠，需有一定的强度储备，即将极限应力除以大于 1 的系数，才能作为材料的许用应力 $[\sigma]$。

塑性材料在拉伸、压缩时的屈服强度相同，故拉、压许用应力同为

$$[\sigma] = \frac{R_{eL}}{n_e}$$

式中　R_{eL}——塑性材料的下屈服强度，单位为 MPa；

n_e——塑性材料的屈服安全系数。

脆性材料拉伸和压缩强度极限一般不同，故许用应力有许用拉应力 $[\sigma_l]$ 和许用压应力 $[\sigma_y]$ 之分，即

$$[\sigma_l] = \frac{R_{ml}}{n_m}, \ [\sigma_y] = \frac{R_{my}}{n_m}$$

式中　R_{ml}、R_{my}——脆性材料的拉伸和压缩屈服强度，单位为 MPa；

n_m——脆性材料的断裂安全系数。

（二）强度条件

为了保证拉、压构件具有足够的强度，必须使其最大工作应力 σ_{max} 小于或等于材料在拉伸（压缩）时的许用应力 $[\sigma]$，即

$$\sigma_{\max} = \frac{F_N}{A} \leq [\sigma] \tag{3-3}$$

式（3-3）称为拉（压）构件的强度条件，是拉（压）构件强度计算的依据。产生 $\sigma_{\max}$ 的截面称为危险截面，式中 F_N 和 A 分别为危险截面的轴力和横截面面积。

根据强度条件，可以解决三个方面的问题：

1）强度校核。若已知构件所承担的载荷、构件的尺寸及材料的许用应力，可按式（3-3）检查构件是否满足强度要求。若式（3-3）成立，说明构件强度足够，否则，强度不够。

2）设计截面。若已知构件所承担的载荷及材料的许用应力，可将式（3-3）改写成 $A \geq F_N / [\sigma]$，由此确定构件所需要的横截面面积，然后根据所需截面形状设计截面尺寸。

3）确定许可载荷。若已知构件的尺寸和材料的许用应力，可将式（3-3）改写成 $F_N \leq A[\sigma]$，由此确定构件所能承受的最大轴力，再根据内外力的静力关系，确定结构所能承受的许可载荷。

下面举例说明上述三种类型的强度计算问题。

例 3-1　一台所受重力 $F_p = 1.2$kN 的电动机，采用 M8 吊环螺钉（外径为 8mm，螺纹根部直径为 6.4mm），如图 3-10 所示。其材料为 Q215 钢，许用应力 $[\sigma] = 40$MPa。试校核吊环螺钉螺杆的强度。

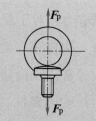

解　螺杆部分的轴力 $F_N = F_p = 1.2 \times 10^3$N，螺杆横截面上的应力是

$$\sigma = \frac{F_N}{A} = \frac{4 \times 1.2 \times 10^3}{\pi \times (6.4 \times 10^{-3})^2} \text{Pa} = 37 \times 10^6 \text{Pa} = 37\text{MPa}$$

图 3-10　例 3-1 图

$$\sigma < [\sigma]$$

故螺杆满足强度要求。

例 3-2　三角架由 AB 与 BC 两杆铰链而成（图 3-11a），两杆的横截面均为圆形，材料为钢，许用应力 $[\sigma] = 58$MPa。设作用于铰接点 B 的载荷 $F_p = 20$kN，试确定两杆的直径 d（不计杆自重）。

解　由受力分析可知，AB 杆和 BC 杆分别为轴向受拉和轴向受压的二力杆件，受力图如图 3-11b 所示。

1）确定 AB、BC 两杆的轴力。用截面法在图 3-11a 上沿 m—n 截面截取研究对象，其受力图如图 3-11c 所示，列平衡方程求解：

$$\sum F_y = 0, \qquad F_{N1} \sin 60° - F_p = 0$$

$$F_{N1} = \frac{F_p}{\sin 60°} = \frac{20 \times 10^3}{0.866} \text{N} = 23.09\text{kN}$$

$$\sum F_x = 0, \qquad F_{N2} - F_{N1}\cos 60° = 0$$

$$F_{N2} = F_{N1}\cos 60° = 23.09\text{kN} \times 0.5 = 11.55\text{kN}$$

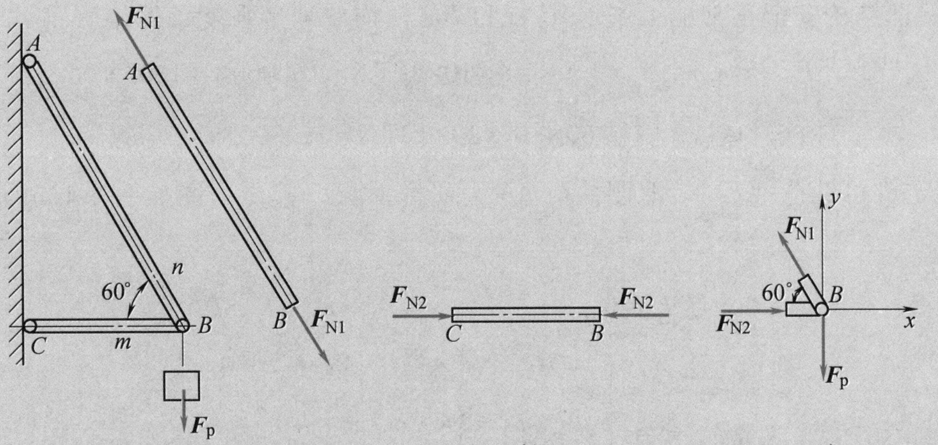

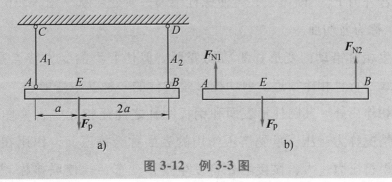

图 3-11　例 3-2 图

2）确定两杆直径。由式（3-3）得

$$A \geqslant \frac{F_N}{[\sigma]}$$

因 $A = \pi d^2/4$，所以 $\dfrac{\pi d^2}{4} \geqslant \dfrac{F_N}{[\sigma]}$。

圆杆直径

$$d \geqslant \sqrt{\frac{4F_N}{\pi[\sigma]}}$$

将 $F_{N1} = 23.09\text{kN}$、$F_{N2} = 11.55\text{kN}$、$[\sigma] = 58\text{MPa}$ 分别代入上式，便得 AB 杆和 BC 杆的直径 d_{AB}、d_{BC}

$$d_{AB} = \sqrt{\frac{4 \times 23.09 \times 10^3}{\pi \times 58 \times 10^6}} = 22.5 \times 10^{-3}\text{m} = 22.5\text{mm}, \ \text{取} \ d_{AB} = 23\text{mm}$$

$$d_{BC} = \sqrt{\frac{4 \times 11.55 \times 10^3}{\pi \times 58 \times 10^6}} = 15.9 \times 10^{-3}\text{m} = 15.9\text{mm}, \ \text{取} \ d_{BC} = 16\text{mm}$$

例 3-3　刚性板 AB 由杆 AC 和 BD 吊起（图 3-12a），已知 AC 杆的横截面面积 $A_1 = 10\text{cm}^2$，$[\sigma_1] = 160\text{MPa}$，$BD$ 杆的横截面面积 $A_2 = 20\text{cm}^2$，$[\sigma_2] = 60\text{MPa}$，试确定该结构

图 3-12　例 3-3 图

的许可载荷 $[F_p]$。

解 1）确定 AC 和 BD 杆的许可轴力。由受力分析可知，AC、BD 均为轴向受拉的二力杆。为保证结构安全正常地工作，AC 杆和 BD 杆均应满足强度条件，所以

$$[F_{N1}] \leqslant [\sigma_1]A_1 = 160 \times 10^6 \times 10 \times 10^{-4}\,\mathrm{N} = 160000\,\mathrm{N} = 160\,\mathrm{kN}$$

$$[F_{N2}] \leqslant [\sigma_2]A_2 = 60 \times 10^6 \times 20 \times 10^{-4}\,\mathrm{N} = 120000\,\mathrm{N} = 120\,\mathrm{kN}$$

2）确定许可载荷 $[F_p]$。取刚性板 AB 为研究对象，其受力图如图 3-12b 所示。由平衡方程

$$\sum F_y = 0, \qquad\qquad F_{N1} + F_{N2} - F_p = 0$$

$$\sum M_A(F) = 0, \qquad\qquad F_{N2}3a - F_p a = 0$$

得

$$F_p = 3F_{N2} \tag{a}$$

$$F_p = \frac{3}{2}F_{N1} \tag{b}$$

将 $[F_{N1}]$、$[F_{N2}]$ 分别代入式（a）、式（b），得

$$F_{p1} \leqslant \frac{3}{2}F_{N1} = \frac{3}{2} \times 160\,\mathrm{kN} = 240\,\mathrm{kN}$$

$$F_{p2} \leqslant 3F_{N2} = 3 \times 120\,\mathrm{kN} = 360\,\mathrm{kN}$$

因

$$F_{p2} > F_{p1}$$

所以，此结构的许可载荷 $[F_p] = F_{p1} = 240\,\mathrm{kN}$。

第三节 构件剪切与挤压时的强度计算

一、剪切与挤压的概念及受力分析

用铰制孔用螺栓联接钢板如图 3-13a 所示，在外力 F_p 的作用下，螺栓将沿截面 $m—m$ 发生相对错动。若外力 F_p 不断增大，将使螺栓沿 $m—m$ 处剪断（图 3-13b）。产生相对错动的截面（$m—m$）称为剪切面。

这种截面发生相对错动的变形称为剪切变形。剪切变形的受力特点是外力大小相等、方向相反、作用线平行且相距很近。剪切变形是构件的一种基本变形。

螺栓除受剪切作用外，其圆柱形表面和钢板圆孔之间还相互挤压（图 3-13d），这种局部表面上受压的情况称为挤压，承受挤压作用的表面称为挤压面，作用在挤压面上的压力称为挤压力。如果挤压力过大，在接触处将发生塑性变形，会使联接松动，影响机器正常

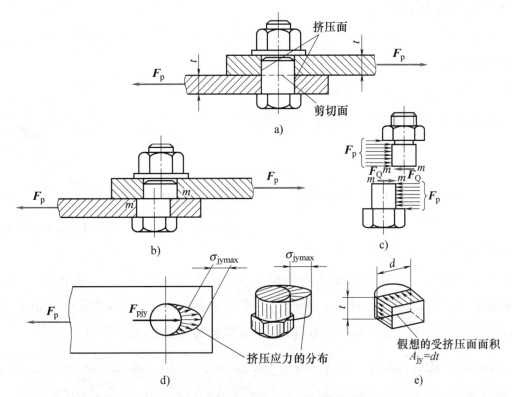

图 3-13　铰制孔用螺栓的挤压与剪切受载

工作，这种现象称为挤压破坏。

二、剪切与挤压的实用计算

（一）剪切强度计算

以图 3-13a 所示螺栓为例，运用截面法假想地将螺栓沿剪切面 $m—m$ 切开，任取一段为研究对象（图 3-13c），由平衡条件可知，剪切面上必作用有与 F_p 平行且大小相等、方向相反的切向内力，此内力称为剪力，常用符号 F_Q 表示。

剪力 F_Q 在剪切面 $m—m$ 上的分布是比较复杂的，在工程计算中，常用简化的计算方法，称为实用计算法。这种方法认为，剪力 F_Q 是均匀地分布在剪切面 A 上的，其应力（单位面积上的内力）用字母 "τ" 表示，"τ" 称为切应力，单位是 Pa。

由此可得，剪切面上的切应力为

$$\tau = \frac{F_Q}{A} \qquad\qquad (3\text{-}4)$$

为了保证剪切变形构件安全可靠地工作，剪切强度条件为

$$\tau = \frac{F_Q}{A} \leqslant [\tau] \qquad\qquad (3\text{-}5)$$

式中　　$[\tau]$——材料的许用切应力，可从有关手册中查得。

（二）挤压强度计算

如图 3-13d 所示，从理论上讲，挤压面上挤压力的分布是不均匀的，最大值在中间。为了简化计算，假定挤压力是均匀分布在挤压面上的。

设挤压力为 F_{pjy}，挤压面面积为 A_{jy}，以 σ_{jy} 表示挤压应力（挤压面上单位面积受力），则挤压强度条件为

$$\sigma_{jy} = \frac{F_{pjy}}{A_{jy}} \leq [\sigma_{jy}] \qquad (3\text{-}6)$$

式中　$[\sigma_{jy}]$——材料的许用挤压应力，可从有关手册中查得。

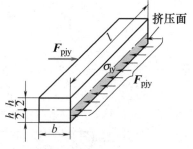

图 3-14　键的挤压受载

（三）挤压面面积的计算

若挤压面为平面，则挤压面面积为接触面面积。例如，键联接（图 3-14），$A_{jy} = hl/2$。若接触面为半圆柱面，例如，螺钉、螺栓、销等圆柱形联接件，其挤压面面积为半圆柱面的正投影面（图 3-13e），$A_{jy} = dt$，d 为直径，t 为螺钉等与孔的接触长度。

例 3-4　某车床电动机轴与带轮用平键联接（图 3-15a），已知轴的直径 $d = 35\text{mm}$，键的尺寸 $b \times h \times l = 10\text{mm} \times 8\text{mm} \times 60\text{mm}$（图 3-15b），传递的转矩 $T = 42\text{N} \cdot \text{m}$。键的材料为 45 钢，许用切应力 $[\tau] = 60\text{MPa}$，许用挤压应力 $[\sigma_{jy}] = 100\text{MPa}$，带轮材料为铸铁，许用挤压应力 $[\sigma_{jy}] = 53\text{MPa}$。试校核键联接的强度。

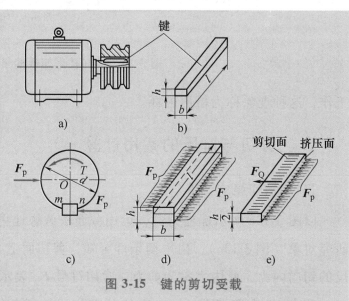

图 3-15　键的剪切受载

解　1）计算作用于键上的作用力 F_p。取轴与键组成的物系为研究对象，其受力图如图 3-15c 所示，由于工程上轴的转矩 T 即为力学中所指轴所受的扭转力矩 M（以后转矩用 T 表示），由 $\sum M_O(\boldsymbol{F}) = 0$，得

$$F_p \frac{d}{2} = T$$

$$F_p = \frac{2T}{d} = \frac{2 \times 42 \times 10^3}{35} \text{N} = 2400\text{N}$$

2）校核键的剪切强度。键的受力如图 3-15d 所示，由截面法（图 3-15e）可得剪切面上的剪力为

$$F_Q = F_p = 2400\text{N}$$

键的剪切面面积为

$$A = bl = 10 \times 60 \, \text{mm}^2 = 600 \, \text{mm}^2$$

键的切应力为

$$\tau = \frac{F_Q}{A} = \frac{2400}{600} \, \text{MPa} = 4 \, \text{MPa} < [\tau] = 60 \, \text{MPa}$$

故剪切强度足够。

3）校核挤压强度。由于带轮的许用挤压应力比键的许用挤压应力低，所以只需对带轮进行挤压强度校核。

$$\sigma_{jy} = \frac{F_{pjy}}{A_{jy}} = \frac{2400 \, \text{N}}{hl/2} = \frac{2400}{8 \times 60/2} \, \text{MPa} = 10 \, \text{MPa} < [\sigma_{jy}] = 53 \, \text{MPa}$$

挤压强度也足够。因此，整个键联接强度足够。

例 3-5　两块钢板用螺栓联接（图 3-16a），每块钢板厚度 $t = 10 \, \text{mm}$，螺栓直径 $d = 16 \, \text{mm}$，许用切应力 $[\tau] = 60 \, \text{MPa}$，钢板与螺栓的许用挤压应力 $[\sigma_{jy}] = 180 \, \text{MPa}$，求螺栓所能承受的许可载荷 $[F_p]$。

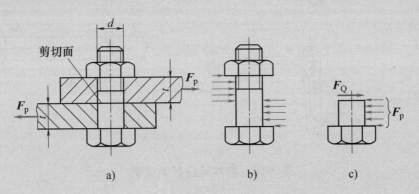

图 3-16　铰制孔用螺栓的受载

解　按螺栓的剪切强度确定许可载荷 $[F_{p1}]$。由计算简图（图 3-16c），根据式（3-5），得

$$F_Q \leqslant A[\tau] = \frac{\pi \times 16^2}{4} \times 60 \, \text{N} = 12058 \, \text{N} = 12.1 \, \text{kN}$$

因为 $F_{p1} = F_Q$，所以 $F_{p1} \leqslant 12.1 \, \text{kN}$。

按挤压强度条件确定许可载荷 $[F_{p2}]$，根据式（3-6），得

$$F_{pjy} \leqslant A_{jy}[\sigma_{jy}] = td[\sigma_{jy}] = 10 \times 16 \times 180 \, \text{N} = 28800 \, \text{N} = 28.8 \, \text{kN}$$

由于 $F_{p2} = F_{pjy}$，所以，$F_{p2} \leqslant 28.8 \, \text{kN}$。

$F_{p1} < F_{p2}$，故螺栓的许可载荷 $[F_p] = 12.1 \, \text{kN}$。

第四节　圆轴扭转时的强度计算与刚度计算

一、扭转的概念

在工程实际中，有很多构件是承受扭转作用而传递动力的。例如，钻床钻孔用的钻头（图 3-17a）、汽车转向盘（图 3-17b），以及传动轴 AB（图 3-17c）等。由这些实例可知，欲使构件产生扭转，构件的两端所受的力应构成力偶，这对力偶的大小相等、转向相反，并在垂直于构件轴线的平面内。构件扭转变形时，构件任意两横截面皆绕轴线产生相对转动，这种相对转动形成的角位移称为扭转角，以符号 φ 表示（图 3-17d）。

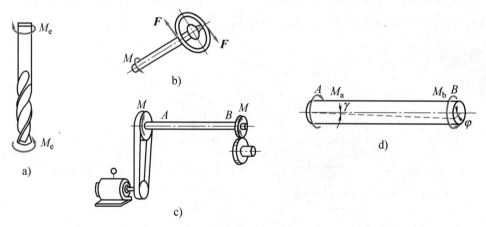

图 3-17　构件受扭转的实例

在日常生活中，拧毛巾时可以看到明显的扭转变形，用螺钉旋具旋紧螺钉和用钥匙开门时，也会产生难以察觉的微小的扭转变形。

机械中的轴，多数是圆截面或环形截面杆，常称为圆轴。本节将研究圆轴扭转时的强度和刚度计算问题。

二、扭转时横截面上的内力——扭矩、扭矩图

（一）外力偶矩的计算

计算轴的内力，必须已知作用于轴上的外力偶矩。但工程实际中往往不能直接知道外力偶矩的大小，而是知道轴传递的功率 P 和轴的转速 n，这时外力偶矩可按下式计算

$$M_{\mathrm{e}} = 9550 \frac{P}{n} \tag{3-7}$$

式中　M_{e}——外力偶矩，单位为 N·m；

P——轴传递的功率，单位为 kW；

n——轴的转速，单位为 r/min。

（二）扭矩

如图 3-18a 所示，圆轴在一对大小相等、转向相反的外力偶矩 M_e 的作用下产生扭转变形，此时横截面上就产生了抵抗变形和破坏的内力。用截面法可以把它显示出来，即用假想截面 n—n 将轴截开，取左段为研究对象（图 3-18b）。从平衡关系不难看出，扭转时横截面上内力合成的结果必定是一个力偶，这个内力偶矩称为扭矩，用 T 表示。由静力平衡条件可求出截面上的扭矩：

$$T - M_e = 0$$

即

$$T = M_e$$

如果取右段为研究对象（图 3-18c），同样也可求得 T。截面两边的力偶互为作用和反作用关系，因此，取截面左段或右段为研究对象所求的扭矩在数值上是相等的，而转向是相反的。为了使从左段和右段所求得的扭矩在符号上一致，规定采用右手螺旋法则来判定扭矩的正负号。如图 3-19 所示，如果以右手四指表示扭矩的转向，则大拇指的指向离开截面时扭矩为正，反之，为负。

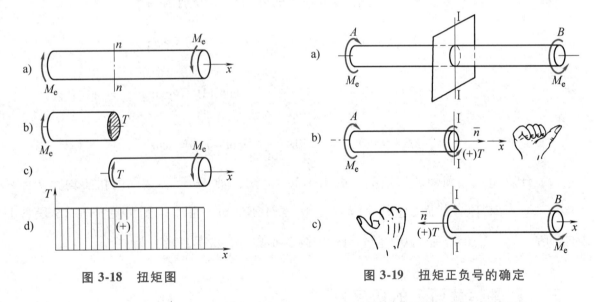

图 3-18　扭矩图　　　　　　　　图 3-19　扭矩正负号的确定

如果轴上作用有多个外力偶，则任一截面上的扭矩等于该截面左段（或右段）外力偶矩的代数和。

工程中，通常直接用内力偶矩即扭矩 T 进行运算，式（3-7）可相应表达为 $T = 9550P/n$。

（三）扭矩图

为了形象地表示各截面扭矩的大小和正负，以便分析危险截面，常需画出扭矩随截面位置变化的函数图像，这种图像称为扭矩图。其画法与轴力图类同，取平行于轴线的横坐

标 x 表示各截面位置，垂直于轴线的纵坐标 T 表示相应截面上的扭矩，正扭矩画在 x 轴的上方，负扭矩画在 x 轴的下方（图 3-18d）。

例 3-6 传动轴（图 3-20a）的转速 $n=200\text{r/min}$，功率由 A 轮输入，B、C 两轮输出。已知 $P_A=40\text{kW}$，$P_B=25\text{kW}$，$P_C=15\text{kW}$。要求：①画出传动轴的扭矩图；②确定最大扭矩 T_{max} 的值；③若将 A 轮与 B 轮的位置对调（图 3-20b），试分析扭矩图是否有变化，如何变化，最大扭矩 T_{max} 值为多少，两种不同的载荷分布形式哪一种较为合理。

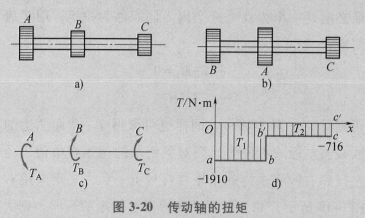

图 3-20 传动轴的扭矩

解 1）计算外力偶矩。各轮作用于轴上的外力偶矩分别为

$$M_A = 9550\frac{P_A}{n} = 9550 \times \frac{40}{200}\text{N}\cdot\text{m} = 1910\text{N}\cdot\text{m}$$

$$M_B = 9550\frac{P_B}{n} = 9550 \times \frac{25}{200}\text{N}\cdot\text{m} = 1194\text{N}\cdot\text{m}$$

$$M_C = 9550\frac{P_C}{n} = 9550 \times \frac{15}{200}\text{N}\cdot\text{m} = 716\text{N}\cdot\text{m}$$

2）计算扭矩、画轴的扭矩图。由图 3-20c 可知，轴 AB 段各截面的扭矩均为 $T_1 = M_A = 1910\text{N}\cdot\text{m}$；$BC$ 段各截面的扭矩均为 $T_2 = M_C = 716\text{N}\cdot\text{m}$。由扭矩图可见，轴 AB 段各截面的扭矩最大。$T_{max} = T_1 = 1910\text{N}\cdot\text{m}$。例题中的问题③请读者自行分析。

三、圆轴横截面上的切应力

（一）圆轴扭转时横截面上应力的分布规律

为了研究应力，先来观察扭转试验的现象。取如图 3-21a 所示的圆轴，在其表面上画出圆周线和纵向线，形成矩形网格。在扭转变形的情况下（图 3-21b），可以观察到：

1）各纵向线条倾斜了同一角度 γ_R，表面上的矩形网格变成了菱形（图 3-21b）。

2）各圆周线均绕轴线转过一个角度，而圆周线的形状、大小以及圆周线间的距离均未改变（图 3-21b）。

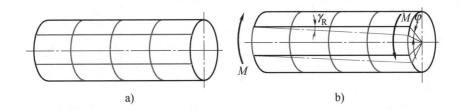

图 3-21　圆轴的扭转变形

根据上述现象，可以推得这样的假设：圆轴扭转时，各横截面像刚性平面一样绕轴线转动，轴的横截面仍保持为平面，其形状、大小都不变，半径仍保持为直线，各横截面间的距离保持不变，只是相对转过了一个角度，或者说各横截面之间发生了绕轴线的错动变形。因此，轴无轴向伸长和缩短，横截面上没有正应力，而只有垂直于半径的切应力。

切应力在横截面上究竟是怎样分布的呢？如图 3-22 所示，圆轴在扭转时转过了 φ 角，横截面上的 C 点和 K 点分别转到了 C' 点和 K' 点，由图 3-22 可得：$CC' = \rho_{max} \varphi = l\gamma$，$KK' = \rho\varphi = l\gamma_\rho$，所以

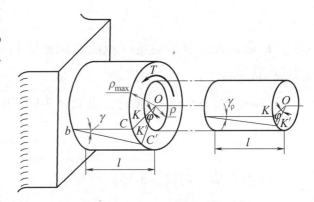

图 3-22　圆轴扭转的切应力

$$\frac{\gamma_\rho}{\rho} = \frac{\gamma}{\rho_{max}} \qquad (a)$$

式中，γ 为圆轴扭转时单位长度内的角变形，称为切应变，即相对角位移。ρ_{max} 和 ρ 分别为 C 点和 K 点的半径。式（a）说明横截面上各点的角应变 γ_ρ 与该点到圆心的距离 ρ 成正比。

根据剪切试验，当剪力不超过剪切比例极限时，切应力 τ 与切应变 γ 之间成正比关系，即

$$\tau = G\gamma \qquad (3\text{-}8)$$

式（3-8）称为剪切胡克定律，式中 G 称为切变模量，其单位为 Pa，常用单位为 GPa。将 $\tau_{max} = G\gamma$ 和 $\tau_\rho = G\gamma_\rho$ 代入式（a），得

$$\frac{\tau_\rho}{\rho} = \frac{\tau_{max}}{\rho_{max}} \qquad (b)$$

式（b）说明了圆轴扭转时横截面上切应力的分布规律：横截面上各点切应力的大小与该点到圆心的距离成正比，轴圆周边缘的切应力最大，圆心处的切应力为零，如图 3-23、图 3-24 所示。

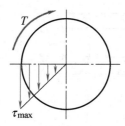

图 3-23 实心圆轴扭转时切应力的分布

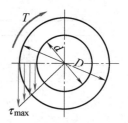

图 3-24 空心圆轴扭转时切应力的分布

（二）扭转切应力的计算

1. 应力公式

当圆轴某横截面上的扭矩为 T、横截面半径为 R 时，横截面上距中心（轴心）为 ρ 处的切应力 τ_ρ 的计算公式为

$$\tau_\rho = \frac{T\rho}{I_p} \tag{3-9}$$

式中，I_p 是截面的极惯性矩（截面二次极矩），是只与截面形状和尺寸有关的几何量，其单位为 m^4 或 mm^4。

当 $\rho = R$ 时，$\tau = \tau_{max}$，此时，由式（3-9）可得

$$\tau_{max} = \frac{TR}{I_p} \tag{3-10}$$

令 $W_n = I_p / R$，则式（3-10）可写为

$$\tau_{max} = \frac{T}{W_n} \tag{3-11}$$

式中，W_n 为圆轴的抗扭截面系数，也是与截面形状和尺寸有关的几何量，其单位为 m^3 或 mm^3。

式（3-11）为圆轴扭转时横截面的最大切应力计算公式，是式（3-9）的特殊形式。

2. 圆轴截面的极惯性矩 I_p 和抗扭截面系数 W_n

工程中承受扭转的圆轴常采用实心圆轴和空心圆轴两种形式，其横截面如图 3-25 所示。它们的极惯性矩 I_p 和抗扭截面系数 W_n 的计算公式分别如下：

（1）实心圆轴

$$I_p = \frac{\pi D^4}{32} \approx 0.1D^4 \tag{3-12}$$

式中 D——轴的直径，单位为 m 或 mm。

$$W_n = \frac{I_p}{R} = \frac{2\pi D^4}{32D} = \frac{\pi D^3}{16} \approx 0.2D^3 \tag{3-13}$$

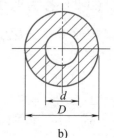

a)　　b)

图 3-25 圆轴的截面

（2）空心圆轴

$$I_p = \frac{\pi D^4}{32} - \frac{\pi d^4}{32} = \frac{\pi D^4}{32}(1-\alpha^4) \approx 0.1D^4(1-\alpha^4) \tag{3-14}$$

式中　D——外径；

　　　d——孔径；

　　　$\alpha = d/D$。

$$W_n = \frac{I_p}{R} = \frac{2\pi D^4(1-\alpha^4)}{32D} = \frac{\pi D^3}{16}(1-\alpha^4) \approx 0.2D^3(1-\alpha^4) \tag{3-15}$$

四、圆轴扭转时的变形

扭转变形以两个横截面的相对扭转角 φ 来度量。通过圆轴扭转试验发现，当最大扭转切应力 τ_{max} 不超过材料的剪切比例极限 τ_p 时，圆轴的扭转角 φ（单位为 rad）总是正比于扭矩 T 和轴的长度 l，反比于截面的极惯性矩 I_p 及材料的切变模量 G，即

$$\varphi = \frac{Tl}{GI_p} \tag{3-16}$$

由式（3-16）可以看出：

1）GI_p 越大，则 φ 越小，它反映了截面抗扭转变形的能力，称为抗扭刚度。

2）扭转角 φ 的大小与轴长 l 有关。为了消除 l 的影响，将式（3-16）两端除以 l，得单位长度扭转角，并以符号 θ 表示，其单位为 rad/m。但在工程中常用（°）/m 表示，故用 $1\text{rad} = 180°/\pi$ 代入，运算得

$$\theta = \frac{T}{GI_p} \times \frac{180}{\pi} \tag{3-17}$$

3）若 T 为变值，I_p 也非常量（圆截面有变化的阶梯轴），则扭转角 φ 应分段计算，然后求其代数和。

五、圆轴扭转时的强度计算与刚度计算

为了保证扭转圆轴安全地工作，应限制轴上危险截面的最大工作切应力不超过材料的许用切应力，即

$$\tau_{max} = \frac{T}{W_n} \leqslant [\tau] \tag{3-18}$$

式（3-18）称为圆轴扭转的强度条件。式中，$[\tau]$ 为材料的许用切应力，可在有关手册中查得。

对某些要求较高的轴，还应做刚度核算，其刚度条件为

$$\theta_{max} = \frac{T_{max}}{GI_p} \times \frac{180}{\pi} \leqslant [\theta] \tag{3-19}$$

式中，$[\theta]$ 为单位长度许用扭转角，可参照下列数据取用：

精密机床的轴：$[\theta] = 0.25 \sim 0.5°/m$；

一般传动轴：$[\theta] = 0.5 \sim 1.0°/m$；

要求不高的轴：$[\theta] = 1.0 \sim 2.5°/m$。

例 3-7 传动轴如图 3-26 所示。已知齿轮 1 和 3 的输出功率分别为 0.76kW 和 2.9kW，轴的转速为 180r/min，材料为 45 钢，$G = 80GPa$，$[\tau] = 40MPa$，$[\theta] = 0.25°/m$，试确定该传动轴的直径。

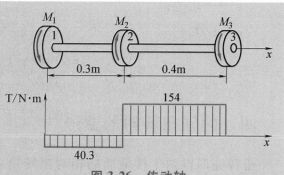

图 3-26 传动轴

解 1）由式（3-7）算出作用在齿轮 1 和 3 上的外力偶矩分别为

$$M_1 = 9550 \times \frac{0.76}{180} N \cdot m = 40.3 N \cdot m$$

$$M_3 = 9550 \times \frac{2.9}{180} N \cdot m = 154 N \cdot m$$

由平衡条件可得 $M_2 = M_1 + M_3 = 194.3 N \cdot m$。

2）根据受力情况作传动轴的扭矩图（图 3-26）。从扭矩图可以看出，$T_{max} = 154 N \cdot m$。

3）按强度条件计算轴径。由式（3-18）得

$$\tau_{max} = \frac{T_{max}}{W_n} = \frac{16 \times 154 N \cdot m}{\pi D^3} \leq [\tau] = 40MPa$$

故有

$$D \geq \sqrt[3]{\frac{16 \times 154}{\pi \times 40 \times 10^6}} m = 0.027m$$

4）按刚度条件计算轴径。由式（3-19）得

$$\theta_{max} = \frac{T_{max}}{GI_p} \times \frac{180}{\pi} = \frac{32 \times T_{max} \times 180}{G\pi^2 D^4} = \frac{32 \times 154 \times 180}{80 \times 10^9 \times \pi^2 \times D^4} \leq [\theta] = 0.25°/m$$

$$D \geq \sqrt[4]{\frac{32 \times 154 \times 180}{80 \times 10^9 \times \pi^2 \times 0.25}} m = 0.046m$$

为了同时满足强度与刚度要求，确定轴径 $D \geq 46mm$。

此例表明，当扭转刚度要求较高时，轴径往往由其扭转刚度确定。

例 3-8 汽车传动轴 AB（图 3-27）由无缝钢管制成，管的外径 $D = 90mm$，内径 $d = 85mm$，传递的最大转矩为 1500N·m，$[\tau] = 60MPa$。试校核轴的

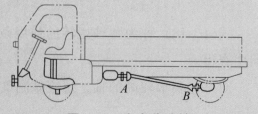

图 3-27 汽车传动轴

强度。若保持最大切应力不变，将传动轴改用实心轴，试比较两者的重量。

解　空心轴的抗扭截面系数为

$$W_n = \frac{\pi D^3}{16}(1-\alpha^4) = \frac{\pi \times 90^3}{16}\left(1-\frac{85^4}{90^4}\right) mm^3 = 29300 mm^3$$

轴的最大切应力为

$$\tau_{max} = \frac{T}{W_n} = \frac{1500}{29300 \times 10^{-9}} Pa = 51 \times 10^6 Pa = 51 MPa < [\tau]$$

故 AB 轴满足强度要求。

若把空心轴换成直径为 D_1 的实心轴，且保持最大切应力不变，则得

$$\tau_{max} = \frac{T}{W_n} = \frac{16 \times 1500 N \cdot m}{\pi D_1^3} = 51 \times 10^6 Pa$$

$$D_1 = \sqrt[3]{\frac{16 \times 1500}{\pi \times 51 \times 10^6}} m = 0.0531 m = 53.1 mm$$

在长度相等、材料相同的情况下，两轴重量之比等于横截面面积之比，实心轴与空心轴的横截面面积分别为

$$A_1 = \frac{\pi D_1^2}{4} = \frac{\pi}{4} \times (53.1)^2 mm^2$$

$$A_2 = \frac{\pi}{4}(D^2 - d^2) = \frac{\pi}{4}(90^2 - 85^2) mm^2$$

$$\frac{A_2}{A_1} = \frac{90^2 - 85^2}{53.1^2} = 0.31$$

可见在最大切应力相等的条件下，空心轴的重量只为实心轴的31%，其减轻重量、节约材料的效果是非常明显的。

拓展知识　构件弯曲变形时的强度计算与刚度计算

构件弯曲变形时的强
度计算与刚度计算

思维训练

一、概念自检题

3-1　工程力学中对构件的强度与刚度进行考察时，假定的研究对象是（　　　）。

A. 刚体　　　　　　B. 弹性体　　　　　　C. 塑性体　　　　　　D. 流体

3-2　承载下，构件抵抗破坏的能力称为（　　），抵抗变形的能力称为（　　）。

A. 刚度　　　　　　B. 强度　　　　　　C. 应力　　　　　　D. 应变

3-3　工程力学中研究的构件内力是指（　　　）。

A. 存在于构件材料内部，维系其质点间的相对位置，使构件保持一定形状的"附加内力"

B. 构件受外力作用时，使原有保持构件形状的内力呈现为抵抗外力的"附加内力"

C. 构件受外力作用时，构件在原有内力基础上产生"附加内力"，以抵抗外力

D. 用截面法显示出来的构件材料内部的作用力

3-4　"截面法"与"分离体"是力学分析中常用的方法，它们（　　　）。

A. 有区别，前者用于构件的内力分析，以解决构件的强度与刚度问题

B. 有区别，后者用于构件的外力分析，以解决构件所受的内力问题

C. 有区别，后者用于构件的内力分析，以清楚表示分离构件所受的全部外力

D. 没有区别

3-5　我国有一种人众食品，一些地区称之为"油条"，也有地区称之为"果子"，你认为这种食品在即将下油锅时，操作者对未成品已实施了的基本变形为（　　　）。

A. 拉伸与压缩　　　B. 拉伸与剪切　　　C. 拉伸与弯曲　　　D. 拉伸与扭转

3-6　构件在发生拉伸与压缩变形时，其所受外力为（　　　）。

A. 扭矩　　　　　　　　　　　　　B. 与杆件轴线重合的拉力

C. 与轴线重合的外力　　　　　　　D. 与轴线平行的一对力偶

3-7　如图 3-28 所示，在 1—2 段内发生拉伸与压缩变形的是（　　　）。

A. a）图　　　　　　B. b）图　　　　　　C. c）图　　　　　　D. b）、c）图

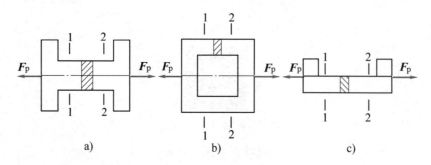

图 3-28　题 3-7 图

3-8　内力与应力的概念（　　　）。

A. 没区别，都是在外载作用下产生的内力

B. 有区别，首先量纲就不同

C. 有区别，前者在无外载时也存在，后者则在外载作用下才会产生

D. 除量纲不同外，其他没区别

3-9　材料在（　　　）产生的是塑性变形。

A. 弹性阶段　　　　　　B. 屈服阶段　　　　　　C. 强化阶段　　　　　　D. 局部变形阶段

3-10　一般金属材料的屈服强度 R_{eL} 与抗拉强度 R_m 相比，其关系为（　　　）

A. $R_{eL} < R_m$　　　　　　B. $R_{eL} > R_m$　　　　　　C. $R_{eL} \leqslant R_m$　　　　　　D. $R_{eL} \geqslant R_m$

3-11　塑性材料的（　　　）。

A. 比例极限、屈服强度和弹性模量在拉伸与压缩时相同

B. 比例极限、屈服强度和弹性模量在拉伸与压缩时有区别

C. $R_p = R_{eL} = R_m$　　　　　D. $R_p < R_{eL} = R_m$

3-12　如图 3-29 所示物体，应考虑挤压强度的是（　　　）。

A. 钢柱　　　　　　　　B. 铜板

C. 钢柱与铜板　　　　　D. 不确定

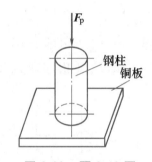

图 3-29　题 3-12 图

3-13　圆轴扭转时，横截面上产生的内力为（　　　）。

A. 与同一侧所受外力偶矩大小相等、方向相同的扭矩

B. 与同一侧所受外力偶矩大小相等、方向相反的扭矩

C. 与同一侧所受外力偶矩旋向一致的剪力

D. 与同一侧所受外力偶矩旋向相反的剪力

3-14　圆轴扭转时，横截面上产生的切应力大小（　　　）。

A. 从圆心到圆周处处相等　　　　　　B. 与该点至圆心的距离成正比

C. 与该点至圆心的距离成反比　　　　D. 圆周处的切应力最小

3-15　直径 d 与长度 l 相同的钢材与铜材质的两根轴，在相同扭矩 T 的作用下，其（　　　）。

A. 最大切应力 $\tau_{max钢} = \tau_{max铜}$　　　　　　B. 最大切应力 $\tau_{max钢} > \tau_{max铜}$

C. 扭转角 $\varphi_钢 = \varphi_铜$　　　　　　D. 扭转角 $\varphi_钢 < \varphi_铜$

3-16　矩形梁受纯弯曲，设梁材料均质，则其截面最小弯曲应力（　　　）。

A. 必在中性层（截面形心）处，$\sigma_{min} = 0$　　　B. 必在距中性轴最远点，弯曲凹向一侧

C. 必在距中性轴最远点，弯曲凸向一侧　　　D. 无法确定

3-17　受弯的杆件，弯矩最大处（　　　）。

A. 一定是危险截面，必须校核　　　　B. 不一定是危险截面，但应予校核

C. 不一定是危险截面，可不校核　　　　D. 不能确定是否校核

二、运算自检题

3-18 如图 3-30 所示，吊环螺钉 M12，其内径 $D_1 = 10$mm，材料的许

用应力 $[\sigma] = 80$MPa，则此杆的最大允许轴力 F_{pmax} 应为（   ）。

A. 9.05×10^6kN   B. 6.28kN

C. 7.60×10^6kN   D. 12.36×10^6kN

3-19 作用于杆上的载荷如图 3-31 所示，则 1—1、2—2、3—3 截面

上的轴力应分别为（   ）。

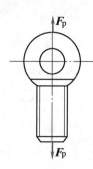

图 3-30   题 3-18 图

A. 50kN、10kN、20kN   B. 50kN、50kN、40kN

C. 50kN、40kN、30kN   D. 40kN、10kN、20kN

3-20 作用于杆上的载荷如图 3-32 所示，则 1—1、2—2、3—3 截面上的轴力大小与方

向应分别为（   ）。

A. F_p（指向右）、$3F_p$（指向右）、$2F_p$（指向左）

B. F_p（指向左）、$3F_p$（指向右）、$2F_p$（指向右）

C. F_p（指向左）、$3F_p$（指向左）、$2F_p$（指向左）

D. F_p（指向左）、$3F_p$（指向左）、$2F_p$（指向右）

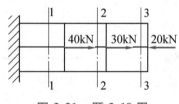

图 3-31   题 3-19 图

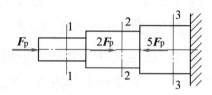

图 3-32   题 3-20 图

3-21 如图 3-33 所示，起重机吊钩上端用销钉联接。已知最大起重

量 $F_p = 120$kN。联接处钢板厚度 $t = 15$mm，许用挤压应力 $[\sigma_{jy}] = 180$MPa。

则销钉直径计算的列式与值应为（   ）。

A. $d \geqslant \dfrac{F_p}{t[\sigma_{jy}]} = 44.4$mm

B. $d \geqslant \dfrac{2F_p}{t[\sigma_{jy}]} = 88.9$mm

C. $d \geqslant \dfrac{F_p}{2t[\sigma_{jy}]} = 22.2$mm

D. $d \geqslant \dfrac{3F_p}{2t[\sigma_{jy}]} = 66.7$mm

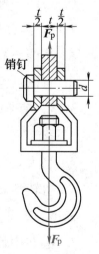

图 3-33   题 3-21 图

3-22 如图 3-34 所示，梁中央承受集中力 F_p 和力偶 M（图中尺寸单位为 mm），则

$|M_{max}|$ 应（   ）。

A. 在梁中点，大小为 2400N·m   B. 在梁中点，大小为 1200N·m

C. 在梁中点，大小为 $400\sqrt{26}$ N·m　　　　　D. 在梁中点，大小为 2000N·m

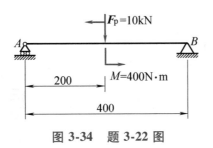

图 3-34　题 3-22 图

作业练习

3-23　作用于圆形截面梁上的力 F_p，其方向随时间而变，试画出如图 3-35 所示三瞬间的中性轴，并标出最大拉、压应力点。

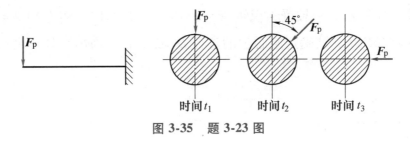

图 3-35　题 3-23 图

3-24　如图 3-36 所示，铸造车间吊运浇包的双吊钩，其杆部为矩形截面，$b = 25$mm，$h = 50$mm，许用应力 $[\sigma] = 50$MPa。浇包自重 8kN，最多能容纳 30kN 重的铁液，试校核吊杆的强度。

3-25　如图 3-37 所示，两块厚度为 10mm、用直径为 17mm 的铆钉搭接在一起的钢板，设拉力 $F_p = 60$kN。已知 $[\tau] = 40$MPa，$[\sigma_{jy}] = 280$MPa。试确定铆接头所需的铆钉数（假设每只铆钉的受力相等）。

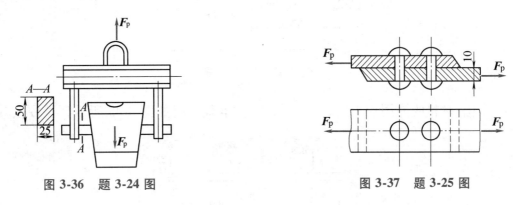

图 3-36　题 3-24 图　　　　　　　　　　图 3-37　题 3-25 图

3-26　如图 3-38 所示，三角架由 AB 与 BC 两根材料相同的圆截面杆构成，材料的许用应力 $[\sigma] = 100$MPa，载荷 $F_p = 10$kN。试设计两杆的直径。

3-27　如图 3-39 所示，传动轴转速 $n = 250$r/min，主动轮 B 输入功率为 $P_B = 7$kW，从动

轮 A、C、D 输出的功率分别为 $P_A = 3\text{kW}$，$P_C = 2.5\text{kW}$，$P_D = 1.5\text{kW}$。试画其扭矩图，并给出 T_{max} 的值。

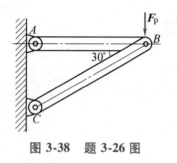

图 3-38　题 3-26 图

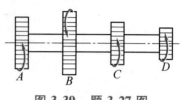

图 3-39　题 3-27 图

3-28　如图 3-40 所示，圆轴扭转时，横截面上 A、B 两点距离圆心的距离分别为 $OA = 30\text{mm}$，$OB = 50\text{mm}$。已知 A 点的切应力 $\tau_A = 50\text{MPa}$。试求 B 点切应力的大小，并在图中标出其方向。

3-29　如图 3-41 所示，一轴受力偶矩 $M = 200\text{N} \cdot \text{m}$ 的作用，实心端 $D = 30\text{mm}$，设轴的许用切应力 $[\tau] = 40\text{MPa}$。试确定空心轴的直径 D_1 及空心轴当内、外径之比 $\alpha = 0.5$ 时的内径 D_2。

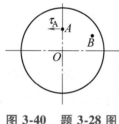

图 3-40　题 3-28 图

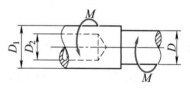

图 3-41　题 3-29 图

3-30　如图 3-42 所示，试画 M 图，并求 $|M_{max}|$。

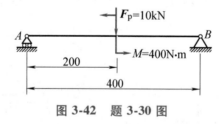

图 3-42　题 3-30 图

3-31　圆轴材料的许用应力 $[\sigma] = 120\text{MPa}$，承载情况如图 3-43 所示，试校核其强度。

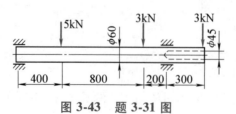

图 3-43　题 3-31 图

第四章 金属材料与热处理常识

材料是人类用以制作各种产品的物质。材料开发的品种、数量和质量是衡量一个国家现代化程度的重要标志。现代材料种类繁多，其中现代工业中新型非金属材料的应用范围在不断扩大，并在工程材料中占有越来越重要的地位。但在工业生产中，应用最广的仍然是金属材料，在各种机器设备所用材料中，金属材料占90%以上。因此，熟悉金属材料的性能，了解强化金属材料的方法，对于完成机械的设计与制造具有十分重要的意义。本章将重点介绍这方面的内容，为独立进行机械设计制造准备必需的基本知识。

第一节 金属材料的性能

金属材料不但来源丰富，而且具有优良的使用性能与工艺性能，这是其长期占据工程材料主导地位的根本原因。使用性能包括力学性能和物理、化学性能。优良的使用性能可满足生产和生活中的各种需要。优良的工艺性能则使金属材料易于采用各种加工方法，以制成各种形状、尺寸的零件和工具。因此，在设计机械零件时，必须首先熟悉金属及合金的各种主要性能，才能根据零件的技术要求，合理地选用所需的金属材料。

一、物理性能

金属及合金的主要物理性能有密度、熔点、热膨胀性、导热性和导电性。由于机械零件的用途不同，对于其物理性能的要求也有所不同。例如：飞机零件要选用密度小而又有相当强度的铝合金来制造；在设计电机、电器的零件时，要重点考虑金属的导电性等。

金属材料的一些物理性能对于热加工工艺还有一定影响。例如：高速工具钢的导热性较差，在锻造和热处理时就应采用较慢的加热速度，以防止产生裂纹；锡基轴承合金、铸铁和铸钢的熔点各不相同，铸造时三者的熔炼工艺就有很大的不同。

二、化学性能

化学性能是金属及合金在室温或高温时抵抗各种化学作用的能力，主要是指抗化学侵蚀性，如耐酸性、耐碱性、抗氧化性等。

对于在腐蚀性介质中或高温下工作的零件，由于其受到的腐蚀作用比在空气中或常温下更为强烈，因此在设计这类零件时，应特别注意金属材料的化学性能，并采用化学稳定性良好的合金，如化工设备、医疗机器等采用不锈钢。

三、工艺性能

工艺性能是指在制造机械零件及工具的过程中，金属材料适应各种冷、热加工的性能，包括铸造性、可锻性、焊接性、热处理和可加工性等。在设计零件和选择加工工艺方法时，都要考虑金属材料的工艺性能。

四、力学性能

机械零件或工具在使用过程中，往往要受到各种载荷的作用。金属材料在受到载荷作用时的性能称为金属材料的力学性能，它是设计机构零件或工具时的重要依据。金属材料的力学性能主要有强度、塑性、硬度、冲击韧性等。

1. 强度与塑性

强度是材料抵抗变形和断裂的能力，塑性是材料产生变形而又不破坏的能力，它们是通过拉伸试验来测定的，这已在第三章做了介绍。它们的力学特性有：强度评价指标，屈服强度 R_{eL}、抗拉强度 R_m；塑性评价指标，断后伸长率 A 和断面收缩率 Z。

其中，屈服强度 R_{eL} 是大多数机械零件设计与选材的主要依据；对于不允许产生过量塑性变形的零件和脆性材料零件，设计时以抗拉强度 R_m 为依据。

2. 硬度

硬度是指材料表面抵抗其他更硬物体压入的能力，它反映了材料局部的塑性变形抗力。硬度越高，材料抵抗塑性变形的抗力越大，塑性变形越困难。因此，硬度指标和强度指标之间有一定的对应关系。

硬度也是材料重要的力学性能指标。按检测方法，常用的硬度指标有布氏硬度、洛氏硬度、维氏硬度等。

（1）布氏硬度　用一直径为 D 的硬质合金球，在规定载荷 F_p 的作用下压入被测试金属的表面，停留一定时间后卸除载荷，测量被测金属表面形成的压痕直径 d，以此计算压

痕的球缺面积 A，然后再求出压痕单位面积上所承受的平均压力（F_p/A），即为被测金属的布氏硬度值，记作 HBW。该测试法适用于布氏硬度为 450~650HBW 的金属材料。

（2）洛氏硬度　用顶角为 120°的金刚石圆锥体或直径为 1.588mm 的钢球作为压头，分两次施加载荷（初载荷为 98.1N）的硬度试验法。洛氏硬度以压痕的深度衡量，此值可直接在硬度计上读出。根据压头种类和所加载荷的不同，洛氏硬度分为 HRA、HRB、HRC 等标尺。工程中常用此方法测试硬度较高的材料。表 4-1 所列为常用洛氏硬度标尺的试验条件和应用范围。

表 4-1　常用洛氏硬度标尺的试验条件和应用范围

标尺符号	所用压头	总载荷/N	测量范围[1] HR	应用范围
HRA	金刚石圆锥	600	60~85	碳化物、硬质合金、淬火工具钢、浅层表面硬化钢
HRB	ϕ1.588mm 钢球	1000	25~100	低碳钢、铜合金、铝合金、可锻铸铁
HRC	金刚石圆锥	1500	20~67	淬火钢、调质钢、深层表面硬化钢

① HRA、HRC 所用刻度盘满刻度为 100，HRB 为 130。

洛氏硬度试验操作简便、压痕小，不损伤工件表面，可以测量从较软到极硬的，或厚度较薄、面积较小的材料的硬度，是目前工厂中应用最广泛的试验方法。其缺点是因压痕较小，故对组织粗大且不均匀的材料测得的硬度不够准确。

（3）维氏硬度　用符号 HV 表示，它的测定原理与布氏硬度相同，也是根据压痕单位面积上所承受的载荷大小来测量硬度值。不同的是，维氏硬度采用锥面夹角为 136°的金刚石四棱锥体作为压头。它适用于测量零件表面硬化层及经化学热处理的表面层（如渗氮层）的硬度。维氏硬度试验测量精度高，但操作复杂，工作效率不如洛氏硬度试验高。

3. 冲击韧性

材料抵抗冲击载荷的能力称为冲击韧性，其衡量指标为冲击韧度。冲击韧度用冲击试验来测定，即把标准冲击试样一次击断，用试样缺口处单位截面积上的冲击吸收能量来表示冲击韧度。

冲击韧度值与试验的温度有关。有些材料在室温时并不显示脆性，而在低温下则可能发生脆断，这种现象称为冷脆现象。一般将冲击韧度值低的材料称为脆性材料，冲击韧度值高的材料称为韧性材料。

第二节　金属的晶相组织与铁碳合金相图

固态物质按原子的聚集状态可分为晶体和非晶体两大类。它们的区别是：晶体的原子按一定几何形状做一般规则排列；非晶体的原子排列无序，做无规则排列。晶体一般有如下特征：具有固定的熔点（如铁的熔点为1538℃，铜的熔点为1083℃，铝的熔点为660℃），且不同的方向上具有不同的性能，即晶体表现出各向异性。

金属在固态时一般都是晶体。金属除具有晶体共有的特征外，一般还具有金属光泽，优良的导电性、导热性和良好的塑性。此外，金属的电阻随温度升高而增大，即具有正的电阻温度系数。

一、金属的晶体结构

（一）晶体结构的基本知识

晶体中原子的排列可用X射线分析等方法测定。为了便于理解和描述晶体的结构，近似地将晶体中的原子视作固定不动的刚性小球，于是，晶体中最简单的原子排列情况如图4-1a所示。

1. 晶格

用一些假想的几何线条将晶体各原子的中心连接起来，构成一个空间格架，各原子处在格架的结点上，这种抽象的、用于描述原子在晶体中排列形式的几何空间格架简称晶格，如图4-1b所示。

2. 晶胞

由于晶体中原子有规则排列且有周期性的特点，为便于讨论，通常只从晶体中选取一个能够完全反映晶格特征的、最小的几何单元来分析晶体中原子排列的规律，这个最小的几何单元称为晶胞，如图4-1c所示。实际上，整个晶格就是由许多大小、形状、位向相同的晶胞在空间重复堆积而成的。

3. 晶格常数

常用晶胞三条棱边的长度 a、b、c 和棱边夹角 α、β、γ 表示其大小和形状。晶胞棱边长度称为晶格常数，其大小用 Å（10^{-10}m）来度量。当晶格常数 $a=b=c$、棱边夹角 $\alpha=\beta=\gamma=90°$时，晶格称为简单立方晶格。

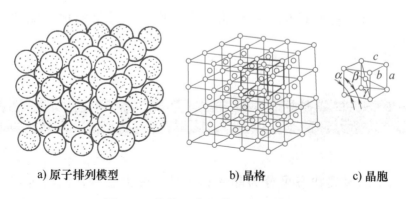

a) 原子排列模型   b) 晶格   c) 晶胞

图 4-1 简单立方晶体结构示意图

（二）常见金属的晶格类型

由于金属原子间的结合力较强，使金属原子总是趋于紧密排列，故大多数金属都属于以下三种晶格类型。

1. 体心立方晶格

如图 4-2 所示，体心立方晶格的晶胞是一个立方体，在立方体的 8 个角上和立方体的中心各有一个原子。其晶格常数 $a=b=c$、棱边夹角 $\alpha=\beta=\gamma=90°$。属于这种晶格类型的金属有铬（Cr）、钨（W）、钼（Mo）、钒（V）及 912° 以下的纯铁（α-Fe）等。

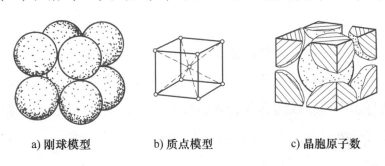

a) 刚球模型　　　b) 质点模型　　　c) 晶胞原子数

图 4-2　体心立方晶格的晶胞示意图

2. 面心立方晶格

如图 4-3 所示，面心立方晶格的晶胞也是一个立方体，在立方体的 8 个角上和 6 个面的中心各有一个原子。其晶格常数也是 $a=b=c$、棱边夹角 $\alpha=\beta=\gamma=90°$。属于这种晶格类型的金属有铝（Al）、铜（Cu）、镍（Ni）、金（Au）、银（Ag）、铅（Pb）及温度在 1394～912℃ 的纯铁（γ-Fe）等。

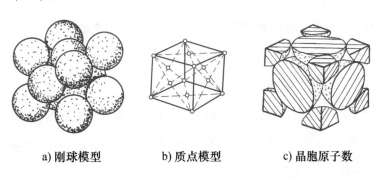

a) 刚球模型　　　b) 质点模型　　　c) 晶胞原子数

图 4-3　面心立方晶格的晶胞示意图

3. 密排立方晶格

如图 4-4 所示，密排六方晶格的晶胞是一个正六方柱体，在正六方柱体的 12 个角上及上、下底面的中心各有一个原子，在上、下底面之间还有三个原子。其晶格常数常用底面边长 a 和上、下底面间的距离 c 来表示。属于这种晶格类型的金属有铍（Be）、镁（Mg）、锌（Zn）等。

 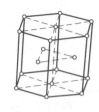 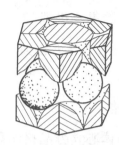

a) 刚球模型　　　　　b) 质点模型　　　　　c) 晶胞原子数

图 4-4　密排六方晶格的晶胞示意图

（三）合金的晶体结构

纯金属虽具有较好的导电、导热性能，但因其强度、硬度较低，制取困难，价格较高，因此在工业上的应用受到限制。工业上大量使用的金属材料是合金。合金是由两种或两种以上的金属或金属与非金属组成的具有金属特性的物质。例如：黄铜是铜与锌组成的合金；碳素钢、铸铁是铁与碳组成的合金；硬铝是铝、铜、镁组成的合金。以下是有关合金晶体结构的一些基本概念。

1. 组元

组成合金的最基本的、独立的物质称为组元。一般地说，组元就是组成合金的元素。例如，铜和锌就是黄铜的组元。有时稳定的化合物也可以看作组元。例如，铁碳合金中的 Fe_3C 就可以看作是组元。根据组元数目的多少，合金可以分为二元合金、三元合金和多元合金。

2. 合金系

给定组元后，可以不同比例配制出一系列成分不同的合金，这一系列合金就构成一个合金系。合金系也可分为二元系、三元系和多元系等。

3. 相

合金中，具有同一化学成分且结构相同的均匀部分称为相。合金中相与相之间有明显的界面。液态合金通常都为单相液体。合金在固态下，由一个固相组成的称为单相合金，由两个以上固相组成的称为多相合金。

4. 组织

组织是指用金相分析方法，在金属及合金内部看到的有关晶体或晶粒大小、方向、形状、排列状况等组成关系的构造情况。借助光学或电子显微镜所观察到的组织，称为显微组织。

5. 合金的相结构

由于组元间相互作用不同，固态合金的相结构可分为固溶体和金属化合物两大类。此外，还有由两相及两相以上组成的多相组织，称为机械混合物。

（1）固溶体　合金在固态下，组元间仍能互相溶解而形成的均匀相，称为固溶体。合金中晶格形式被保留的组元称为溶剂，溶入的组元称为溶质。固溶体的晶格形式与溶剂组元的晶格形式相同。

根据溶质原子在溶剂晶格中的位置，固溶体可分为置换固溶体和间隙固溶体。根据组元互相溶解能力（溶解度）的不同，固溶体又可分为有限固溶体和无限固溶体等。

在固溶体晶格中，由于溶质原子的溶入，将导致晶格畸变，合金的变形抗力增加，从而获得了比纯金属更高的强度与硬度，这种现象称为固溶强化。

固溶强化是提高金属材料力学性能的重要途径之一。实践表明，适当控制固溶体中的溶质含量，可以在显著提高金属材料强度、硬度的同时，保持相当好的塑性和冲击韧性。因此，对综合力学性能要求较高的结构材料，都是以固溶体为基体的合金。

（2）金属化合物　金属化合物是合金组元按一定整数比形成的具有金属特性的一种新相。新相完全不同于组成它的各组元中任一种晶体类型。它的组成一般可用分子式表示，如 Fe_3C 就是铁与碳组成的金属化合物。

金属化合物一般具有较高的溶点、硬度和脆性，但塑性、冲击韧性极差。当合金中存在金属化合物时，通常能提高合金的强度、硬度和耐磨性，但会降低塑性和冲击韧性。因此，金属化合物常用来作为各类合金钢、硬质合金及其他非铁金属合金的重要强化相。

（3）机械混合物　纯金属、固溶体、金属化合物均是组成合金的基本相，由它们混合形成的多相组织称为机械混合物。组成机械混合物的各相仍保持各自的晶相结构和性能，因此整个混合物的性能将取决于构成它的各个相的性能及其数量、形态、大小与分布状况等。

二、纯金属的结晶及同素异晶转变

物理学中，物质由液态冷却转变为固态的过程称为凝固。如果凝固的固态物质是原子（或分子）做有规则排列的晶体，则又称为结晶。

（一）金属的结晶过程

纯金属的结晶是在一定温度下进行的，其结晶过程可以用如图 4-5 所示的冷却曲线来表示。冷却曲线的水平线段就是实际结晶温度。因为结晶时放出凝固热，温度不再下降，所以线段是水平的。图中金属的实际结晶温度 T_n 低于理论结晶温度 T_m，此现象称为过冷，两者的差称为过冷度，用 ΔT 表示。一种金属的过冷度并非是恒定值，其大小与冷却速度有关，冷却速度越快，过冷度越大。

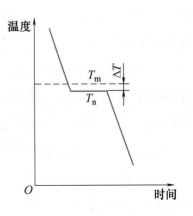

图 4-5　纯金属冷却曲线

纯金属的结晶过程是在冷却曲线的水平线段所经历的时间内发生的。实验证明，液态金属中总存在一些类似晶体原子排列的小集团，在理论结晶温度以上，这些小集团是不稳定的，时聚时散。当低于理论结晶温度时，这些小集团的一部分就成为稳定的结晶核心，形成晶核。与此同时，某些外来的难溶质点也可充当晶核，形成非自发晶核。随着时间的推移，已形成的晶核不断长大，并继续产生新的晶核，直到液态金属全部消失，晶体彼此接触为止。所以结晶过程应是不断形成晶核和晶核不断长大的过程。图4-6所示为纯金属的结晶过程。

结晶时，由每个晶核长成的晶体就是一个晶粒。晶核在长大过程中，起初是不受约束的，能够自由生长，当相互接触后，便不能自由生长，最后形成由许多外形不规则的晶粒组成的多晶体。晶粒与晶粒的界面称为晶界。

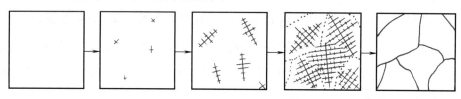

图4-6　纯金属的结晶过程示意图

（二）金属的同素异晶转变

大多数金属在结晶完成之后的晶格类型不再变化，但有些金属如铁、锰、钴、钛等在结晶成固态后继续冷却时，其晶格类型还会发生一定变化。在固态下由一种晶格类型转变为另一种晶格类型的晶体，称为同素异晶体。

图4-7所示为纯铁的冷却曲线，它表示了纯铁的结晶和同素异晶转变过程。液态纯铁在1538℃结晶成具有体心立方晶格的δ-Fe，继续冷却到1394℃时发生同素异晶转变，由体心立方晶格的δ-Fe转变为面心立方晶格的γ-Fe，再继续冷却到912℃时，又发生同素异晶转变，从面心立方晶格的γ-Fe转变为体心立方晶格的α-Fe。再继续冷却，晶格类型不再变化。

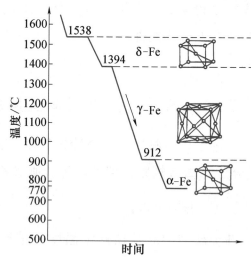

图4-7　纯铁的冷却曲线

金属的同素异晶转变过程与液态金属的结晶过程相似，实质上是一个重结晶的过程，因此同样遵循结晶的一般规律：①有一定的转变温度；②转变时需要过冷；③有潜热产生；④转变过程也是由晶核的形成和晶核的长大来完成的。但由于同素异晶转变是在固态下发生的，其原子扩散要比液态下困难得多，致使同素异晶转变具有较大的过冷度。此外，由于晶格不同，其原子排列密度就不同，因此同素异晶转变会使金属体积发生变化并产生较大的内应力。

由纯铁的冷却曲线可以看到，在770℃又出现一个平台，但该温度下纯铁的晶格并没有发生变化，因此它不是同素异晶转变。实验表明，纯铁在770℃以上具有铁磁性，770℃以下则失去了铁磁性，因此，770℃的转变称为磁性转变。

金属的这种同素异晶特性在现代工业生产中具有重要意义，人们可以利用这种特性，采用各种热处理方法来改变金属的内部组织，从而获得所需性能。

三、铁碳合金相图及其应用

钢铁是现代工业中应用最广泛的金属材料，其基本组元是铁和碳两个元素，故统称为铁碳合金。普通碳素钢和铸铁均属铁碳合金范畴，合金钢和合金铸铁实际上是有意加入合金元素的铁碳合金。为了熟悉钢铁材料的组织与性能，以便在生产中合理使用，有必要了解铁碳合金相图。目前应用的铁碳合金中碳的质量分数一般为$w_c \leqslant 5\%$，因为$w_c > 5\%$的铁碳合金很脆，无实用价值。当$w_c = 6.69\%$时，铁与碳形成渗碳体（Fe_3C），所以铁碳合金相图实际上是$Fe\text{-}Fe_3C$相图。

（一）铁碳合金的基本组织及性能

1. 铁素体

碳溶于$\alpha\text{-}Fe$中形成的间隙固溶体称为铁素体，用F表示。铁素体保持$\alpha\text{-}Fe$的体心立方晶格。铁素体溶解碳的能力很小，在727℃时可以达到最大溶碳量0.0218%。由于铁素体溶碳量很低，因此其性能与纯铁相似，强度、硬度不高，塑性、韧性很好。

2. 奥氏体

碳溶解于$\gamma\text{-}Fe$中形成的间隙固溶体称为奥氏体，用符号A表示。奥氏体保持$\gamma\text{-}Fe$的面心立方晶格。奥氏体溶解碳的能力较大，在727℃时，溶碳量为0.77%；在1148℃时，最大溶碳量可达2.11%。奥氏体的性能与其溶碳量及晶粒大小有关。奥氏体的硬度较低，而塑性较好，易于切削加工和锻压成形。

奥氏体存在于727℃以上的高温范围内，其晶粒也呈多边形，但晶界较平直。

3. 渗碳体

渗碳体是铁与碳的金属化合物，其分子式为Fe_3C，碳的质量分数$w_c = 6.69\%$。渗碳体具有复杂的晶格结构，与铁、碳的晶格截然不同。渗碳体硬度很高，脆性很大，塑性与韧性几乎接近于零。

渗碳体在钢和铸铁中可呈片状、粒状（球状）、网状等不同形态，是钢中主要的强化相，它的数量、形态及分布情况对钢的性能有很大的影响。

4. 珠光体

铁素体和渗碳体的机械混合物称为珠光体，用P表示。其中碳的质量分数$w_c = 0.77\%$，其力学性能介于铁素体和渗碳体之间。在放大倍数较高的显微镜下，可以清楚地看到铁素体与渗碳体呈片状交替排列的情况。

5. 莱氏体

莱氏体是奥氏体和渗碳体组成的机械混合物，用 Le 表示。莱氏体是 $w_C = 4.3\%$ 的铁碳合金冷却至 1148℃ 时的共晶转变产物。存在于 1148~727℃ 温度范围内的莱氏体，称为高温莱氏体；727℃ 以下的莱氏体由珠光体和渗碳体组成，称为低温莱氏体，用 Le′ 表示。莱氏体硬而脆，是白口铸铁的基本组织。

（二）铁碳合金相图简要说明

图 4-8 所示为简化的铁碳合金相图，是研究钢铁材料热处理的主要依据，图中纵坐标是温度，横坐标是碳的质量分数为 0~6.69%。

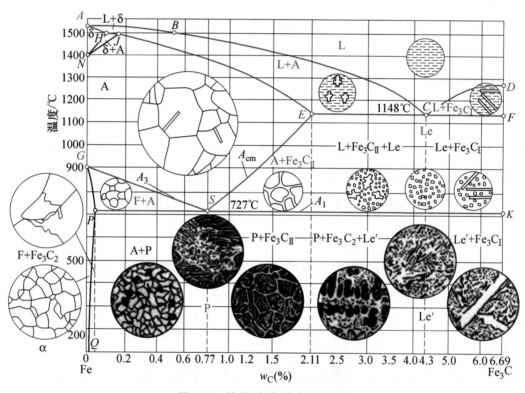

图 4-8 简化的铁碳合金相图

1. 铁碳合金相图中主要特性点及其意义

A——坐标点位于左上角，纯铁的熔点（1538℃）。

D——坐标点位于右边线，渗碳体的熔点（理论值为 1227℃）。

E——坐标点位于中部偏上，温度为 1148℃，$w_C = 2.11\%$，表示碳在 γ-Fe 中的最大溶解度。

G——坐标点位于左侧纵坐标轴，纯铁的同素异晶转变点，在 912℃ 时，α-Fe $\rightleftharpoons$ γ-Fe。

S——坐标点位于中部偏左处，温度为727℃，$w_C = 0.77\%$，在该温度时，奥氏体同时析出铁素体和渗碳体的机械混合物，即珠光体。这一过程称为共析反应，S 点为共析点。

2. 铁碳合金相图中主要特性线及其意义

ACD——液相线，该线以上全部为液态金属，用符号 L 表示，液态铁碳合金冷却到该线时开始结晶，在 AC 线以下结晶出奥氏体（A）；在 CD 线以下结晶出渗碳体，称为一次渗碳体，用符号 Fe_3C_I 表示。

$AECF$——固相线，该线以下全部为固态。

ECF——共晶线，液态合金冷却到该线时发生共晶反应，即从液态合金中同时结晶出奥氏体和渗碳体的共晶组织莱氏体（Le）。

ES——又称 A_{cm} 线，是碳在奥氏体中的溶解度曲线，随着温度的降低，从奥氏体中析出二次渗碳体，用符号 Fe_3C_{II} 表示。

GS——又称 A_3 线，是奥氏体和铁素体的相互转变线。$w_C < 0.77\%$ 的铁碳合金冷却到此线时，都将从奥氏体中析出铁素体。随着温度降低，铁素体不断增多，奥氏体不断减少。

PSK——又称 A_1 线，是共析线，温度为727℃，凡 $w_C = 0.0218\% \sim 6.69\%$ 的铁碳合金，冷却到此温度时，奥氏体都会发生共析转变，即从奥氏体中同时结晶出铁素体和渗碳体的机械混合物——珠光体（P）。

根据以上主要特性点、特性线的意义，可以得出铁碳合金相图各区域的组织。

3. 铁碳合金相图各相区的组织

（1）工业纯铁　P 点以左，碳的质量分数 $w_C < 0.0218\%$ 的铁碳合金。

（2）钢　在 P 点与 E 点之间，碳的质量分数 $w_C = 0.0218\% \sim 2.11\%$ 的铁碳合金。根据其室温组织的特点，以 S 点为界分为三类：

1）共析钢。碳的质量分数 $w_C = 0.77\%$。

2）亚共析钢。碳的质量分数 $w_C = 0.0218\% \sim 0.77\%$。

3）过共析钢。碳的质量分数 $w_C = 0.77\% \sim 2.11\%$。

（3）白口铸铁　E 点与 F 点之间，碳的质量分数 $w_C = 2.11\% \sim 6.69\%$ 的铁碳合金。白口铸铁与钢的根本区别是前者组织中有莱氏体（Le），后者没有。根据白口铸铁的特点，以 C 点为界也可分为三类：

1）共晶白口铸铁。碳的质量分数 $w_C = 4.30\%$；

2）亚共晶白口铸铁。碳的质量分数 $w_C = 2.11\% \sim 4.30\%$；

3）过共晶白口铸铁。碳的质量分数 $w_C = 4.30\% \sim 6.69\%$。

（三）铁碳合金相图的应用

不同成分的液态铁碳合金，在冷却过程中的组织变化是不同的。其中，碳的质量分数直接影响钢的力学性能（图4-9）。在铁碳合金中，渗碳体一般可以认为是一种强化相，当它与铁素体构成层片状珠光体时，可提高合金的强度与硬度，但塑性与冲击韧性却相应降低。当 $w_C <$ 0.9% 时，随着碳的质量分数的增加，钢的强度与硬度呈直线上升，但当 $w_C > 0.9\%$ 时，渗碳体呈网状分布，不仅使塑性、冲击韧性进一步降低，强度也明显下降。因此为保证钢构件具有适用的塑性、冲击韧性，一般碳的质量分数不超过 1.4%。

铁碳合金相图对工业生产具有指导意义，它是合理选择材料和制定铸、锻、焊及热处理工艺的基本依据。

（1）选材方面的应用 铁碳合金相图揭示了合金组织随碳的质量分数变化的规律，根据组织可以判断大致性能，便于合理选择材料。

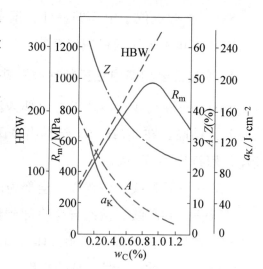

图 4-9 碳的质量分数对钢的力学
性能的影响

HBW—布氏硬度　Z—断面收缩率
A—断后伸长率　a_K—冲击韧度

建筑结构和各种型钢需要塑性、冲击韧性好的材料，应采用低碳钢（$w_C \leqslant 0.25\%$）；各种机器的零件需要强度、塑性及冲击韧性都较好的材料，应采用中碳钢（$0.25\% < w_C \leqslant 0.60\%$）；各种工具需要硬度高、耐磨性好的材料，应采用高碳钢（$w_C > 0.60\%$）。

至于白口铸铁，因其耐磨性好，铸造性优良，因此适用于耐磨、不受冲击、形状复杂的铸件，例如，拔丝模、冷轧辊、火车车轮、犁铧、球磨机铁球等。此外，白口铸铁还可用作生产可锻铸铁的毛坯。

（2）制定工艺规范方面的应用

1）在铸造工艺方面的应用。根据铁碳合金相图，可以确定合适的浇注温度。铁碳合金相图显示，共晶成分（$w_C = 4.3\%$）附近的合金，不仅液相线与固相线的距离最小，而且液相线温度较低，故流动性好，分散缩孔少，偏析小，是铸造性良好的铁碳合金。偏离共晶成分远的铸铁，其铸造性则变差。因此在铸造生产中，共晶成分的铸铁被广泛应用。

2）在锻造工艺方面的应用。金属的可锻性是指金属加工时，能改变形状而不产生裂纹的性能。钢加热到一定温度，可获得塑性良好的奥氏体组织，所以钢材的轧制和锻造常选择在适当的温度内进行。锻造温度过高，钢的氧化严重；锻造温度过低，则塑性较差，易导致锻件开裂。

3）在焊接工艺方面的应用。焊接时，由焊缝到母材各区域的加热温度是不同的，由铁碳合金相图可知，在不同加热温度下会获得不同的组织与性能，这就需要在焊接后采用热处理方法加以改善。

4）在热处理工艺方面的应用。铁碳合金相图是确定钢热处理工艺参数的重要依据，将在下节专门讨论。

第三节　钢的热处理常识

钢的热处理是指将钢在固态下采用不同的加热、保温、冷却方法，以改变其组织，从而获得所需性能的一种工艺。

热处理的主要目的：①提高钢的力学性能，发挥钢材的潜力，从而提高工件的使用性能，延长使用寿命；②消除毛坯（如锻件、铸件等）中的缺陷，改善其工艺性能，为后续工序做组织准备。

根据加热和冷却方法不同，常用热处理方法可以分为两大类：

第一类是普通热处理，有四种基本方式：①退火；②正火；③淬火；④回火。

第二类是表面热处理，又分为表面淬火和化学热处理两类。表面淬火主要有：①感应淬火；②火焰淬火；③激光淬火及其他。化学热处理主要有：①渗碳；②渗氮；③碳氮共渗及其他。

热处理方法虽然很多，但任何一种热处理工艺都是由加热、保温和冷却三阶段组成的。图 4-10 所示就是最基本的热处理工艺曲线。因此，要了解各种热处理方法对钢的组织与性能的改变情况，必须首先研究钢在加热（包括保温）和冷却过程中的相变规律。

一、钢在加热时的转变

在铁碳合金相图中，A_1、A_3、A_{cm} 是平衡时的转变温度，称为临界点。在实际生产中，加热速度都比较快，因此相变的临界点要高于此，分别以 Ac_1、Ac_3、Ac_{cm} 表示；相反，在冷却时，冷却速度也较平衡状态时快，因而相应的临界点下降，分别以 Ar_1、Ar_3、Ar_{cm} 表示，如图 4-11 所示。

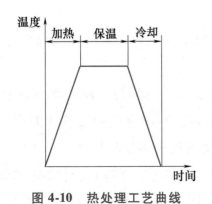

图 4-10　热处理工艺曲线

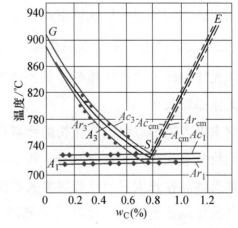

图 4-11　实际加热（冷却）时，铁碳合金相图上的位置

（一）钢的奥氏体化

当钢加热到 Ac_1 时，会发生珠光体向奥氏体的转变。以共析钢为例，奥氏体化的过程通过三个阶段来完成，如图4-12所示。

（1）奥氏体晶核的形成和长大　实践证明，奥氏体的晶核是在铁素体和渗碳体的相界面处优先形成的，这是因为相界面上的原子排列较紊乱，晶体缺陷较多。此外，因奥氏体中碳的质量分数介于铁素体和渗碳体之间，故在两相的界面上，为奥氏体的形核提供了良好的条件。

奥氏体晶核的长大是新相奥氏体的界面往渗碳体与铁素体方向同时转移的过程，它靠铁、碳原子的扩散，使邻近的渗碳体不断溶解和铁素体晶格改组为面心立方晶格来完成。

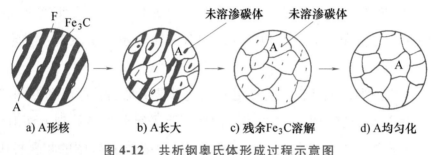

a) A形核　　　b) A长大　　　c) 残余Fe₃C溶解　　　d) A均匀化

图 4-12　共析钢奥氏体形成过程示意图

（2）残余渗碳体的溶解　在铁素体全部消失后，仍有部分渗碳体尚未溶解，需延长保温时间，使渗碳体溶入奥氏体中。

（3）奥氏体成分的均匀化　渗碳体全部溶解后，奥氏体中碳的浓度是不均匀的，需经一段时间的保温，通过碳原子扩散，使奥氏体成分均匀。通过保温可使零件的心部和外部的温度趋于一致，获得成分较均匀的奥氏体，以便在冷却后得到良好的组织。

亚共析钢需要加热到 Ac_3 以上温度，过共析钢需加热到 Ac_{cm} 以上温度，并适当保温方可得到成分均匀的单一奥氏体组织。

（二）奥氏体晶粒长大及其影响因素

珠光体刚转变为奥氏体时，奥氏体的晶粒是比较细小的。如果继续加热或保温，则会使奥氏体晶粒长大。

钢中加入能形成稳定碳化物的元素（如钛、钒、铌、钼、铬等），能形成不溶于奥氏体的氮化物及氧化物的元素（如硅、镍、钴等），以及结构上自由存在的元素（如铜），都会阻碍奥氏体晶粒长大。但锰和磷溶入奥氏体后，却会促进奥氏体晶粒长大。

奥氏体晶粒越粗大，冷却后得到的转变产物的晶粒也越大，将降低材料的力学性能，同时也容易导致淬火变形和开裂。所以热处理时，控制奥氏体晶粒的大小，是保证热处理质量的重要因素之一。

二、钢在冷却时的转变

钢经加热获得均匀奥氏体组织，一般只是为随后的冷却转变做准备。热处理后钢的组织与性能主要是由冷却过程来决定的，因此，控制奥氏体在冷却时的转变过程是热处理的关键。

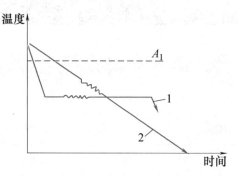

图 4-13　不同冷却转变方式示意图
1—等温转变　2—连续冷却转变

在热处理生产中，常用的有等温冷却与连续冷却两种方式。等温冷却是把加热到奥氏体状态的钢快速冷却到 Ar_1 以下某一温度，并等温停留一段时间，使奥氏体发生转变，再冷却到室温（如图 4-13 中的曲线 1）。连续冷却则是把加热到奥氏体状态的钢，以不同的冷却速度（如炉冷、空冷、油冷、水冷等）连续冷却到室温（如图 4-13 中的曲线 2）。

（一）过冷奥氏体的等温转变

1. 过冷奥氏体的等温转变图

在共析温度 A_1 以下，未发生转变而存在的奥氏体称为过冷奥氏体。用来表示过冷奥氏体在不同过冷度下的等温过程中转变温度、转变时间、转变产物（转变开始及终了）的关系曲线图，称为过冷奥氏体等温转变图。等温转变图是用科学实验的方法建立的。图 4-14 所示为共析钢过冷奥氏体等温转变图。

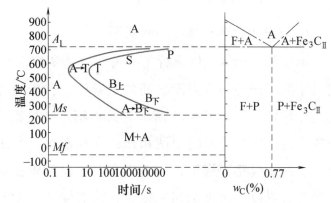

图 4-14　共析钢过冷奥氏体等温转变图

此等温转变图由以下几个线、区组成：A_1 线表示奥氏体和珠光体的平衡温度；左边一条曲线为转变开始线；右边一条曲线为转变终止线；Ms 线表示奥氏体开始向马氏体转变的温度线。

2. 过冷奥氏体等温转变产物的组织形态及性能

从等温转变图可知，随过冷奥氏体等温转变温度的不同，其转变特征和转变产物的组织也不同。一般可将过冷奥氏体等温转变分为珠光体型转变和贝氏体型转变。

（1）珠光体型转变　珠光体型转变的温度范围为 A_1 ~ 550℃。由于转变温度较高，原子具有较强的扩散力，故转变为扩散型。随温度的下降，获得的组织分别称为珠光体（P）、索氏体（S）、托氏体（T）。随过冷程度的增加，所得珠光体的层片变薄，其性能也有所不同，见表 4-2。

表4-2 共析钢过冷奥氏体等温转变温度与转变组织及硬度的关系

转变温度范围	过冷程度	转变产物	代表符号	组织形态	层片间距/μm	转变产物硬度（HRC）
$A_1 \sim 550℃$	小	珠光体	P	粗片状	约0.3	<25（<250HBW）
650~600℃	中	索氏体	S	细片状	0.1~0.3	25~35
600~550℃	较大	托氏体	T	极细片状	约0.1	35~40
550~350℃	大	上贝氏体	$B_上$	羽毛状	—	40~45
350℃~Ms	更大	下贝氏体	$B_下$	黑片（针）状	—	45~55

（2）贝氏体型转变　贝氏体型转变的温度范围为550℃~Ms，转变产物分别为上贝氏体和下贝氏体。

上贝氏体的形成温度为550~350℃，下贝氏体的形成温度为350℃~Ms。下贝氏体较上贝氏体有较高的硬度和强度，塑性和冲击韧性也较好，生产中常用等温淬火来获得下贝氏体，以提高零件的强韧性。

（二）过冷奥氏体的连续冷却转变

在热处理生产中，奥氏体化后常采用连续冷却，如一般的水冷淬火、空冷正火和炉冷退火等。因此，研究过冷奥氏体在连续冷却时的转变规律具有重要的实际意义。

1. 过冷奥氏体连续冷却转变图

用来表示钢奥氏体化后在不同冷却速度的连续冷却条件下，过冷奥氏体转变开始及转变终止的时间与转变温度之间的关系图，称为过冷奥氏体连续冷却转变图。图4-15所示为共析钢过冷奥氏体连续冷却转变图。它与等温转变图相比：在高温区，组织转变开始线和终止线都要滞后，向右下移动；没有中温区的贝氏体转变；当冷却速度达到一定时，在低温区将发生马氏体转变。

2. 过冷奥氏体等温转变图在连续冷却中的应用

由于过冷奥氏体连续冷却转变图的测定比较困难，所以目前还常应用过冷奥氏体等温转变图来定性地、近似地分析奥氏体在连续冷却中的转变。图4-16所示就是在共析钢等温转变图上估计连续冷却时的转变情况，图中冷却速度v_1相当于炉冷的速度，转变产物为珠光体；冷却速度v_2相当于空冷的速度，转变产物为索氏体；冷却速度v_3相当于油冷的速度，转变产物为托氏体+马氏体；冷却速度v_4相当于水冷的速度，它不与等温转变图相交，一直过冷到Ms以下开始转变成马氏体；冷却速度v_c

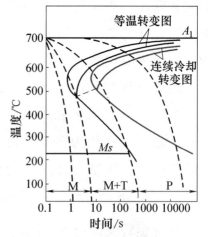

图4-15 共析钢过冷奥氏体连续冷却转变图

与等温转变图相切，为该钢的马氏体临界冷却速度。

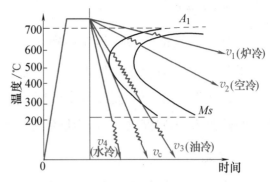

图 4-16　共析钢连续冷却转变产物估计

过冷奥氏体的连续冷却转变是在一个温度范围内进行的，转变产物可能出现由几种产物组成的混合组织，而等温转变产物则是单一的均匀组织。

3. 马氏体转变

当奥氏体的冷却速度大于该钢的马氏体临界冷却速度，并过冷到 Ms 以下时，就开始发生马氏体转变。

马氏体是碳在 α-Fe 中的过饱和固溶体，其形态有板条状和片状（或针状）两种，主要取决于奥氏体中碳的质量分数。当奥氏体中 $w_C < 0.20\%$ 的钢淬火后，马氏体形态基本为板条状，故板条状马氏体又称为低碳马氏体；当奥氏体中 $w_C > 1\%$ 的钢淬火后，马氏体形态为片状，故片状马氏体又称为高碳马氏体。

同一种钢，马氏体比其他任何一种组织的硬度都要高，所以获得马氏体组织的热处理工艺，是强化钢铁零件的主要方法。

马氏体的性能主要取决于马氏体中碳的质量分数。马氏体中碳的质量分数越高，则硬度越高。低碳马氏体的性能特点为：具有良好的强度和高的冲击韧性，同时还具有许多优良的工艺性能。高碳马氏体的性能特点为：硬度高而冲击韧性低。故近年的生产中，已日益广泛地采用低碳钢和低碳合金钢进行淬火的热处理工艺。

三、钢的热处理工艺方法

常用热处理工艺可分为两类：预备热处理和最终热处理。预备热处理是消除坯料、半成品的某些缺陷，为后续的冷加工和最终热处理做组织准备。退火与正火是常见的预备热处理工艺，淬火和回火则常作为最终热处理。

（一）钢的退火与正火

退火是把钢制工件加热到相变温度 Ac_1 或 Ac_3 附近，保温一段时间后采用适当方法冷却的热处理工艺。

正火是把工件加热到相变温度 Ac_3 或 Ac_{cm} 以上 $30 \sim 50℃$，使之完全奥氏体化，然后在空气中冷却的热处理工艺。

经过适当的退火或正火处理，可使组织细化，成分均匀，应力消除，硬度降低，从而改善钢件的力学性能和可加工性，为随后的机械加工和淬火做好准备。对一般铸件、焊件，以及性能要求不高的工件，其还可作为最终热处理。

根据钢的成分、退火工艺与目的不同，退火可分为以下几种。

1. 完全退火

完全退火是把亚共析钢加热到 Ac_3 以上 $30 \sim 50℃$，经保温一段时间后缓慢冷却的一种热处理工艺，主要用于亚共析钢的铸、锻、焊件。过共析钢不宜采用完全退火，因为加热到 Ac_{cm} 线以上退火后，二次渗碳体以网状形式沿奥氏体晶界析出，使钢的冲击韧性降低，使随后的热处理（如淬火）易产生裂纹。

2. 等温退火

等温退火工艺与完全退火相同，但它得到的组织和硬度更均匀，主要用于高碳钢、合金工具钢和高合金钢。

3. 球化退火

球化退火是把过共析钢加热到 Ac_1 以上 $10 \sim 20℃$，经过一定时间保温后缓慢冷却的一种热处理工艺。其目的是球化渗碳体（或碳化物），以降低硬度，改善可加工性，主要用于共析或过共析成分的碳素钢和合金钢。若钢的原始组织中存在严重渗碳体网时，应采用正火将其消除，再进行球化退火。

4. 均匀化退火

均匀化退火是把合金钢铸锭或铸件加热到 Ac_3 以上 $150 \sim 250℃$，长时间保温，然后缓慢冷却的热处理工艺。其目的是消除铸件结晶过程中产生的枝晶偏析，使成分均匀。由于加热温度高，时间长，会引起奥氏体晶粒的严重粗大，因此均匀化退火后还必须进行一次完全退火，以消除热缺陷。

5. 去应力退火

去应力退火是把工件加热至低于 Ac_1 的某一温度（$500 \sim 650℃$），保温一定时间后，随炉冷却至 $300 \sim 200℃$ 以下出炉空冷的热处理工艺。由于加热温度低于 Ac_1，故钢内组织无变化。该热处理工艺主要用于消除铸、锻、焊件的内应力，稳定尺寸，减少工件使用中的变形。一般工件常在精加工或淬火前进行一次去应力退火。

正火与退火的主要区别是，正火冷却速度比退火稍快，过冷度较大，因此正火后的组织比较细，强度、硬度比退火高一些。生产中常用正火来改善低碳钢的可加工性。

正火是一种操作简便、成本较低、生产率较高的热处理工艺，故在可能条件下应优先考虑采用正火处理。

各种退火与正火的加热温度范围和工艺曲线如图 4-17 和图 4-18 所示。

（二）钢的淬火

淬火是将钢件加热到相变点 Ac_3 或 Ac_1 以上 $30 \sim 50℃$，保温一定时间，然后快冷（大于临界冷却速度），获得马氏体（或贝氏体）组织的热处理工艺。图 4-19a 所示为淬火马氏体的显微组织。

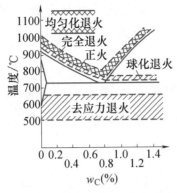

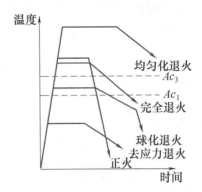

图 4-17　各种退火与正火加热温度
范围

图 4-18　各种退火与正火工艺
曲线

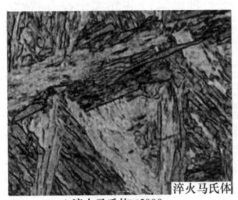

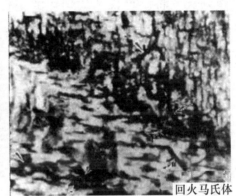

a) 淬火马氏体×5000　　　　　　　　　　b) 回火马氏体×1500

图 4-19　淬火马氏体和回火马氏体的显微组织

1. 淬火的目的

淬火的目的主要是使钢件得到马氏体（或贝氏体）组织，然后与适当的回火相配合，以获得机械零件所需的使用性能。淬火与回火是强化钢材、延长机械零件使用寿命的重要手段，它们通常作为钢件的最终热处理。

2. 淬火工艺

淬火工艺主要涉及加热温度、加热时间和淬火冷却介质三项因素。

（1）淬火加热温度的确定　钢的化学成分是决定其淬火加热温度的最主要因素。因此，碳素钢的淬火加热温度可利用铁碳合金相图来选择，如图 4-20 所示。其淬火加热温度原则上为

亚共析碳素钢　　　　　　　　　　$t = Ac_3 + (30 \sim 70)\,℃$

共析、过共析碳素钢　　　　　　　$t = Ac_1 + (30 \sim 70)\,℃$

（2）淬火加热时间的确定　加热时间包括升温和保温时间。加热时间应保证工件达到指定温度并热透，使组织转变充分进行、成分扩散均匀，同时又不使奥氏体晶粒粗化并减少工件的氧化和脱碳。

影响加热时间的因素很多，如钢材的成分、工件的尺寸和形状、加热介质、炉温高低、装炉量及装炉方式等。目前生产中常用一定的经验公式并根据生产的实际情况，综合考虑各种影响因素或通过试验来确定加热时间。

（3）淬火冷却介质　淬火时所用的冷却介质根据钢的种类不同而不同。常用的淬火冷却介质有水、水溶液、油、硝盐浴、空气等。水最便宜且冷却能力较强，一般碳素钢多用它作为淬火冷却介质。油的冷却能力较低，合金钢多用它来进行淬火。

3. 淬火方法及其应用

淬火方法是根据工件特点（化学成分、形状尺寸和技术要求等），结合各种淬火冷却介质的特征，保证淬火质量所采用的方法。常用淬火方法如下：

（1）单液淬火　将已奥氏体均匀化的工件在一种淬火冷却介质中冷却淬火，如图 4-21 中曲线①所示。例如，碳素钢在水中淬火，合金钢及尺寸很小的碳素钢件（直径小于 5cm）在油中淬火。

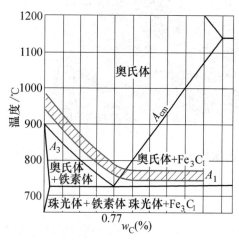

图 4-20　碳素钢淬火加热温度的范围

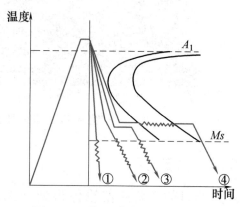

图 4-21　常用淬火方法示意图

单液淬火操作简单，易实现机械化，应用广泛。其缺点是水淬变形开裂倾向大；油淬冷却速度小，容易产生硬度不足或硬度不均匀现象。

（2）双液淬火　将已奥氏体均匀化的工件先在一种冷却能力较强的介质中淬火，冷却到稍高于 Ms 温度，再立即转入另一冷却能力较弱的介质中，使之发生马氏体转变的淬火，称为双液淬火。例如，碳素钢通常采用先水淬后油冷，合金钢通常采用先油淬后空冷。双液淬火工艺如图 4-21 中曲线②所示。

双液淬火的优点在于能把两种不同冷却能力介质的长处结合起来，既保证获得马氏体组织，又减小了淬火应力，防止工件的变形与开裂。双液淬火的关键是要准确控制工件由第一种介质转入第二种介质时的温度。

（3）分级淬火　将已奥氏体均匀化的工件先放入温度在 Ms 附近的盐浴或碱浴中，停留适当时间，然后取出空冷，以获得马氏体组织的淬火，称为分级淬火。这种工艺的特点是在工件内、外温度基本一致时，使过冷奥氏体在缓冷条件下转变成马氏体，从而减少变形。分级淬火工艺如图 4-21 中曲线③所示。这种工艺的缺点是只适用于尺寸较小的零件，否则介质冷却能力不足，温度也难于控制。

（4）等温淬火　将已奥氏体均匀化的工件快速在温度稍高于 Ms 的硝盐浴（或碱浴）中淬火，保持足够长的时间，直至过冷奥氏体完全转变为下贝氏体，然后在空气中冷却，称为等温淬火，如图 4-21 中曲线④所示。下贝氏体的硬度略低于马氏体，但综合力学性能较好，因此在生产中广泛应用。一般弹簧、螺栓、小齿轮、轴、丝锥等的热处理均用此法。其缺点是生产周期长，生产率低。

（5）局部淬火　有些工件只是局部要求高硬度，可对工件全部加热后进行局部淬火。为了避免工件其他部分产生变形和开裂，也可进行局部加热淬火。

（三）钢的回火

将淬火钢重新加热到 A_1 以下某一温度，保温一定时间，然后冷却到室温的热处理工艺称为回火。它是紧接淬火的热处理工序。

1. 回火的目的

回火的目的是减小内应力，稳定组织，使工件形状、尺寸稳定；调整组织，消除脆性，以获得需要的使用性能。

2. 回火的方法及应用

根据钢在回火后组织和性能的不同，按回火温度范围将回火方法分为低温回火、中温回火和高温回火三种。

（1）低温回火（150~250℃）　回火后的组织为回火马氏体（参见图 4-19b），硬度一般为 58~64HRC。低温回火的主要目的是降低工件内应力，减少脆性，保持淬火后的高硬度和高耐磨性。低温回火一般用于表面要求高硬度、高耐磨性的工件，如刀具、量具、冷作模具、滚动轴承、渗碳件、表面淬火件等。

（2）中温回火（350~500℃）　中温回火后的组织为回火托氏体，硬度为 35~50HRC。其目的是获得高的弹性极限和屈服强度，并保持一定的冲击韧性。中温回火一般用于要求弹性高、有足够冲击韧性的工件，如弹簧、弹性元件及热锻模具等。

（3）高温回火（500~650℃）　高温回火后的组织为回火索氏体，硬度一般为 200~350HBW。通常将淬火加高温回火相结合的热处理称为调质处理，其目的是获得强度、硬度和塑性、冲击韧性都较好的综合力学性能。调质处理广泛用于汽车、拖拉机、机床等的重要结构零件，如连杆、螺栓、齿轮及轴。

除以上三种常用回火方法外，为降低某些合金的硬度，以便于切削加工，还可以在 640~680℃进行软化回火。对于某些精密量具及零件，为保持淬火后的高硬度和尺寸稳定性，常在 100~150℃进行长时间（10~15h）的回火，这种低温、长时间的回火称为尺寸稳定处理或时效处理。

通常不在250~350℃进行回火，因为在这个温度范围回火时容易产生第一类回火脆性。

四、钢的表面热处理

生产中的有些零件，如齿轮、花键轴、活塞销等，其表面要求有高的硬度和耐磨性，而心部却要求一定的强度和足够的冲击韧性。采用一般淬火、回火工艺无法达到这种要求，这时需要进行表面热处理，以达到强化表面的目的。

表面热处理又分为两类：一类是只改变表面组织而不改变表面化学成分的热处理，称为表面淬火；另一类是同时改变表面化学成分及组织的热处理，称为化学热处理。

1. 表面淬火

表面淬火是将钢件的表面层淬透到一定的深度，而心部仍保持未淬火状态的一种局部淬火方法。目前生产中应用最广泛的是感应淬火和火焰淬火两种方法。

感应淬火是将工件置于感应圈中，通过一定频率的交流电时，感应圈周围产生一频率相同的交变磁场，磁场中的工件会产生与感应圈频率相同、方向相反的封闭感应电流（涡流现象），它集中分布在工件表面。依靠感应电流的热效应，工件于几秒内快速被加热到淬火温度，然后立即冷却，达到表面淬火的目的。感应淬火加热速度快，淬火组织为细小片状马氏体，表面硬度比普通加热淬火高2~3HRC，具有较好的耐磨性和较低的脆性，不易氧化、脱碳，变形小，生产率高，易实现机械化和自动化，适宜批量生产。感应淬火大多应用于中碳钢和中碳低合金钢工件。生产中常根据工件要求的淬硬层深度及尺寸大小来选用相应的感应加热方式（表4-3）。

火焰淬火是应用氧-乙炔或其他可燃气的火焰，对工件表面进行加热，然后快速冷却的淬火工艺。

火焰淬火操作简便，不需要特殊设备，成本低。淬硬层深度一般为2~6mm。它适用于大型、异型、单件或小批量工件的表面淬火，如大模数齿轮、小孔、顶尖、錾子等。但因火焰温度高，若操作不当，工件表面容易过热或加热不均，造成硬度不均匀，淬火质量难以控制。

表4-3 感应淬火的应用

分　类	常用频率范围	淬硬深度/mm	适 用 范 围
高频加热	200~300kHz	0.5~2	中小型轴、销、套等圆柱形零件，小模数齿轮
中频加热	2500~8000Hz	2~10	尺寸较大的轴类，大模数齿轮
工频加热	50Hz	10~20	大型（>ϕ300mm）零件感应淬火或棒料穿透加热（如轧辊、火车车轮等的感应淬火）

2. 化学热处理

化学热处理是将工件置于一定温度的活性介质中保温，使一种或几种元素渗入它的表层，以改变工件表层的化学成分、组织和性能的热处理工艺。

化学热处理都是由分解、吸收和扩散三个基本过程所组成的。首先在一定条件下，从介质中分解出具有活性的元素原子；活性原子吸附在工件表面，进入铁的晶格形成固溶体或化合物，被工件表面吸收；被吸收的渗入原子达到一定浓度时，由表向里扩散，形成一定厚度的渗层，以达到化学热处理的目的。

在制造业中常用的化学热处理有渗碳、渗氮和碳氮共渗。

（1）渗碳　渗碳是将工件在渗碳介质中加热并保温，使碳原子渗入表层的热处理工艺。其目的是增加工件表面碳的质量分数。经淬火、低温回火后，工件表层具有高硬度和高耐磨性，心部具有高的塑性、冲击韧性和足够的强度，以满足某些机械零件的需要，如汽车变速器的齿轮、轴等。

渗碳用钢一般选用 $w_C = 0.10\% \sim 0.25\%$ 的碳素钢或低合金钢；渗碳温度一般为 900～950℃；渗碳时间根据工件所要求的渗碳层深度来确定。渗碳后须进行淬火和低温回火。

（2）渗氮　渗氮是在一定温度下使活性氮原子渗入工件表面的化学热处理工艺。渗氮的目的是提高工件表层的硬度、耐磨性、热硬性、疲劳强度和耐蚀性。

渗氮与渗碳相比较：渗氮的温度低（500～600℃），渗氮后不需要淬火，因此工件变形小；渗氮表层具有高的硬度和耐磨性，且具有热硬性和耐蚀性，工件的疲劳强度高。但渗氮层薄而脆，不能承受冲击和振动；因生产周期长、设备和渗氮用钢价格高，故生产成本高。

因此，渗氮适用于表面要求耐磨、耐高温、耐腐蚀的精密零件，如精密齿轮、精密机床主轴、气缸套、阀门等。

（3）碳氮共渗　碳氮共渗是碳、氮原子同时渗入工件表面的一种化学热处理工艺。这种工艺是渗碳与渗氮的综合，兼有二者的优点。目前生产中应用较广的有低温气体氮碳共渗和中温气体碳氮共渗两种方法。

低温气体氮碳共渗实质上是以渗氮为主的共渗工艺。与一般渗氮相比，其渗层脆性较小。这种工艺生产周期短、成本低、零件变形小，不受钢材限制，常用于汽车、机床上的小型轴类、齿轮，以及模具、量具和刃具等。

中温气体碳氮共渗实质上是以渗碳为主的共渗工艺。零件经共渗后须进行淬火及低温回火。中温气体碳氮共渗主要用于低碳及中碳结构钢零件，如汽车和机床上的各种齿轮、蜗轮、蜗杆和轴类零件等。

五、钢的热处理常见缺陷

热处理件的质量受多方面因素的影响，其中最主要的是热处理工艺因素和工件的结构因素。在热处理生产中，往往由于热处理工艺控制不当，使工件产生某些缺陷。钢的热处理常见缺陷有氧化、脱碳、过热、过烧、硬度不足与软点、变形与开裂等，这对热处理件的质量影响很大。

1. 氧化与脱碳

工件加热时，若加热炉中介质控制不好，就会产生氧化与脱碳缺陷。

钢在氧化性介质中加热时，会发生氧化而在其表面形成一层氧化铁（Fe_2O_3、Fe_3O_4、FeO），这层氧化铁就是氧化皮。加热温度越高，保温时间越长，氧化作用就越强烈。钢在某些介质中加热时，这些介质会使钢表层的碳的质量分数下降，这种现象称为脱碳。使钢发生脱碳的主要原因是气氛中 O_2、CO_2、H_2 及 H_2O 的存在。

氧化与脱碳不但造成钢材的大量损耗，而且使工件的质量与使用寿命大为降低。例如，在氧化严重时，可使工件淬不硬；脱碳使工件表层碳的质量分数降低，淬火后硬度和耐磨性下降。此外，氧化与脱碳使工件表面质量降低，从而降低了疲劳极限。

2. 过热与过烧

加热温度过高或保温时间过长，奥氏体的晶粒显著粗化的现象称为过热。过热的钢淬火后具有粗大的针状马氏体组织，其冲击韧性较差。

加热温度接近开始熔化温度，沿晶界处产生熔化或氧化现象，称为过烧。过烧后，钢的强度很低，脆性很大。

过热与过烧都是由于加热温度过高引起的。钢的过热可以通过退火或正火来消除。过烧则无法补救，只得将工件报废。

3. 硬度不足与软点

硬度不足是指工件淬火后达不到硬度要求。硬度不足对在高硬度状态下工作的工具和零件是不允许的；对要求具有综合力学性能的工件，也会影响其疲劳强度和冲击韧性。

造成硬度不足的原因通常是淬火加热温度低、保温时间短或冷却速度不够。对于某些钢，如淬火温度过高，淬火组织中存在过多的残留奥氏体，也会降低淬火钢的硬度。

软点是指工件淬火后局部硬度偏低的现象。量具、刃具、模具及滚动轴承等，其工作部位不允许存在软点。

形成软点的原因是淬火件局部冷却不足，或加热温度偏低、加热时间过短。此外，局部脱碳或表面不洁净也会造成软点。

4. 变形与开裂

淬火中的变形与开裂主要是由淬火时形成的内应力所引起的。内应力根据形成的原因不同分为热应力与相变应力两种。热应力是由于工件在加热和冷却时内、外温度不均匀，因而使工件截面上热胀冷缩先后不一致所造成的。相变应力是由于奥氏体和马氏体的比体积不同，以及工件淬火时各部位马氏体转变先后不一致，因而使体积膨胀不均匀所造成的。

工件淬火中的变形与开裂是热应力与相变应力复合作用的结果。显然，当热应力与相变应力组成的复合应力超过钢的屈服强度时，工件就发生塑性变形；当复合拉应力超过钢的抗拉强度时，工件就产生开裂。

第四节　常用金属材料

金属材料主要包括钢铁材料、非铁金属材料，以及它们的合金。

一、钢

钢按化学成分分为碳素钢和合金钢两大类。碳素钢除以铁、碳为其主要成分外，还含有少量的锰、硅、硫、磷等常存杂质元素。碳素钢容易冶炼、价格低廉，性能可以满足一般工程机械、普通机械零件、工具及日常轻工业产品的使用要求，因此在工业上得到广泛的应用。合金钢是在碳素钢基础上，有目的地加入某些元素（称为合金元素）而得到的多元合金。与碳素钢相比，合金钢的性能有显著的提高，故应用日益广泛。

钢的种类很多，为了便于管理、选用和研究，从不同角度把它们分成若干类别。

通常把钢分为结构钢、工模具钢和特殊性能钢三大类。

（一）结构钢

凡用于制造各种机械零件及各种工程结构的钢都称为结构钢。

用作工程结构的钢称为建筑工程钢，它们大多是普通质量的结构钢（包括碳素结构钢及低合金钢）。这类结构钢冶炼比较简单，成本低，以适应工程结构需大量消耗钢材的要求。建筑工程钢一般不再进行热处理。

用作机械零件的钢称为机械制造用钢，它们大多是优质结构钢（包括优质碳素结构钢及各种优质或高级优质合金结构钢），以适应机械零件承受动载荷的要求。此类钢一般需要适当热处理，以发挥材料的潜力。

1. 普通质量结构钢

（1）碳素结构钢　碳素结构钢的平均碳的质量分数在 $0.06\% \sim 0.38\%$ 范围内，钢中含有害杂质和非金属夹杂物较多，但性能能满足一般工程结构及普通零件的要求，因而应用较广。它通常轧制成钢板或各种型材（圆钢、方钢、工字钢、钢筋钢）供应。表 4-4 所列为碳素结构钢的牌号与力学性能。

碳素结构钢牌号表示方法是由代表屈服强度的字母（Q）、屈服强度数值、质量等级符号（A、B、C、D）及脱氧方法符号（F、Z、TZ）四个部分按顺序组成，如 Q235AF。质量等级符号反映了碳素结构钢中有害杂质（磷、硫）含量的多少，C、D 级的碳素结构钢中磷、硫含量最低，质量好，可做重要焊接结构件。脱氧方法符号"F""Z""TZ"分别表示沸腾钢、镇静钢及特殊镇静钢。镇静钢和特殊镇静钢牌号中脱氧方法符号可省略。

表 4-4　碳素结构钢的牌号与力学性能（摘自 GB/T 700—2006）

牌号	等级	拉伸试验												冲击试验	
		屈服强度 R_{eH}/MPa						抗拉强度 R_m/MPa	断后伸长率 A(%)					温度/℃	冲击吸收能量（纵向）/J
		钢材厚度（直径）/mm							钢材厚度（直径）/mm						
		≤16	>16~40	>40~60	>60~100	>100~150	>150~200		≤40	>40~60	>60~100	>100~150	>150~200		
		不小于							不小于						不小于
Q195	—	195	185	—	—	—	—	315~430	33	—	—	—	—	—	—
Q215	A	215	205	195	185	175	165	335~450	31	30	29	27	26	—	—
	B													20	27
Q235	A	235	225	215	205	195	185	375~500	26	25	24	22	21	—	27
	B													20	
	C													0	
	D													−20	
Q275	A	275	265	255	245	225	215	410~540	22	21	20	18	17	—	27
	B													20	
	C													0	
	D													−20	

　　碳素结构钢一般以热轧空冷状态供应。其中牌号 Q195 与 Q275 碳素结构钢是不分质量等级的，出厂时既保证力学性能，又保证化学成分。

　　Q195 钢中碳的质量分数很低，塑性好，常用作铁钉、铁丝及各种薄板，如黑铁皮、白铁皮（镀锌薄钢板）等，也可用来代替优质碳素结构钢 08 钢或 10 钢，制造冲压件、焊接结构件。

　　Q275 钢属中碳钢，强度较高，可代替 30 钢、40 钢制造稍重要的某些零件，以降低原材料成本。

　　其余几个牌号中，A 级钢一般用于不经锻压、热处理的工程结构件或普通零件（如制作机器中受力不大的铆钉、螺钉、螺母等），有时也可制造不重要的渗碳件；B 级钢常用以制造稍为重要的机器零件和做船用钢板，并用以代替相应碳的质量分数的优质碳素结构钢。

　　（2）低合金高强度结构钢　低合金高强度结构钢广泛用于制造在大气和海洋中工作的大型焊接结构件，如建筑结构、桥梁、车辆、船舶、输油输气管道、压力容器等。

　　低合金高强度结构钢的碳的质量分数较低（$w_C \leq 0.2\%$），合金元素含量较少（$w_{Me} < 3\%$），这样可以保证钢具有良好的塑性、冲击韧性及焊接性。其常加入的合金元素有 Mn、

Ti、V、Nb、Cu、P、RE 等，它们的主要作用是强化铁素体，细化晶粒，从而提高钢的强度。同时，Cu、P 还能提高钢在大气中的耐腐蚀能力。用这类钢制作大型构件不仅安全可靠，而且可减轻自重、节约钢材，如南京长江大桥采用 Q355 钢建造，比采用普通结构钢节约材料 15%。

低合金高强度结构钢的合金元素的质量分数虽略有区别，但使用者更关心的是其具有的力学性能，因此 GB/T 1591—2018 规定，以该钢材的屈服强度分类。常用低合金高强度结构钢的牌号、主要成分、力学性能及用途见表 4-5。

表 4-5 常用低合金高强度结构钢的牌号、主要成分、力学性能及用途

牌号	质量等级	主要化学成分（%）			R_{eH}/MPa [1]	R_m/MPa [2]	A（%）[3]		用途
		w_C	w_{Si}	w_{Mn}			纵向	横向	
Q355	B	≤0.24	≤0.55	≤1.6	≥355	470~630	≥22	20	油槽、油罐、机车、车辆、梁、柱等
	C	≤0.20							
	D								
Q390	B	≤0.20	≤0.55	≤1.7	≥390	490~650	≥20	20	油罐、锅炉、桥梁等 桥梁、船舶、车辆、压力容器、建筑结构等
	C								
	D								
Q420（型材、棒材）	C	≤0.20	≤0.55	≤1.7	≥420	520~680	≥19	18	船舶、压力容器、电站设备等
	D								

注：1. 牌号、成分、性能摘自 GB/T 1591—2018。

　　2. 公称厚度大于 30mm 的钢材、碳的质量分数不大于 0.22%。

① 为公称厚度或直径 ≤16mm；

② 为公称厚度或直径 ≤100mm；

③ 为公称厚度或直径 ≤40mm。

2. 优质结构钢

这类钢主要用于制造较重要的机械零件，根据化学成分不同可分为优质碳素结构钢与合金结构钢。

优质碳素结构钢的牌号用两位数字表示，两位数字表示钢中以平均万分数表示的碳的质量分数。

例如：45——表示 $w_C = 0.45\%$ 的优质碳素结构钢。

优质碳素结构钢按锰的质量分数不同，分为普通含锰量及较高含锰量两组。较高含锰量一组，在其牌号数字后加"Mn"，如 45Mn、65Mn 等。

合金结构钢都是优质或高级优质钢（高级优质钢在牌号后加"A"，如 25Cr2MoVA）按其用途及工艺特点可分为渗碳钢、调质钢、弹簧钢和滚动轴承钢。

（1）渗碳钢　渗碳钢通常是指经渗碳淬火、低温回火后使用的钢，用于制造要求表面硬而耐磨、心部冲击韧性较好的零件，如承受较大冲击载荷，同时表面有强烈摩擦和磨损的齿轮、轴等零件。

渗碳钢一般为低碳优质碳素钢和低碳合金结构钢（$w_C < 0.25\%$），主要加入的合金元素有铬、锰、镍、硼等。渗碳钢采用渗碳后淬火和低温回火的热处理工艺。

常用的碳素渗碳钢有 15 钢、20 钢，用于形状简单、受力小的小型渗碳件。

按制造的零件大小及对心部性能（淬透程度）的要求，合金渗碳钢可分为以下几种：

1）低淬透性渗碳钢，如 20Mn2、20Cr、20MnV 等，可用于制造机床齿轮、齿轮轴、蜗杆、活塞等。

2）中淬透性渗碳钢，如 20CrMnTi、12CrNi3、20MnVB 等，可用于制造汽车及拖拉机齿轮、大齿轮、轴等。

3）高淬透性渗碳钢，如 12Cr2Ni4、20Cr2Ni4、18Cr2Ni4W 等，可用于制造大型渗碳齿轮、轴及飞机发动机齿轮等。

合金元素含量越高，合金渗碳钢的淬透性越高，可用于制造承受重载与强烈磨损的重要大型零件。

（2）调质钢　调质钢通常是指经调质后使用的钢，主要用于制造承受很大循环载荷与冲击载荷或各种复合应力的零件（如机器中的轴、连杆、齿轮等）。这类零件要求钢材具有较高的综合力学性能，即有良好的强度、硬度、塑性和冲击韧性。

调质钢一般为中碳优质碳素结构钢与合金结构钢（$w_C = 0.25\% \sim 0.5\%$），主加元素为锰、铬、硅、硼等，辅加元素为钼、钨、钒、钛等。调质钢采用调质处理的热处理工艺。

常用的碳素调质钢有 35 钢、40 钢、45 钢或 40Mn、50Mn 等，其中以 45 钢应用最广。碳素调质钢只适宜制造载荷较小、形状简单、尺寸较小的调质工件。

常用的合金调质钢有 40Cr、40CrMn、30CrMo、40CrMnMo 等，可用于制造承载较大的中型甚至大型零件。

（3）弹簧钢　弹簧钢是常用来制造各种弹簧的钢。弹簧依靠其工作时产生的弹性变形，在各种机械中起缓冲、吸振的作用，并利用其储存能量，使机件完成规定的动作。

弹簧钢按化学成分可分为碳素弹簧钢和合金弹簧钢。碳素弹簧钢的 $w_C = 0.6\% \sim 0.9\%$，合金弹簧钢的 $w_C = 0.45\% \sim 0.7\%$。合金弹簧钢中常加入的合金元素有锰、硅、铬、钼、钨、钒和微量硼等。弹簧钢的热处理方法一般是淬火加中温回火。

常用的碳素弹簧钢有 60 钢、65 钢、75 钢及 60Mn、65Mn、75Mn 等。这类钢的价格较合金弹簧钢便宜，热处理后具有一定的强度，主要用来制造截面较小、受力不大的弹簧。

常用的合金弹簧钢有 55Si2Mn、60Si2Mn、50CrV 等。硅锰弹簧钢广泛用于制造汽车、拖拉机、机车上的板弹簧和螺旋弹簧。

（4）滚动轴承钢　滚动轴承钢是指制造各种滚动轴承内、外圈及滚动体（滚珠、滚柱、滚针）的专用钢种。根据其工作条件，对滚动轴承钢性能要求为：具有高的接触疲劳强度、高的硬度和耐磨性及一定的冲击韧性，同时还应具有一定的耐腐蚀能力。

滚动轴承钢中常用的是铬轴承钢，它属于高碳低铬钢，$w_C = 0.95\% \sim 1.15\%$，常加入的合金元素有铬、硅、锰、钒等。滚动轴承钢的锻件，预备热处理为球化退火，以获得球状珠光体组织，最终热处理为淬火加低温回火。

滚动轴承钢的牌号前面冠以"G"，其后以铬（Cr）加数字来表示。数字表示以平均千分数表示的铬的质量分数，碳的质量分数不予标出。若再含其他元素，表达方法同合金结构钢。例如：GCr15，表示 $w_{Cr}=1.5\%$ 的滚动轴承钢；GCr15SiMn，表示除含铬 $w_{Cr}=1.5\%$ 外，还含有硅、锰合金元素的滚动轴承钢。

目前我国以铬轴承钢应用最广。在铬轴承钢中，又以 GCr15、GCr15SiMn 钢应用最多。前者用于制造中、小型轴承的内、外圈及滚动体，后者用于制造较大型滚动轴承套圈及钢球。滚动轴承钢具有耐磨性好等性能特点，还常用它来制造量具、冲模及其他耐磨零件。

（二）工模具钢

工模具钢是指制造各种刃具、模具、量具的钢，通常也称刃具钢、模具钢、量具钢。

工模具钢按用途可分为八类：刃具模具用非合金钢、量具刃具用钢、耐冲击工具用钢、轧辊用钢、冷作模具用钢、热作模具用钢、塑料模具用钢、特殊用途模具用钢；按使用加工方法可分为两类：压力加工用钢和切削加工用钢，压力加工用钢又分为热压力加工用钢和冷压力加工用钢；按化学成分可分为四类：非合金工具钢（牌号带"T"，即原碳素工具钢）、合金工具钢、非合金模具钢（牌号带"SM"）、合金模具钢。

工模具钢除个别情况外，大多数是在受很大局部压力和磨损条件下工作的，应具有高硬度、高耐磨性，以及足够的强度和冲击韧性，故除热作模具用钢外，大多属于过共析钢（$w_C=0.6\%\sim1.3\%$）。下面介绍常用的工模具钢。

1. 刀具钢

刀具钢主要有非合金工具钢、合金工具钢和高速工具钢。

（1）非合金工具钢（即碳素工具钢）　其牌号冠以"T"表示，其后数字以名义千分数表示碳的质量分数，若为高级优质钢，则在数字后面加"A"。如 T8 表示平均 $w_C=0.8\%$ 的优质非合金工具钢；T10A 表示 $w_C=1.0\%$ 的高级优质非合金工具钢。

非合金工具钢的热处理方法一般为预备热处理采用球化退火，最终热处理采用淬火加低温回火。

非合金工具钢的 $w_C=0.65\%\sim1.35\%$，以保证淬火后有足够的硬度。非合金工具钢中随碳的质量分数的增加，钢的耐磨性增加，而冲击韧性降低。因此，T7、T8 钢适用于制造承受一定冲击而要求冲击韧性较高的刃具，如木工用斧、钳工用錾子等。T9、T10、T11 钢用于制造冲击韧性差而要求硬度高、耐磨的刃具，如小钻头、丝锥、手用锯条等。T12、T13 钢的硬度及耐磨性最高，但冲击韧性最差，用于制造不承受冲击的刃具，如锉刀、铲刀、刮刀等。

（2）合金工具钢　合金工具钢的牌号表示方法与合金结构钢相似，当 $w_C\geqslant1\%$ 时，碳的质量分数不标出；当 w_C <1%时，则牌号前的数字表示平均碳的质量分数的千倍，合金元素的表示方法与合金结构钢相同。由于合金工具钢都属于高级优质钢，故不再在牌号后标出"A"。

合金工具钢中合金元素含量 w_{Me} <5%时称为低合金工具钢。低合金工具钢可用来制造受力较大、尺寸较大、形状复杂的刃具，但不适用于较高速度的切削。常用低合金工具钢的牌号、化学成分、热处理和用途举例见表4-6。

表 4-6 常用低合金工具钢的牌号、化学成分、热处理和用途举例

牌号	化学成分 w_{Me}（%）					热处理及热处理后的硬度				用 途 举 例
						淬火		回火		
	C	Mn	Si	Cr	其他	温度/℃	硬度（HRC）不小于	温度/℃	硬度（HRC）	
9SiCr	0.85~0.95	0.30~0.60	1.20~1.60	0.95~1.25		820~860油	62	160~200	61~62	板牙、丝锥、钻头、铰刀、冲模
9Mn2V	0.85~0.95	1.70~2.00	≤0.40		V：0.10~0.25	780~810油	62	160~180	60~61	丝锥、板牙、冲模、量具、样板
CrWMn	0.90~1.05	0.80~1.10	≤0.40	0.90~1.20	W：1.20~1.60	800~830油	62	160~200	61~62	板牙、拉刀、丝锥、量规、形状复杂的高精度冲模

低合金工具钢还可以用来制造要求较高的冷作模具、量具等。

（3）高速工具钢 高速工具钢是热硬性、耐磨性较高的合金工具钢。它的热硬性很高，切削时能长期保持刃口锋利，故俗称为"锋钢"。其强度也比非合金工具钢高30%~50%。

对高速工具钢的性能要求主要是硬度、冲击韧性、耐磨性和热硬性，一般是在保证足够冲击韧性的基础上，寻求尽可能高的硬度。因而，高速工具钢的 w_C = 0.75%~1.60%，并含有质量分数总和在10%以上的钨、钼、铬、钒、钴等合金元素。

常用的高速工具钢有W18Cr4V，W6Mo5Cr4V2等。高速工具钢淬火加热时要经过预热，淬火加热温度一般为1260~1280℃。淬火后一般要在550~570℃经三次回火。此外，为了进一步提高高速工具钢刃具的切削性能与使用寿命，可在淬火、回火后再进行某些化学热处理，如低温气体氮碳共渗、硫氮共渗及蒸汽处理等。

各种高速工具钢由于具有比其他刃具钢高得多的热硬性、耐磨性及较高的强度与冲击韧性，不仅可制作切削速度较高的刃具，也可以制造载荷大、形状复杂、贵重的切削刃具（如拉刀、齿轮铣刀等）。此外，高速工具钢还可用于制造冲模、冷挤压模及某些要求耐磨性高的零件。

2. 模具钢

模具钢主要有冷作模具用钢和热作模具用钢两种。

（1）冷作模具用钢 冷作模具用钢用来制造在冷态下使金属变形的模具。这类模具要

求高硬度、高耐磨性、一定的冲击韧性及较好的淬透性。

冷作模具用钢的热处理方法为淬火加低温回火。常用冷作模具用钢见表4-7。

（2）热作模具用钢　热作模具用钢用于制造使加热金属（或液态金属）获得所需形状的模具。这类模具一般分为热锤锻模、热挤压模和压铸模等。这类模具要求有足够的高温强度、良好的冲击韧性和耐热疲劳性，一定的硬度和耐磨性，良好的淬透性和导热性。

热作模具用钢碳的质量分数 $w_c = 0.3\% \sim 0.6\%$，并含有铬、镍、锰、钼、钨、钒等合金元素。

最常用的热锻模具用钢有 5CrMnMo、5CrNiMo 等。小型热铸模具选用 5CrMnMo，大型热锻模具选用 5CrNiMo，热处理淬火后一般采用 $500 \sim 650℃$ 回火，模面硬度为 40HRC 左右。

常用的压铸模用钢为 3Cr2W8V，淬火后经高温回火，硬度为 45HRC 左右。

表 4-7　常用冷作模具用钢

冷作模种类	牌　号		
	重　载	复杂轻载	简单轻载
落料冲孔模	Cr12MoV 或 Cr4W2MoV	CrWMn,9Mn2V Cr12MoV 或 Cr4W2MoV	T10A,9Mn2V,GCr15
冷镦模		—	
冷挤压模	Cr12MoV 或 Cr4W2MoV, W18Cr4V	9Mn2V,9SiCr,CrWMn Cr12MoV 或 Cr4W2MoV	
小冲头	W18Cr4V	Cr12MoV 或 Cr4W2MoV	T10A,9Mn2V
工业剪刀	—	9SiCr,CrWMn	
压弯模、拉深模、拉丝模	Cr12,Cr12MoV, Cr4W2MoV	—	

注：Cr4W2MoV 是我国研制的冷作模具用钢，用以取代 Cr12MoV 钢，以节省铬。

3. 量具钢

量具是机械加工中使用的检测工具，如量块、塞尺、样板等。量具在使用中常与被测工件接触，受到摩擦与碰撞，故要求量具应具有高硬度和高耐磨性，并具有高的尺寸稳定性。

量具钢一般可选用非合金工具钢或低合金工具钢。对精度要求较高的量具，在淬火后需立即进行冷处理，在精磨后或研磨前还要进行一次时效处理，即将工件加热至 $120 \sim 150℃$，较长时间保温后缓冷，以稳定组织，进一步消除残余应力，提高工件尺寸的稳定性。

常见量具钢的牌号及热处理见表4-8。

（三）特殊性能钢

特殊性能钢具有特殊的物理或化学性能，用来制造除要求具有一定的力学性能外，还要求具有特殊性能的零件。其种类很多，机械制造行业主要使用不锈钢、耐热钢和耐磨钢。

表 4-8　常用量具钢的牌号及热处理

牌　号	热处理方法	用　途　举　例
15,20,20Cr	渗碳—淬火—低温回火	简单平样板、卡尺、塞尺及大型量具
50,55,65	高频感应淬火—低温回火	
T10A,T12A	淬火—低温回火	低精度塞尺、量块、卡尺等
GCr15,CrWMn,Cr2	淬火—低温回火—冷处理—时效处理	高精度量规、量块及形状复杂的样板

1. 不锈钢

不锈钢是指在腐蚀性（大气或酸）介质中具有耐蚀性的钢。

不锈钢按其使用时的组织特征，可分为铁素体型不锈钢、奥氏体型不锈钢、马氏体型不锈钢、奥氏体-铁素体型不锈钢等。

铁素体型不锈钢中碳的质量分数低，铬的质量分数高，常用的有 06Cr13Al、10Cr17、008Cr30Mo2，用于工作应力不大的化工设备、容器及管道等。

奥氏体型不锈钢是应用最广的不锈钢，属于铬镍钢。钢在常温下可得到单相奥氏体组织。常用的有 12Cr18Ni9、06Cr19Ni10N、06Cr18Ni11Ti 等，可用于制作耐蚀性要求较高及冷变形成形的低负荷零件，如食品机械、化工设备、医疗器械等。

马氏体型不锈钢中碳的质量分数稍高，铬的质量分数较高，常用的有 12Cr13、20Cr13、30Cr13、68Cr17 等，用于制作耐蚀性要求不高，而力学性要求较高的零件。12Cr13、20Cr13 等钢类似调质钢，可用于制造汽轮机叶片及医疗器械等。30Cr13、32Cr13Mo、68Cr17 等类似工模具钢，用于制造医用手术工具、量具、不锈钢轴承及弹簧等。

2. 耐热钢

耐热钢是指在高温条件下具有抗氧化性或不起皮和有足够强度的钢。钢的耐热性包括抗氧化性（热稳定性）和高温强度两个方面。

耐热钢中主要含有铬、硅、铝等合金元素。这些元素在高温下与氧作用，在其表面形成一层致密的氧化膜（Cr_2O_3、Al_2O_3、SiO_2），能有效地保护钢不致在高温下继续被氧化腐蚀。

马氏体型耐热钢的耐热性能较低，淬透性好（如 12Cr13、42Cr9Si2、40Cr10Si2Mo 等）。这类钢应经淬火加高温回火处理，用于制作在 500~600℃ 下长期工作的零件。

铁素体型耐热钢有较高的抗氧化性能，但高温强度较低（如 06Cr13Al、16Cr25N），主要用于制作受力不大的加热炉构件，其工作温度可达 900~1050℃。

奥氏体型耐热钢的耐热性能比马氏体型耐热钢要好（如 45Cr14Ni14W2Mo），可用于制造内燃机重负荷排气阀。

3. 耐磨钢

耐磨钢是指在强烈冲击载荷作用下才能发生硬化的高锰钢。

耐磨钢的典型牌号是 ZGMn13，它的主要成分为铁、碳和锰，$w_C = 1.0\% \sim 1.5\%$，$w_{Mn} = 11\% \sim 14\%$。高锰钢不易切削加工，而铸造性较好，故高锰钢零件多采用铸造方法生产。

这类钢多用于制造承受冲击和压力并要求耐磨的零件，例如，坦克、拖拉机的履带板，挖掘机的铲斗齿，破碎机的颚板，铁路道岔，防弹板及保险箱的钢板等。

二、铸铁

铸铁是 $w_C > 2.11\%$（一般为 $w_C = 2.5\% \sim 4\%$）的铁碳合金。它是以铁、碳、硅为主要组成元素，并比碳素钢含有更多的锰、硫、磷等杂质的多元合金。为了提高铸铁的力学性能或物理化学性能，还可以加入一定量的合金元素，得到合金铸铁。

早在公元前 6 世纪的春秋时期，我国已开始使用铸铁，比欧洲各国要早将近 2000 年。由于铸铁有优良的铸造性、可加工性、减摩性及减振性，而且熔炼铸铁的工艺与设备简单、成本低廉，因此目前在工业生产中，它仍是最重要的工程材料之一。若按重量百分比计算，在各类机械中，铸铁件占 40% ～ 70%，在机床和重型机械中，则可达 60% ～ 90%。

铸铁有两种分类方法。一种是根据碳在铸铁中存在的形式分类，有白口铸铁、灰铸铁和麻口铸铁。一种是根据石墨在铸铁中的存在形态（图 4-22）分类，可分为球墨铸铁、蠕墨铸铁和可锻铸铁。现简述如下：

（1）白口铸铁　碳除少量溶于铁素体外，其余的都以渗碳体的形式存在于铸铁中，其断口呈银白色，故称白口铸铁。这类铸铁性能硬而脆，很难切削加工，所以很少直接用来制造各种零件。但有时也利用它硬而耐磨的特性制作工件，如铸造出的表面有一定深度的白口层而中心为灰口组织的铸铁，称为冷硬铸铁。冷硬铸铁常用于制造一些要求高耐磨的工件，如轧辊、球磨机的磨球及犁铧等。目前，白口铸铁主要用作炼钢的原料和生产可锻铸铁的毛坯。

a) 灰铸铁中的片状石墨

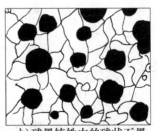
b) 球墨铸铁中的球状石墨

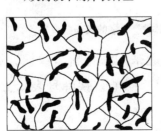
c) 蠕墨铸铁中的蠕虫状石墨

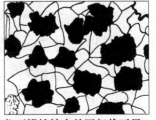
d) 可锻铸铁中的团絮状石墨

图 4-22　石墨在铸铁中的存在形态

（2）灰铸铁　碳全部或大部分以片状石墨形式存在于铸铁中，其断口呈暗灰色，故称灰铸铁。片状石墨的存在使灰铸铁具有良好的耐磨性、减振性和低的缺口敏感性。因此，灰铸铁被广泛用于制作机床床身、壳体、机架、箱体和承受摩擦的导轨、缸体等零件。

灰铸铁牌号表示方法的举例如下：

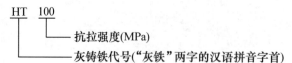

灰铸铁的牌号、力学性能及用途见表4-9。

表4-9　灰铸铁的牌号、力学性能及用途（摘自 GB/T 9439—2010）

类　　别	牌号	力　学　性　能		用途举例
		R_m/MPa 不小于	硬度（HBW）	
铁素体灰铸铁	HT100	100	143～229	低负荷和不重要零件,如盖、外罩、手轮、支架等
铁素体-珠光体灰铸铁	HT150	150	163～229	承受中等应力的零件,如底座、床身、工作台、阀体、管路附件及一般工作条件要求的零件
珠光体灰铸铁	HT200	200	170～241	承受较大应力、较重要的零件,如气缸体、齿轮、机座、床身、活塞、齿轮箱、液压缸等
	HT250	250	170～241	
孕育铸铁	HT300	300	187～225	床身导轨、车床、压力机等受力较大的床身、机座、主轴箱、卡盘、齿轮等;高压液压缸、泵体、阀体、衬套、凸轮、大型发动机的曲轴、气缸体、气缸盖等
	HT350	350	197～260	

注：力学性能系 ϕ30mm 单铸试棒制取的试样所能达到的值。

（3）麻口铸铁　碳一部分以石墨形式存在，类似灰铸铁，另一部分以自由渗碳体形式存在，类似白口铸铁。这类铸铁也具有较大的硬脆性，故工业上极少应用。

（4）球墨铸铁　铸铁中石墨呈球状存在。它的力学性能不仅比灰铸铁高，而且还可以通过热处理进一步提高其力学性能，所以在生产中的应用日益广泛。球墨铸铁的常用牌号及力学性能见表4-10。

球墨铸铁牌号表示方法的举例如下：

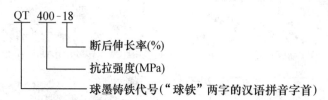

（5）蠕墨铸铁　它是20世纪70年代发展起来的一种新型铸铁，石墨形态介于片状与球状之间，故性能也介于灰铸铁与球墨铸铁之间。蠕墨铸铁牌号表示方法的举例如下：

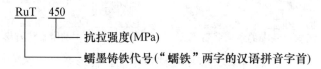

表 4-10　球墨铸铁的常用牌号及力学性能（铸件壁厚≤30mm）（摘自 GB/T 1348—2019）

材料牌号	抗拉强度/MPa（min）	屈服强度/MPa（min）	断后伸长率（%）（min）	布氏硬度（HBW）	主要基体组织
QT350-22L	350	220	22	≤160	铁素体
QT350-22R	350	220	22	≤160	铁素体
QT350-22	350	220	22	≤160	铁素体
QT400-18L	400	240	18	120~175	铁素体
QT400-18R	400	250	18	120~175	铁素体
QT400-18	400	250	18	120~175	铁素体
QT400-15	400	250	15	120~180	铁素体
QT450-10	450	310	10	160~210	铁素体
QT500-7	500	320	7	170~230	铁素体+珠光体
QT550-5	550	350	5	180~250	铁素体+珠光体
QT600-3	600	370	3	190~270	珠光体+铁素体
QT700-2	700	420	2	225~305	珠光体
QT800-2	800	480	2	245~335	珠光体或索氏体
QT900-2	900	600	2	280~360	回火马氏体或屈氏体+索氏体

注：字母"L"表示该牌号有低温（-20℃或-40℃）下的冲击性能要求；字母"R"表示该牌号有室温（23℃）下的冲击性能要求。

（6）可锻铸铁　铸铁中石墨呈团絮状存在。其力学性能（特别是冲击韧性和塑性）较灰铸铁高，并接近球墨铸铁。

可锻铸铁的牌号分别由代号"KTH"（黑心可锻铸铁）和"KTB"（白心可锻铸铁）以及其后的两组数字组成，第一组数字表示抗拉强度；第二组数字表示断后伸长率。

可锻铸铁的牌号及力学性能举例见表 4-11。

表 4-11　可锻铸铁的牌号及力学性能（摘自 GB/T 9440—2010）

牌号	基体类型	力学性能				试棒直径/mm	应用举例
		R_m /MPa	$R_{p0.2}$ /MPa	A（%）	硬度 HBW		
		不	小	于			
KTH300-06	铁素体	300	—	6	≤150	12 或 15	汽车、拖拉机零件，如后桥壳、轮壳、转向机构壳体、弹簧钢板支座等；机床附件，如钩形扳手、螺纹铰扳手等；各种管接头、低压阀门、农具等
KTH330-08		330	—	8			
KTH350-10		350	—	10			
KTH370-12		370	—	12			
KTB450-07	珠光体	450	260	7	150~200	12	曲轴、连杆、齿轮、凸轮轴、摇臂、活塞环等
KTB550-04		550	340	4	180~230		

三、非铁金属及其合金

除钢铁材料以外的其他金属称为非铁金属。非铁金属具有某些特殊的优良性能，如镁、铝、钛及其合金的密度小，银、铜有优良的导电性能，钨、钼、铌及其合金耐高温性能好等，故已成为现代工业技术中不可缺少的重要材料，广泛应用于机械制造、航天、航海、化工、电器等方面。

（一）铝及铝合金

在非铁金属中，铝及铝合金是应用最广泛的一类金属结构材料，是航空工业中的主要结构材料。

1. 纯铝

纯铝呈银白色，其密度小（$2.7g/cm^3$），熔点低（660℃），有良好的导电性。铝和氧的亲合力强，容易在其表面形成致密的 Al_2O_3 薄膜，能有效地防止金属的继续氧化，故在大气中有良好的耐蚀性。铝的塑性好（$Z \approx 80\%$），能承受各种冷、热加工，但强度低（$R_m \approx 80 \sim 100MPa$），用热处理不能强化。冷变形是提高其强度的唯一手段，经冷变形加工硬化后强度可提高到 $150 \sim 250MPa$，而塑性则下降（$Z = 50\% \sim 60\%$）。

我国工业用铝的牌号是按纯度来编制的，见表 4-12。

表 4-12 工业用铝的牌号

牌号	1070A	1060	1050A	1035	1200	1020A
w_{Al}（%）	99.7	99.6	99.5	99.3	99.0	98.8

工业纯铝主要用于熔制铝合金，制造电线、电缆，以及要求导热、耐蚀而对强度要求不高的一些用品和器皿等。

2. 铝合金

纯铝的强度低，不适宜做结构材料。但如果加入适量的硅、铜、镁、锌、锰等合金元素形成铝合金，则具有密度小、比强度（强度极限与密度的比值）高、导热性好等特点。若经过冷加工或热处理，还可进一步提高其强度。铝合金广泛应用于现代国防和民用工业。

（1）变形铝合金 变形铝合金在加热时能形成单相固溶体组织，塑性好，能进行各种压力加工。变形铝合金又可分为非热处理强化铝合金和热处理强化铝合金两类。

1）非热处理强化铝合金。有 Al-Mn 和 Al-Mg 两系，其特点是耐蚀性好，塑性及焊接性良好，均不能用热处理方法强化，只能用冷压力强化。由于其优良的防锈蚀性，故又称其为防锈铝。常用的牌号有 5A02、5A03、3A21 等，主要用于用冲压方法制成的轻负荷的焊件或在腐蚀介质中工作的工件，如焊接油箱、油管、焊条、铆钉等。

2）热处理强化铝合金。主要有 Al-Cu-Mg 系。铜和镁元素的加入可形成强化钼。这类合金在进行淬火时效处理后，强化相均匀弥散分布，能显著提高其强度和硬度。这类铝合金的主要性能特点是强度高、硬度高，故又称为硬铝，但其耐蚀性较差。常用牌号有 2A01、2A11、2A12 等，主要用于中等强度的结构件，在航空工业中得到广泛应用，其中以 2A11 应用最为广泛。2A12 具有更高的强度，可作为飞机的蒙皮、桁条等。

热处理强化铝合金中还有一类是在硬铝合金的基础上加入锌元素形成的，经热处理强化后，可产生多种复杂的第二相，其强度比硬铝更高，故也称为超硬铝。但它的缺口敏感性高，疲劳强度和断裂韧性较低，耐蚀性也差。其常用牌号有 7A04、7A09 等，多用于制造飞机结构的主要受力件，以 7A04 应用最为广泛。

3）锻铝。锻铝合金多为 Al-Cu-Mg-Si 系。这类合金在加热状态下有良好的塑性和较好的耐热性，具有良好的可锻性，故称为锻铝。锻铝进行淬火时效处理后有较高的强度，其强度和硬度可与热处理强化铝合金相媲美。其常用牌号有 2A50、2B50 等，主要用于中等强度、形状复杂的锻件。

（2）铸造铝合金　铸造铝合金与变形铝合金比较，一般含有较高量的合金元素，具有良好的铸造性，但塑性较差，不能承受压力加工。按其主加合金元素的不同，铸造铝合金可分为 Al-Si 系、Al-Cu 系、Al-Mg 系、Al-Zn 系四种。

铸造铝合金的代号用"铸铝"二字的汉语拼音字首"ZL"加三位数字表示。第一位数字表示合金系列，1 为 Al-Si 系，2 为 Al-Cu 系，3 为 Al-Mg 系，4 为 Al-Zn 系；第二、三位数字表示该系合金的顺序号，如 ZL101、ZL102。

常用铸造铝合金中以铝硅系铸造铝合金应用最广泛，如 ZL101 可用于制造形状复杂的中等负荷零件，ZL105 可用于制造形状复杂且在 225℃ 以下工作的零件，如风冷发动机的气缸盖、液压泵壳体等。

与铝硅系铸造铝合金比较，铝铜系铸造铝合金的高温强度好，铝镁系铸造铝合金有良好的强度和耐蚀性，铝锌系铸造铝合金在铸态下有较高的机械强度，可不经热处理而直接使用。

铸造铝合金多用于制造质量轻、耐腐蚀、形状复杂、要求有一定力学性能的零件。

（二）铜及铜合金

1. 纯铜

纯铜呈紫红色，故又称为紫铜。其密度为 8.9g/cm³，熔点为 1083℃，具有优良的导电性和导热性。铜的化学稳定性高，耐蚀性好，塑性好，能承受各种冷压力加工，但强度低。

我国工业用纯铜的牌号用"铜"字汉语拼音的字首"T"加上顺序号表示，共有四个牌号，见表 4-13。

表 4-13　纯铜的牌号

牌号	T1	T2	T3	T4
w_{Cu}（%）	>99.95	>99.90	>99.70	>99.50

工业纯铜一般被加工成棒、线、板、管等型材，用于制造电线、电缆、电器零件及熔制铜合金等。

2. 铜合金

在工业生产中广泛应用的是铜合金。按照化学成分不同，铜合金可分为黄铜、青铜和白铜三类。常用的是黄铜和青铜，白铜是以镍为主要合金元素的铜合金，一般很少应用。

（1）黄铜　黄铜是以锌为主要合金元素的铜合金。黄铜又分为普通黄铜（又称简单黄铜）和特殊黄铜（又称复杂黄铜）。

1）普通黄铜。以锌和铜组成的合金称为普通黄铜。普通黄铜的牌号用"黄"的汉语拼音字首"H"加数字表示，数字表示铜的平均质量分数，如 H68 表示铜的质量分数 w_{Cu} = 68%，其余为锌。

普通黄铜的力学性能、工艺性能和耐蚀性都较好，应用较为广泛。

2）特殊黄铜。在普通黄铜的基础上加入一定数量的其他合金元素即为特殊黄铜。其目的是为了改善黄铜的某些性能，如加入铅可以改善可加工性，加入铝、锡能提高耐蚀性，加入锰、硅能提高强度和耐蚀性等。

特殊黄铜的牌号表示方法为"H"+主加元素的化学符号（除锌以外）+铜及各合金元素的质量分数（%）。例如，HPb59-1 表示 w_{Cu} = 59%，w_{Pb} = 1%的铅黄铜。

常用的特殊黄铜有铅黄铜、铝黄铜、锰黄铜、硅黄铜等。

如果是铸造铜合金，其牌号前加"铸"字的汉语拼音字首"Z"，基体金属及主要合金元素用化学元素符号表示，合金元素的质量分数大于或等于1%时，用其百分数的整数标注，小于1%时，一般不标注。其表示方法为"Z"+铜元素化学符号+主加元素化学符号及质量分数（%）+其他合金元素化学符号及质量分数（%）。例如：ZCuZn38 表示 w_{Zn} = 38%，余量为铜的铸造黄铜；ZCuSn10P1 表示 w_{Sn} = 10%、w_P = 1%，余量为铜的铸造锡青铜。

常用黄铜的牌号、化学成分、力学性能及用途举例见表 4-14。

表 4-14　常用黄铜的牌号、化学成分、力学性能及用途举例

类别	牌号	化学成分 w_{Me}（%）			制品种类	力学性能		用途举例
		Cu	Zn	其他		R_m /MPa	A （%）	
普通黄铜	H80	79~81	余量		板、条、带、箔、棒、线、管	320	52	色泽美观，用于镀层及装饰
	H70	69~72	余量			320	55	多用于制造弹壳，有弹壳黄铜之称
	H68	67~70	余量			300	40	管道、散热器、铆钉、螺母、垫片等
	H62	60.5~63.5	余量			330	49	散热器、垫圈、垫片等
特殊黄铜	HPb59-1	57~60	余量	Pb: 0.8~1.9	板、带、管、棒、线	400	45	可加工性好，强度高，用于热冲压和切削加工的零件
	HMn58-2	57~60	余量	Mn: 1.0~2.0	板、带、棒、线	400	40	耐腐蚀、弱电用零件
铸造黄铜	ZCuZn31Al2	66~68	余量	Al: 2.0~3.0	砂型铸造、金属铸造	295 390	12 15	在常温下要求耐蚀性较好的零件
	ZCuZn16Si4	79~81	余量	Si: 2.5~4.5		345 390	15 20	工作时接触海水的管配件及水泵叶轮、旋塞等

（2）青铜　青铜是除黄铜、白铜以外的铜合金。它又分为普通青铜（锡青铜）和特殊青铜两种。

青铜牌号的表示方法是"Q"（"青"汉语拼音字首）+第一个主加元素的化学符号及质量分数（%）+其他合金元素质量分数（%）。例如，QAl5 表示 $w_{Al}=5\%$，余量为铜的铝青铜。

常用青铜的牌号、化学成分、力学性能及用途举例见表 4-15。

表 4-15　常用青铜的牌号、化学成分、力学性能及用途举例

| 类别 | 牌号 | 主要成分 w_{Me}（%） | | | 制品种类 | 力学性能 | | 用途举例 |
		Sn	Cu	其他		R_m/MPa	A（%）	
压力加工锡青铜	QSn4-3	3.5~4.5	余量	Zn: 2.7~3.3	板、带、棒、线	350	40	弹簧、管配件和化工机械等次要的零件
	QSn6.5-0.1	6.0~7.0	余量	P: 0.1~0.25	板、带、棒	300 500 600	38 5 1	耐磨及弹性零件
	QSn4-4-2.5	3.0~5.0	余量	Zn: 3.0~5.0 Pb 1.5~3.5	板、带	300~350	35~45	轴承和轴套的衬垫等
铸造锡青铜	ZCuSn10Zn2	9.0~11.0	余量	Zn: 1.0~3.0	金属型铸造	245	6	在中等及较高负荷下工作的重要管配件、阀、泵、齿轮等
					砂型铸造	240	12	
	ZCuSn10P1	9.0~11.5	余量	P: 0.5~1.0	金属型铸造	310	2	重要的轴瓦、齿轮、连杆和轴套等
					砂型铸造	220	3	
特殊青铜（无锡青铜）	ZCuAl10Fe3	Al 11.0~18.5	余量	Fe: 2.00~4.0	金属型铸造	540	15	重要用途的耐磨、耐蚀的重型铸件，如轴套、螺母、蜗杆等
					砂型铸造	490	13	
	QBe2	Be 1.9~2.2	余量	Ni 0.2~0.5	板、带、棒、线	500	3	重要仪表的弹簧、齿轮等
	ZCuPb30	Pb 27.0~33.0	余量		金属型铸造	—	—	高速双金属轴瓦、减摩零件等

1）锡青铜。锡青铜是以锡为主要合金元素的铜基合金。它最主要的特点是具有良好的力学性能、铸造性及良好的耐蚀性，是非铁金属中收缩率最小的合金。

锡青铜具有良好的铸造性，能浇注形状复杂、壁厚较小的铸件，是人类历史上应用最早的合金。我国古代的铜像、铜器、铜钟等大多是用锡青铜铸造而成的。但锡青铜不适合用于制造要求致密性高、密封性好的铸件。

2）特殊青铜。因锡的价格昂贵，加入其他元素代替锡的青铜，称为特殊青铜，又称为

无锡青铜。

铝青铜——以铝为主要合金元素的铜合金称为铝青铜。其特点是：价格便宜，色泽美观；强度比普通黄铜、锡青铜高；有良好的耐蚀性、耐热性和耐磨性。铝青铜主要用于在海水或高温下工作的高强度耐磨零件，是各种青铜中应用最广泛的一种。

铍青铜——以铍为主要合金元素的铜合金称为铍青铜。铜中加入适量的铍，则合金的性能会发生很大变化。铍青铜经过淬火、人工时效处理后，具有很高的强度、硬度、弹性极限及疲劳强度，此外，还有好的耐蚀性、耐磨性、耐寒性、无磁性、导电性、导热性等。但其价格贵、工艺复杂，使其应用受到限制。

铍青铜主要用于制造各种精密仪器、仪表中的重要弹性元件、有特殊要求的耐磨元件（如罗盘及钟表的机动零件）、电接触器及防爆工具等。

铅青铜——主要用于高速、高负荷的大型轴瓦、衬套等。

硅青铜——主要用于航空工业和长距离架空电话线和输电线等。

（三）滑动轴承合金

用于制造滑动轴承的轴瓦及其内衬的合金，称为轴承合金。滑动轴承具有承压面积大，工作平稳，噪声小，制造、修理、更换方便等优点，所以应用很广。

轴承是支承轴进行工作的，当轴运转时，轴与轴瓦之间必然有强烈的摩擦发生。为确保轴颈受到最小的磨损，对制造轴瓦的材料应有以下的性能要求：

1）有足够的强度和硬度，以便承受轴颈施加的较大压力；有足够的塑性和冲击韧性，以抵抗冲击和振动。

2）具有良好的耐蚀性、导热性和较小的膨胀系数，以防止与轴发生咬合。

3）摩擦因数小，耐磨性好，能储存润滑油，以减少磨损。

4）有良好的磨合性，以尽快达到与轴的良好配合，使负荷均匀分布。

5）可加工性好。

为保证具有以上性能，轴承合金应具有如图4-23所示的理想组织：在软基体上分布着硬质点（或在硬基体上分布着软质点）。轴承工作时，软基体很快磨损而凹下，以便储存润滑油，使轴与轴瓦间形成连续油膜；硬质点凸起，形成大量的点接触，支承轴颈，

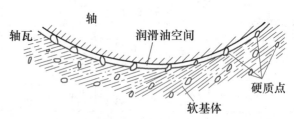

图4-23 滑动轴承合金理想组织示意图

从而保证具有最小的摩擦因数，以减少磨损，提高耐磨性。

锡基、铅基轴承合金（又称巴氏轴承合金）属于上述软基体硬质点的组织，其摩擦因数小，磨合性好，有良好的冲击韧性、导热性、耐蚀性和抗冲击性，但承载能力较差。

铜基、铝基轴承合金属于硬基体软质点的组织，其承载能力高，但磨合能力较差。其

中铝基轴承合金的线膨胀系数较大，易与轴咬合，因此需加大轴承间隙。

　　轴承合金的牌号表示方法为："Z"（"铸"的汉语拼音字首）+基体元素与主加元素的化学符号+主加元素与辅加元素的质量分数（%）。例如，ZSnSb11Cu6 表示基体元素是锡、主加元素是锑、辅加元素是铜，$w_{Sb}=11\%$，$w_{Cu}=6\%$，其余为锡的铸造锡基轴承合金。

　　常用轴承合金的牌号、成分及用途见表 4-16。

表 4-16　常用轴承合金的牌号、成分及用途

类别	牌　号	化学成分 w_{Me}（%）					硬度（HBW）不小于	用途举例
		Sb	Cu	Pb	Sn	杂质		
锡基轴承合金	ZSnSb12Pb10Cu4	11.0~13.0	2.5~5.0	9.0~11.0	余量	0.55	29	一般发动机的主轴承，但不适于高温工作
	ZSnSb11Cu6	10.0~12.0	5.5~6.5	—	余量	0.55	27	1500kW 以上高速蒸汽机，400kW 涡轮压缩机，涡轮泵及高速内燃机轴承
	ZSnSb8Cu4	7.0~8.0	3.0~4.0	—	余量	0.55	24	一般大型机器的轴承及高载荷汽车发动机的双金属轴承
	ZSnSb4Cu4	4.0~5.0	4.0~5.0	—	余量	0.50	20	涡轮内燃机的高速轴承及轴承衬
铅基轴承合金	ZPbSb16Sn16Cu2	15.0~17.0	1.5~2.0	余量	15.0~17.0	0.6	30	110~880kW 蒸汽涡轮机，150~750kW 电动机和小于1500kW 的起重机及重载荷推力轴承
	ZPbSb15Sn5Cu3Cd2	14.0~16.0	2.5~3.0	余量	5.0~6.0	0.4	32	船舶机械、小于 250kW 的电动机、抽水机轴承
	ZPbSb15Sn10	14.0~16.0	—	余量	9.0~11.0	0.5	24	中等压力的高温轴承
	ZPbSb15Sn5	14.0~15.5	0.5~1.0	余量	4.0~5.5	0.75	20	低速、轻压力机械轴承
	ZPbSb10Sn6	9.0~11.0	—	余量	5.0~7.0	0.75	18	重载荷、耐蚀、耐磨轴承

四、粉末冶金及硬质合金

　　粉末冶金是一种利用金属粉末（或金属粉末与非金属粉末的混合物）作为原料，经压制成形和烧结而制成金属材料或零件的加工方法。近年来，粉末冶金得到了迅速的发展，其铸件已广泛应用于各个工业部门。

（一）粉末冶金简介

粉末冶金的生产过程包括粉末的生产、混料、压制成形、烧结及烧结后的处理等工序。

用粉末冶金法不但可以生产多种具有特殊性能的金属材料，如硬质合金、难熔金属材料、无偏析高速钢、耐热材料、减摩材料、过滤材料、热交换材料、摩擦材料、磁性材料及核燃料元件等，而且还可制造很多机械零件，如齿轮、凸轮、轴承、摩擦片、含油轴承等。与一般零件的生产方法相比，它具有少切屑或无切屑、生产率高、材料利用率高、节省生产设备和占地面积小等优点。因此，粉末冶金法在机械、冶金、化工、交通运输、轻工、原子能、电子、遥控、火箭、航空航天等方面得到越来越广泛的应用。

（二）硬质合金

硬质合金是将一些难熔金属的碳化物（如碳化钨、碳化钛等）的粉末和黏结剂粉末混合加压成形，再经烧结而成的一种粉末冶金产品。

硬质合金具有比高速工具钢更高的硬度、热硬性和耐磨性，以及更高的抗压强度，因而广泛应用在高速切削和对高硬度或高冲击韧性材料的切削加工中。硬质合金种类很多，目前常用的有金属陶瓷硬质合金和钢结硬质合金。

1. 金属陶瓷硬质合金

金属陶瓷硬质合金是将一些难熔的金属碳化物粉末（如 TiC 等）和黏结剂（如 Co、Ni 等）混合，加压成形烧结而成的，因其制造工艺与陶瓷相似而得名。碳化物是硬质合金的骨架，起提高硬度和耐磨的作用；Co 和 Ni 仅起粘结作用，使合金具有一定的冲击韧性。该硬质合金在室温下的硬度可达 69~81HRC，热硬性高达 1000℃左右，耐磨性优良，但材料较脆，不能进行切削加工，因而经常先制成一定规格的刀片，再将其镶焊在刀体上使用。

金属陶瓷硬质合金分为三类：钨钴类硬质合金、钛钨钴类硬质合金和万能硬质合金。

2. 钢结硬质合金

它属于工具材料，其性能介于硬质合金和合金工模具钢之间。这种硬质合金是以 TiC、WC、VC 粉末等为硬质相，以铁粉加少量的合金元素为黏结剂，用一般粉末冶金法制造的。它具有钢材的特性，经退火后可进行切削加工，也可进行锻造和焊接，经淬火与回火后，具有相当于硬质合金的高硬度和高耐磨性，适用于制造各种形状复杂的刀具，如麻花钻、铣刀等，也可用作在较高温度下工作的模具材料和耐磨材料。

 **思维训练**

概念自检题

4-1 HBW 表示的是（　　　）。

A. 用淬火钢球压头测试的布氏硬度　　　　B. 用淬火钢球压头测试的洛氏硬度

C. 用硬质合金球压头测试的布氏硬度　　　D. 用硬质合金球压头测试的洛氏硬度

4-2　HRB 表示的是（　　　）。

A. 用淬火钢球压头测试的布氏硬度　　　B. 用淬火钢球压头测试的洛氏硬度

C. 用金刚石圆锥压头测试的洛氏硬度　　　D. 用硬质合金压头测试的布氏硬度

4-3　下列金属中属于面心立方晶格的有（　　　）。

A. 铜　　　　　　　B. 铝　　　　　　　C. 镍　　　　　　　D. 铬

4-4　下列金属属于密排六方晶格的有（　　　）。

A. Mo　　　　　　　B. Al　　　　　　　C. Mg　　　　　　　D. Zn

4-5　在 912~1394℃ 温度范围内的钝铁为 γ-Fe，它的晶格类型为（　　　）。

A. 体心立方晶格　　　B. 面心立方晶格　　　C. 密排六方晶格　　　D. 不确定类型

4-6　同素异晶转变是指（　　　）。

A. 纯金属由一种晶格类型转变为另一种晶格类型

B. 液态下，金属晶格的变化

C. 固态下，金属晶格的变化

D. 同样组元的合金晶格的转变

4-7　属于中碳碳素结构钢的碳的质量分数为（　　　）。

A. $w_C = 0.25\% \sim 0.60\%$　　　　　　B. $w_C = 0.10\% \sim 0.25\%$

C. $w_C = 0.60\% \sim 2.11\%$　　　　　　D. $w_C \geqslant 0.60\%$

4-8　汽车的外壳通常用冲压成形的方法来加工，适宜采用（　　　）。

A. 低碳钢　　　　　B. 低碳合金钢　　　　C. 中碳钢　　　　D. 中碳合金钢

4-9　起重机吊挂用的钢丝常用 60 钢、65 钢、70 钢、75 钢等，它们属于（　　　）。

A. 低碳钢　　　　　B. 中碳钢　　　　　C. 高碳钢　　　　D. 中碳合金钢

4-10　所谓淬火，是指（　　　）。

A. 将钢加热到相变温度 Ac_3 或 Ac_{cm} 以上 30~50℃，然后在空气中冷却的热处理工艺

B. 将钢加热到相变温度 Ac_3 或 Ac_1 以上 30~50℃，保温一定时间，然后快速冷却的热处理工艺

C. 将钢加热到相变温度 Ac_1 或 Ac_3 附近，保温一定时间，然后用适当方法冷却的热处理工艺

D. 将亚共析钢加热到相变温度 Ac_3 或 Ac_1 以上 30~50℃，保温一定时间后缓慢冷却的热处理工艺

4-11　所谓退火，是指（　　　）。

A. 将钢加热到相变温度 Ac_3 或 Ac_{cm} 以上 30~50℃，然后在空气中冷却的热处理工艺

B. 将钢加热到相变温度 Ac_3 或 Ac_1 以上 30~50℃，保温一定时间，然后快速冷却的热处理工艺

C. 将钢加热到相变温度 Ac_1 或 Ac_3 附近，保温一定时间，然后用适当方法冷却的热处理工艺

D. 将亚共析钢加热到相变温度 Ac_3 或 Ac_1 以上 $30\sim50℃$，保温一定时间后缓慢冷却的热处理工艺

4-12　所谓正火，是指（　　　）。

A. 将钢加热到相变温度 Ac_3 或 Ac_{cm} 以上 $30\sim50℃$，然后在空气中冷却的热处理工艺

B. 将钢加热到相变温度 Ac_3 或 Ac_1 以上 $30\sim50℃$，保温一定时间，然后快速冷却的热处理工艺

C. 将钢加热到相变温度 Ac_1 或 Ac_3 附近，保温一定时间，然后用适当方法冷却的热处理工艺

D. 将亚共析钢加热到相变温度 Ac_3 或 Ac_1 以上 $30\sim50℃$，保温一定时间后缓慢冷却的热处理工艺

4-13　所谓完全退火，是指（　　　）。

A. 将钢加热到相变温度 Ac_3 或 Ac_{cm} 以上 $30\sim50℃$，然后在空气中冷却的热处理工艺

B. 将钢加热到相变温度 Ac_3 或 Ac_1 以上 $30\sim50℃$，保温一定时间，然后快速冷却的热处理工艺

C. 将钢加热到相变温度 Ac_1 或 Ac_3 附近，保温一定时间，然后用适当方法冷却的热处理工艺

D. 将亚共析钢加热到相变温度 Ac_3 或 Ac_1 以上 $30\sim50℃$，保温一定时间后缓慢冷却的热处理工艺

4-14　淬火的目的是获得（　　　）。

A. 马氏体　　　　　B. 贝氏体　　　　　C. 奥氏体　　　　　D. 珠光体

4-15　常用的淬火冷却介质有水、水溶液、油、硝酸浴、空气。双液淬火能把两种不同冷却能力介质的长处结合起来，碳钢淬火通常采用（　　　）。

A. 先油冷再空冷　　B. 先水冷再空冷　　C. 先盐浴再空冷　　D. 先水冷再油冷

4-16　分级淬火适用于（　　　）。

A. 尺寸较大的零件　B. 尺寸较小的零件　C. 尺寸中等的零件　D. 所有尺寸的零件

4-17　弹簧、螺栓、小齿轮常用的淬火方式是（　　　）。

A. 双液淬火　　　　B. 分级淬火　　　　C. 单液淬火　　　　D. 等温淬火

4-18　大尺寸硬齿面的齿轮应选择（　　　）。

A. 表面淬火　　　　B. 分级淬火　　　　C. 等温淬火　　　　D. 双液淬火

4-19　汽车变速器的齿轮、轴，宜选用（　　　）。

A. 表面淬火　　　　　　　　　　　B. 化学热处理中的渗碳

C. 化学热处理中的渗氮　　　　　　D. 调质

4-20　所谓调质，是指（　　　）。

A. 淬火+低温回火　　B. 淬火+中温回火　　C. 淬火+高温回火　　D. 淬火+软化回火

4-21　高温回火后的组织为（　　　）。

A. 回火马氏体　　　　B. 回火托氏体　　　　C. 回火索氏体　　　　D. 回火奥氏体

4-22　精密仪器、仪表中的重要弹性元件宜采用（　　　）。

A. 锡青铜　　　　　　B. 铝青铜　　　　　　C. 铍青铜　　　　　　D. 特殊黄铜

4-23　GCr15 表示（　　　）。

A. 碳的质量分数 $w_C = 1.5\%$ 的高碳铬轴承钢

B. 碳的质量分数 $w_C = 0.15\%$ 的低碳高铬轴承钢

C. 铬的质量分数 $w_{Cr} = 1.5\%$ 的高碳铬轴承钢

D. 铬的质量分数 $w_{Cr} = 0.15\%$ 的高碳低铬轴承钢

4-24　弹簧钢的热处理方法，一般是（　　　）。

A. 淬火+高温回火　　B. 淬火+中温回火　　C. 淬火+低温回火　　D. 适当的化学热处理

4-25　T10A 表示（　　　）。

A. 平均 $w_C = 1.0\%$ 的优质特种钢

B. 平均 $w_C = 0.10\%$ 的优质特种钢

C. 平均 $w_C = 1.0\%$ 的优质刃具模具用非合金钢

D. 平均 $w_C = 1.0\%$ 的高级优质刃具模具用非合金钢

4-26　过热与过烧是钢热处理的常见缺陷之一，其造成的后果是（　　　）。

A. 奥氏体无法形成　　　　　　　　　　　B. 奥氏体晶粒显著粗化

C. 淬火后会产生针状马氏体　　　　　　　D. 奥氏体转变为马氏体

4-27　工件淬火中的变形与开裂是钢热处理的常见缺陷之一，其可能原因有（　　　）。

A. 热应力　　　　　　B. 过热　　　　　　　C. 相变应力　　　　　D. 脱碳

4-28　Q235A 表示（　　　）。

A. 碳的质量分数为 2.35% 的优质碳素结构钢

B. 碳的质量分数为 0.235% 的优质碳素结构钢

C. 屈服强度为 235MPa 的普通碳素结构钢

D. 屈服强度为 200MPa 左右的优质碳素结构钢

4-29　热作模具用钢是（　　　）。

A. 用热锻、热挤压和压铸等加工方式获得的模具钢

B. 用来制造使加热金属成形的模具

C. 具有高硬度、高耐磨性、一定冲击韧性及较好淬透性的模具钢

D. 具有足够高温强度、冲击韧性、耐热疲劳强度的模具钢

作业练习

4-30　默画简化的铁碳合金相图，指出 *S*、*C*、*E*、*G* 及 *GS*、*SE*、*ECF*、*PSK* 等各点、线的意义，并标出各相组成物和组织组成物。

4-31　将下列材料与其适宜的热处理方法用线联系起来：

4Cr13　　60SiMn　　20CrMnTi　　40Cr　　GCr15　　9SiCr

淬火+低温回火　　调质　　渗碳+淬火+低温回火　　淬火+中温回火

4-32　将下列材料与其用途用线联系起来：

40Cr13　　20CrMnTi　　40Cr　　60Si2Mn　　5CrMnMo

车刀　　医疗器械　　热锻模　　汽车变速器齿轮　　轴承滚珠　　弹簧　　机器转轴

4-33　按用途写出下列牌号的名称并标明牌号中的数字和字母的意义：

60Si2Mn：　　　　　（60：　　　Si2：　　　Mn：　　　　　）

20Cr：　　　　　　（20：　　　Cr：　　　）

40Cr：　　　　　　（40：　　　Cr：　　　）

9SiCr：　　　　　（9：　　　Si：　　　Cr：　　　　　）

GCr15：　　　　　（G：　　　Cr15：　　　）

ZGMn13：　　　　（ZG：　　　Mn13：　　　）

4-34　已知机床床身、机床导轨、内燃机用气缸套及活塞环、凸轮轴等零件均采用铸铁制造。试根据零件的工作条件及性能要求，提出各零件适用的铸铁类型。

第五章　机械零件的几何精度

　　机械中的构件与零件必须与其他相联系的构件或零件形成必要的尺寸协调，只有正确装配，才能使机械处于正常的工作状态，也就是说，零件与零件之间需要必要的"配合"。同时，由于受设备、操作与测试等多因素的影响，零件加工后的尺寸难免与名义尺寸不符，即存在"误差"，追求加工零件尺寸的绝对准确，既不经济也不实际，为此有必要规定允许的尺寸误差范围，即"公差"。因此，"公差"与"配合"构成了机械零件尺寸精度的主要研究内容。公差与配合的理论依据是互换性原理。

　　零件的互换性是指在制成的同一规格零件中，不需要做任何挑选或附加加工（如钳工装配）就可以装配在机器上，而且达到原定性能的要求。

　　关于互换性有一段历史佳话：美国南北战争时期，北方军队急需大批军火。伊莱·惠特曼与副总统杰弗逊签订了两年内为政府提供 10000 支来福枪（图 5-1）的合同。当时的制枪方法落后，一支枪的全部零部件均出自同一个熟练工匠之手，受熟练工匠人数的局限，第一年仅生产出了 500 支。惠特曼急中生智，想出一个好办法：既然一支枪的零部件与其他枪

图 5-1　来福枪

的零部件是一样的，多次重复出现的技术问题也是相似的，为什么非要一个人造一支枪而不是一个人制造一个零件，然后再进行组装呢？此后惠特曼的兵工厂改为流水作业，批量生产，整个造枪工作统一简化为若干工序：每一组成员只负责整个流程中的一道工序，每个零件都按某支选定的标准枪来仿制，彼此互换，结果，效率和质量大为提高，成本急剧下降，如期完成了合同。因为首创标准化、互换性原则，促进了美国工业的迅速发展，惠特曼被称为美国的标准化之父，开创了世界互换性生产的先河。

　　互换性主要取决于尺寸、形状等几何参数因素，同时也受其他一系列物理条件的影响。

就研究零件尺寸精度而言，本书主要讨论几何参数的互换性。几何参数的互换性用几何参数的公差来保证，主要有尺寸公差、几何公差及表面粗糙度等，通过技术测量来判定实际几何尺寸是否符合公差要求。

互换性按照范围不同，可分为完全互换性与不完全互换性两种：零件在装配或更换时，不需要辅助加工与选择，为完全互换；否则，为不完全互换。单件生产的机器中，往往采用不完全互换，即用修配法或配制法。

第一节　光滑圆柱的极限与偏差

无论实际两种机械零件是什么形状，也无论它们最后是如何装配在一起的，最终都可以归纳抽象为"轴"与"孔"的配合。"方"轴、"圆"轴都是轴，"方"孔、"圆"孔也都是孔。因此，在研究轴、孔配合时，一般都先锁定光滑圆柱体的公差，并由此推广到其他形状的零件。为此，应了解以下术语和定义。

一、线性尺寸

所谓线性尺寸是指用两点之间直线距离表示的尺寸，国际通用的工程单位是 mm。显然，机械零件的形状轮廓可以用线性尺寸量化描述。下列概念是建立零件尺寸精度控制的知识基础。

1. 公称尺寸

公称尺寸是由图样规范确定的理想形状要素的尺寸，即设计给定的名义尺寸（用 A 表示），如图 5-2 所示的轴套，"$\phi 35$" 和 "$\phi 25$" 分别为其外圆和内孔直径的公称尺寸。

2. 实际尺寸

通过测量得到的完全加工后的零件尺寸称为实际尺寸。由于加工误差的存在，即使在相同条件下加工，各零件的实际尺寸也往往不同。

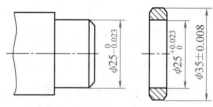

图 5-2　轴与轴套的线性尺寸

3. 极限尺寸

极限尺寸是尺寸要素允许的尺寸的两个极端，即零件某尺寸允许变化的两个极限值，它们决定了此零件尺寸的上极限尺寸 A_{max} 和下极限尺寸 A_{min}，在 A_{max} 与 A_{min} 之间的任何实际尺寸都是合格尺寸。如图 5-2 所示的轴套，外圆直径公称尺寸 35mm，记作 "$\phi 35$"，根据图样的极限偏差标注，可以判定：上极限尺寸 A_{max} 为 35.008mm，下极限尺寸 A_{min} 为 34.992mm。

二、偏差与公差

1. 尺寸偏差

尺寸偏差是指某一尺寸减去其公称尺寸所得的代数差。上极限尺寸 A_{max} 减去公称尺寸的代数差称为上极限偏差，记作 ES（孔）或 es（轴）；下极限尺寸 A_{min} 减去公称尺寸的代数差称为下极限偏差，记作 EI（孔）或 ei（轴）。显然，图 5-2 所示的轴套外圆尺寸 $\phi 35$mm 的上极限偏差 $es = +0.008$mm，下极限偏差 $ei = -0.008$mm；轴套内径尺寸 $\phi 25$mm 的上极限偏差 $ES = +0.023$mm，下极限偏差 $EI = 0$mm。同理，对 $\phi 25$mm 的轴，上极限偏差 $es = 0$mm，下极限偏差 $ei = -0.023$mm。合格零件的实际偏差应在规定的极限偏差范围内。

2. 尺寸公差

尺寸公差是指尺寸的允许变动量，简称公差，用 T 表示。

公差等于上极限尺寸与下极限尺寸代数差的绝对值，显然也是上、下极限偏差代数差的绝对值，因此，有

$$\left.\begin{array}{ll} \text{对轴} & T_S = es - ei \\ \text{对孔} & T_h = ES - EI \end{array}\right\}$$

式中　T_S——轴的公差；

　　　　T_h——孔的公差。

例 **5-1**　某轴的公称尺寸为 $\phi 45$mm，其上极限尺寸为 $\phi 45.008$mm，下极限尺寸为 $\phi 44.992$mm，试确定其极限偏差与公差的值。

解　上极限偏差＝上极限尺寸-公称尺寸，即

$$es = A_{max} - A = 45.008\text{mm} - 45\text{mm} = +0.008\text{mm}$$

下极限偏差＝下极限尺寸-公称尺寸，即

$$ei = A_{min} - A = 44.992\text{mm} - 45\text{mm} = -0.008\text{mm}$$

公差＝上极限尺寸-下极限尺寸，即

$$T_S = A_{max} - A_{min} = 45.008\text{mm} - 44.992\text{mm} = 0.016\text{mm}$$

或用前述公式，得

$$T_S = es - ei = +0.008\text{mm} - (-0.008\text{mm}) = 0.016\text{mm}$$

---

3. 公差带图

在研究轴与孔的配合性质时，可以不看公称尺寸，只研究它们公差之间的相对位置即可。这就是如图 5-3 所示的公差带图，公差带是指上、下极限偏差的两条直线所限定的一个区域，图中零线表示公称尺寸，正偏差位于零线上方，负偏差位于零线下方，零偏差与零线重合。

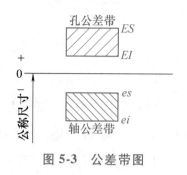

图 5-3 公差带图

例 5-2 $\phi 25^{-0.007}_{-0.020}$ mm 的轴与 $\phi 25^{+0.021}_{0}$ mm 的孔配合，画出其公差带图。

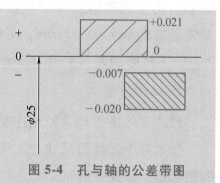

图 5-4 孔与轴的公差带图

解 作图步骤如下：

1）作零线，并在零线左端标上"0"和"+""−"号，在其下方画出带箭矢的尺寸线并标上公称尺寸"$\phi 25$"。

2）选择合适的比例（本例可选 500：1），按选定比例画出公差带图。为区别，孔公差带用宽间距剖面线表示，轴公差带用反向窄间距剖面线表示，标上公差带代号（后述）。一般将极限偏差值直接标在公差带的附近，如图 5-4 所示。

一个具体的公差带由两个要素构成：一个是"公差带大小"，另一个是"公差带的位置"，即公差带相对于零线的坐标位置。标准已对构成孔、轴公差的这两个要素分别标准化，建立了标准公差和基本偏差两个系列。

4. 标准公差

公差带的大小进行标准化后，确定了一系列标准公差值，并列成表格，方便选用，参见表 5-1。在 GB/T 1800.1—2020 中，标准公差用 IT 表示，共分 20 级，有 IT01、IT0、IT1、…、IT18，IT01 公差等级最高，IT18 公差等级最低，公差等级越高，公差值越小。其中，IT01～IT11 主要用于配合尺寸，IT12～IT18 主要用于非配合尺寸。零件的加工难度与公差等级有关，公差等级越高，加工难度越大。

表 5-1 标准公差数值（摘自 GB/T 1800.1—2020）

公称尺寸 /mm		标准公差等级																			
		IT01	IT0	IT1	IT2	IT3	IT4	IT5	IT6	IT7	IT8	IT9	IT10	IT11	IT12	IT13	IT14	IT15	IT16	IT17	IT18
		标准公差数值																			
大于	至	μm													mm						
—	3	0.3	0.5	0.8	1.2	2	3	4	6	10	14	25	40	60	0.1	0.14	0.25	0.4	0.6	1	1.4
3	6	0.4	0.6	1	1.5	2.5	4	5	8	12	18	30	48	75	0.12	0.18	0.3	0.48	0.75	1.2	1.8

（续）

公称尺寸 /mm		标准公差等级																		
		IT01	IT0	IT1	IT2	IT3	IT4	IT5	IT6	IT7	IT8	IT9	IT10	IT11	IT12	IT13	IT14	IT15	IT16	IT17	IT18
大于	至	标准公差数值																		
		μm													mm						
6	10	0.4	0.6	1	1.5	2.5	4	6	9	15	22	36	58	90	0.15	0.22	0.36	0.58	0.9	1.5	2.2
10	18	0.5	0.8	1.2	2	3	5	8	11	18	27	43	70	110	0.18	0.27	0.43	0.7	1.1	1.8	2.7
18	30	0.6	1	1.5	2.5	4	6	9	13	21	33	52	84	130	0.21	0.33	0.52	0.84	1.3	2.1	3.3
30	50	0.6	1	1.5	2.5	4	7	11	16	25	39	62	100	160	0.25	0.39	0.62	1	1.6	2.5	3.9
50	80	0.8	1.2	2	3	5	8	13	19	30	46	74	120	190	0.3	0.46	0.74	1.2	1.9	3	4.6
80	120	1	1.5	2.5	4	6	10	15	22	35	54	87	140	220	0.35	0.54	0.87	1.4	2.2	3.5	5.4
120	180	1.2	2	3.5	5	8	12	18	25	40	63	100	160	250	0.4	0.63	1	1.6	2.5	4	6.3
180	250	2	3	4.5	7	10	14	20	29	46	72	115	185	290	0.46	0.72	1.15	1.85	2.9	4.6	7.2
250	315	2.5	4	6	8	12	16	23	32	52	81	130	210	320	0.52	0.81	1.3	2.1	3.2	5.2	8.1
315	400	3	5	7	9	13	18	25	36	57	89	140	230	360	0.57	0.89	1.4	2.3	3.6	5.7	8.9
400	500	4	6	8	10	15	20	27	40	63	97	155	250	400	0.63	0.97	1.55	2.5	4	6.3	9.7
500	630			9	11	16	22	32	44	70	110	175	280	440	0.7	1.1	1.75	2.8	4.4	7	11
630	800			10	13	18	25	36	50	80	125	200	320	500	0.8	1.25	2	3.2	5	8	12.5
800	1000			11	15	21	28	40	56	90	140	230	360	560	0.9	1.4	2.3	3.6	5.6	9	14
1000	1250			13	18	24	33	47	66	105	165	260	420	660	1.05	1.65	2.6	4.2	6.6	10.5	16.5
1250	1600			15	21	29	39	55	78	125	195	310	500	780	1.25	1.95	3.1	5	7.8	12.5	19.5
1600	2000			18	25	35	46	65	92	150	230	370	600	920	1.5	2.3	3.7	6	9.2	15	23
2000	2500			22	30	41	55	78	110	175	280	440	700	1100	1.75	2.8	4.4	7	11	17.5	28
2500	3150			26	36	50	68	96	135	210	330	540	860	1350	2.1	3.3	5.4	8.6	13.5	21	33

5. 基本偏差

　　基本偏差用来确定公差带相对于零线位置的上极限偏差或下极限偏差。实际运用时是指靠近零线的那个极限偏差。因此，当公差带在零线上方时，基本偏差为下极限偏差（EI 或 ei）；当公差带在零线下方时，基本偏差为上极限偏差（ES 或 es）。国家标准对孔与轴各规定了 28 个基本偏差，分别用一个或两个拉丁字母表示，如图 5-5 所示的基本偏差系列，对于理解零件的配合性质很有帮助。基本偏差值也已标准化，其数值见表 5-2 和表 5-3。

表 5-2　轴的基本偏差数值

公称尺寸/mm 大于	至	基本偏差数值(上极限偏差 es)　所有公差等级 a	b	c	cd	d	e	ef	f	fg	g	h	js	IT5和IT6 (j)	IT7 (j)	IT8 (j)	IT4~IT7 (k)	≤IT3,>IT7 (k)
—	3	-270	-140	-60	-34	-20	-14	-10	-6	-4	-2	0	偏差 = $\pm\dfrac{IT_n}{2}$，式中，n是标准公差等级数	-2	-4	-6	0	0
3	6	-270	-140	-70	-46	-30	-20	-14	-10	-6	-4	0		-2	-4		+1	0
6	10	-280	-150	-80	-56	-40	-25	-18	-13	-8	-5	0		-2	-5		+1	0
10	14	-290	-150	-95	-70	-50	-32	-23	-16	-10	-6	0		-3	-6		+1	0
14	18	-290	-150	-95	-70	-50	-32	-23	-16	-10	-6	0		-3	-6		+1	0
18	24	-300	-160	-110	-85	-65	-40	-25	-20	-12	-7	0		-4	-8		+2	0
24	30	-300	-160	-110	-85	-65	-40	-25	-20	-12	-7	0		-4	-8		+2	0
30	40	-310	-170	-120	-100	-80	-50	-35	-25	-15	-9	0		-5	-10		+2	0
40	50	-320	-180	-130	-100	-80	-50	-35	-25	-15	-9	0		-5	-10		+2	0
50	65	-340	-190	-140		-100	-60		-30		-10	0		-7	-12		+2	0
65	80	-360	-200	-150		-100	-60		-30		-10	0		-7	-12		+2	0
80	100	-380	-220	-170		-120	-72		-36		-12	0		-9	-15		+3	0
100	120	-410	-240	-180		-120	-72		-36		-12	0		-9	-15		+3	0
120	140	-460	-260	-200		-145	-85		-43		-14	0		-11	-18		+3	0
140	160	-520	-280	-210		-145	-85		-43		-14	0		-11	-18		+3	0
160	180	-580	-310	-230		-145	-85		-43		-14	0		-11	-18		+3	0
180	200	-660	-340	-240		-170	-100		-50		-15	0		-13	-21		+4	0
200	225	-740	-380	-260		-170	-100		-50		-15	0		-13	-21		+4	0
225	250	-820	-420	-280		-170	-100		-50		-15	0		-13	-21		+4	0
250	280	-920	-480	-300		-190	-110		-56		-17	0		-16	-26		+4	0
280	315	-1050	-540	-330		-190	-110		-56		-17	0		-16	-26		+4	0
315	355	-1200	-600	-360		-210	-125		-62		-18	0		-18	-28		+4	0
355	400	-1350	-680	-400		-210	-125		-62		-18	0		-18	-28		+4	0
400	450	-1500	-760	-440		-230	-135		-68		-20	0		-20	-32		+5	0
450	500	-1650	-840	-480		-230	-135		-68		-20	0		-20	-32		+5	0
500	560					-260	-145		-76		-22	0					0	0
560	630					-260	-145		-76		-22	0					0	0
630	710					-290	-160		-80		-24	0					0	0
710	800					-290	-160		-80		-24	0					0	0
800	900					-320	-170		-86		-26	0					0	0
900	1000					-320	-170		-86		-26	0					0	0
1000	1120					-350	-195		-98		-28	0					0	0
1120	1250					-350	-195		-98		-28	0					0	0
1250	1400					-390	-220		-110		-30	0					0	0
1400	1600					-390	-220		-110		-30	0					0	0
1600	1800					-430	-240		-120		-32	0					0	0
1800	2000					-430	-240		-120		-32	0					0	0
2000	2240					-480	-260		-130		-34	0					0	0
2240	2500					-480	-260		-130		-34	0					0	0
2500	2800					-520	-290		-145		-38	0					0	0
2800	3150					-520	-290		-145		-38	0					0	0

注：公称尺寸小于或等于1mm时，不使用基本偏差 a 和 b。

（摘自 GB/T 1800.1—2020）　　　　　　　　　　　　　　　　　　　　　　（单位：μm）

基本偏差数值（下极限偏差 ei）													
所有公差等级													
m	n	p	r	s	t	u	v	x	y	z	za	zb	zc
+2	+4	+6	+10	+14		+18		+20		+26	+32	+40	+60
+4	+8	+12	+15	+19		+23		+28		+35	+42	+50	+80
+6	+10	+15	+19	+23		+28		+34		+42	+52	+67	+97
+7	+12	+18	+23	+28		+33		+40		+50	+64	+90	+130
							+39	+45		+60	+77	+108	+150
+8	+15	+22	+28	+35		+41	+47	+54	+63	+73	+98	+136	+188
					+41	+48	+55	+64	+75	+88	+118	+160	+218
+9	+17	+26	+34	+43	+48	+60	+68	+80	+94	+112	+148	+200	+274
					+54	+70	+81	+97	+114	+136	+180	+242	+325
+11	+20	+32	+41	+53	+66	+87	+102	+122	+144	+172	+226	+300	+405
			+43	+59	+75	+102	+120	+146	+174	+210	+274	+360	+480
+13	+23	+37	+51	+71	+91	+124	+146	+178	+214	+258	+335	+445	+585
			+54	+79	+104	+144	+172	+210	+254	+310	+400	+525	+690
+15	+27	+43	+63	+92	+122	+170	+202	+248	+300	+365	+470	+620	+800
			+65	+100	+134	+190	+228	+280	+340	+415	+535	+700	+900
			+68	+108	+146	+210	+252	+310	+380	+465	+600	+780	+1000
+17	+31	+50	+77	+122	+166	+236	+284	+350	+425	+520	+670	+880	+1150
			+80	+130	+180	+258	+310	+385	+470	+575	+740	+960	+1250
			+84	+140	+196	+284	+340	+425	+520	+640	+820	+1050	+1350
+20	+34	+56	+94	+158	+218	+315	+385	+475	+580	+710	+920	+1200	+1550
			+98	+170	+240	+350	+425	+525	+650	+790	+1000	+1300	+1700
+21	+37	+62	+108	+190	+268	+390	+475	+590	+730	+900	+1150	+1500	+1900
			+114	+208	+294	+435	+530	+660	+820	+1000	+1300	+1650	+2100
+23	+40	+68	+126	+232	+330	+490	+595	+740	+920	+1100	+1450	+1850	+2400
			+132	+252	+360	+540	+660	+820	+1000	+1250	+1600	+2100	+2600
+26	+44	+78	+150	+280	+400	+600							
			+155	+310	+450	+660							
+30	+50	+88	+175	+340	+500	+740							
			+185	+380	+560	+840							
+34	+56	+100	+210	+430	+620	+940							
			+220	+470	+680	+1050							
+40	+66	+120	+250	+520	+780	+1150							
			+260	+580	+840	+1300							
+48	+78	+140	+300	+640	+960	+1450							
			+330	+720	+1050	+1600							
+58	+92	+170	+370	+820	+1200	+1850							
			+400	+920	+1350	+2000							
+68	+110	+195	+440	+1000	+1500	+2300							
			+460	+1100	+1650	+2500							
+76	+135	+240	+550	+1250	+1900	+2900							
			+580	+1400	+2100	+3200							

表 5-3 孔的基本偏差数值

公称尺寸/mm		基本偏																				
		下极限偏差 *EI*																				
大于	至	所有公差等级												IT6	IT7	IT8	≤IT8	>IT8	≤IT8	>IT8	≤IT8	>IT8
		A	B	C	CD	D	E	EF	F	FG	G	H	JS	J			K		M		N	
—	3	+270	+140	+60	+34	+20	+14	+10	+6	+4	+2	0	偏差 = $\pm\frac{IT_n}{2}$，式中 *n* 为标准公差等级数	+2	+4	+6	0	0	−2	−2	−4	−4
3	6	+270	+140	+70	+46	+30	+20	+14	+10	+6	+4	0		+5	+6	+10	−1 +Δ		−4 +Δ	−4	−8 +Δ	0
6	10	+280	+150	+80	+56	+40	+25	+18	+13	+8	+5	0		+5	+8	+12	−1 +Δ		−6 +Δ	−6	−10 +Δ	0
10	14	+290	+150	+95	+70	+50	+32	+23	+16	+10	+6	0		+6	+10	+15	−1 +Δ		−7 +Δ	−7	−12 +Δ	0
14	18																					
18	24	+300	+160	+110	+85	+65	+40	+28	+20	+12	+7	0		+8	+12	+20	−2 +Δ		−8 +Δ	−8	−15 +Δ	0
24	30																					
30	40	+310	+170	+120	+100	+80	+50	+35	+25	+15	+9	0		+10	+14	+24	−2 +Δ		−9 +Δ	−9	−17 +Δ	0
40	50	+320	+180	+130																		
50	65	+340	+190	+140		+100	+60		+30		+10	0		+13	+18	+28	−2 +Δ		−11 +Δ	−11	−20 +Δ	0
65	80	+360	+200	+150																		
80	100	+380	+220	+170		+120	+72		+36		+12	0		+16	+22	+34	−3 +Δ		−13 +Δ	−13	−23 +Δ	0
100	120	+410	+240	+180																		
120	140	+460	+260	+200		+145	+85		+43		+14	0		+18	+26	+41	−3 +Δ		−15 +Δ	−15	−27 +Δ	0
140	160	+520	+280	+210																		
160	180	+580	+310	+230																		
180	200	+660	+340	+240		+170	+100		+50		+15	0		+22	+30	+47	−4 +Δ		−17 +Δ	−17	−31 +Δ	0
200	225	+740	+380	+260																		
225	250	+820	+420	+280																		
250	280	+920	+480	+300		+190	+110		+56		+17	0		+25	+36	+55	−4 +Δ		−20 +Δ	−20	−34 +Δ	0
280	315	+1050	+540	+330																		
315	355	+1200	+600	+360		+210	+125		+62		+18	0		+29	+39	+60	−4 +Δ		−21 +Δ	−21	−37 +Δ	0
355	400	+1350	+680	+400																		
400	450	+1500	+760	+440		+230	+135		+68		+20	0		+33	+43	+66	−5 +Δ		−23 +Δ	−23	−40 +Δ	0
450	500	+1650	+840	+480																		
500	560					+260	+145		+76		+22	0					0		−26		−44	
560	630																					
630	710					+290	+160		+80		+24	0					0		−30		−50	
710	800																					
800	900					+320	+170		+86		+26	0					0		−34		−56	
900	1000																					
1000	1120					+350	+195		+98		+28	0					0		−40		−66	
1120	1250																					
1250	1400					+390	+220		+110		+30	0					0		−48		−78	
1400	1600																					
1600	1800					+430	+240		+120		+32	0					0		−58		−92	
1800	2000																					
2000	2240					+480	+260		+130		+34	0					0		−68		−110	
2240	2500																					
2500	2800					+520	+290		+145		+38	0					0		−76		−135	
2800	3150																					

注：1. 公称尺寸小于或等于 1mm 时，不适用基本偏差 A 和 B。

2. 对小于或等于 IT8 的 K、M、N 和小于或等于 IT7 的 P～ZC，所需 Δ 值从表内右侧选取。例如：18～30mm 段

特殊情况：250～315mm 段的 M6，*ES*=−9μm（代替−11μm）。

（摘自 GB/T 1800.1—2020）　　　　　　　　　　　　　　　　　　　　　　　　　（单位：μm）

差数值

上极限偏差 ES													Δ 值					
≤IT7	标准公差等级大于IT7												标准公差等级					
P~ZC	P	R	S	T	U	V	X	Y	Z	ZA	ZB	ZC	IT3	IT4	IT5	IT6	IT7	IT8
在>IT7的标准公差等级的基本偏差数值上增加一个Δ值	−6	−10	−14		−18		−20		−26	−32	−40	−60	0	0	0	0	0	0
	−12	−15	−19		−23		−28		−35	−42	−50	−80	1	1.5	1	3	4	6
	−15	−19	−23		−28		−34		−42	−52	−67	−97	1	1.5	2	3	6	7
	−18	−23	−28		−33		−40		−50	−64	−90	−130	1	2	3	3	7	9
						−39	−45		−60	−77	−108	−150						
	−22	−28	−35		−41	−47	−54	−63	−73	−98	−136	−188	1.5	2	3	4	8	12
				−41	−48	−55	−64	−75	−88	−118	−160	−218						
	−26	−34	−43	−48	−60	−68	−80	−94	−112	−148	−200	−274	1.5	3	4	5	9	14
				−54	−70	−81	−97	−114	−136	−180	−242	−325						
	−32	−41	−53	−66	−87	−102	−122	−144	−172	−226	−300	−405	2	3	5	6	11	16
		−43	−59	−75	−102	−120	−146	−174	−210	−274	−360	−480						
	−37	−51	−71	−91	−124	−146	−178	−214	−258	−335	−445	−585	2	4	5	7	13	19
		−54	−79	−104	−144	−172	−210	−254	−310	−400	−525	−690						
	−43	−63	−92	−122	−170	−202	−248	−300	−365	−470	−620	−800	3	4	6	7	15	23
		−65	−100	−134	−190	−228	−280	−340	−415	−535	−700	−900						
		−68	−108	−146	−210	−252	−310	−380	−465	−600	−780	−1000						
	−50	−77	−122	−166	−236	−284	−350	−425	−520	−670	−880	−1150	3	4	6	9	17	26
		−80	−130	−180	−258	−310	−385	−470	−575	−740	−960	−1250						
		−84	−140	−196	−284	−340	−425	−520	−640	−820	−1050	−1350						
	−56	−94	−158	−218	−315	−385	−475	−580	−710	−920	−1200	−1550	4	4	7	9	20	29
		−98	−170	−240	−350	−425	−525	−650	−790	−1000	−1300	−1700						
	−62	−108	−190	−268	−390	−475	−590	−730	−900	−1150	−1500	−1900	4	5	7	11	21	32
		−114	−208	−294	−435	−530	−660	−820	−1000	−1300	−1650	−2100						
	−68	−126	−232	−330	−490	−595	−740	−920	−1100	−1450	−1850	−2400	5	5	7	13	23	34
		−132	−252	−360	−540	−660	−820	−1000	−1250	−1600	−2100	−2600						
	−78	−150	−280	−400	−600													
		−155	−310	−450	−660													
	−88	−175	−340	−500	−740													
		−185	−380	−560	−840													
	−100	−210	−430	−620	−940													
		−220	−470	−680	−1050													
	−120	−250	−520	−780	−1150													
		−260	−580	−840	−1300													
	−140	−300	−640	−960	−1450													
		−330	−720	−1050	−1600													
	−170	−370	−820	−1200	−1850													
		−400	−920	−1350	−2000													
	−195	−440	−1000	−1500	−2300													
		−460	−1100	−1650	−2500													
	−240	−550	−1250	−1900	−2900													
		−580	−1400	−2100	−3200													

的 K7，Δ=8μm，所以 ES=−2μm+8μm=+6μm；18~30mm 段的 S6，Δ=4μm，所以 ES=−35μm+4μm=−31μm。

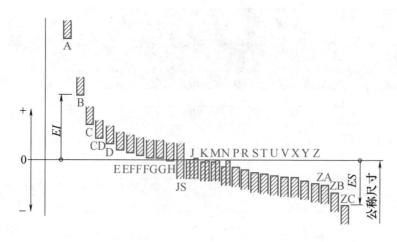

a) 孔(内尺寸要素)

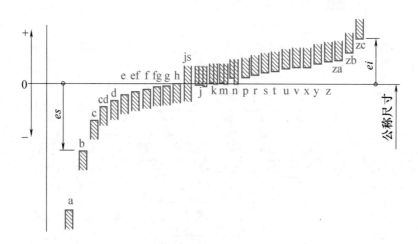

b) 轴(外尺寸要素)

图 5-5　孔和轴的基本偏差系列

6. 公差带代号

把孔、轴基本偏差代号和公差等级代号组合，就组成了它们的公差带代号，如孔公差带代号 H7、P8，轴公差带代号 f6、m7 等。

7. 公差的图样标注

在零件图上标注极限偏差时，应在尺寸数字后加注公差带代号，或直接注上其极限偏差值，也可两者兼注。标注极限偏差时，上极限偏差标在公称尺寸的右上方，下极限偏差标在公称尺寸的右下方。极限偏差为正时，在其前加注"+"号；极限偏差为负时，在其前加注"−"号；极限偏差为零时，则加注"0"。当上、下极限偏差绝对值相同，一个为正一个为负时，可在极限偏差值前加"±"号。如公称尺寸为 40mm，上极限偏差为 +0.01mm，下极限偏差为 −0.01mm，则注成"40±0.01"。

三、配合与配合制

(一)配合的定义

配合是指公称尺寸相同的孔和轴在装配后形成的相容关系，其实质是公差带之间的关系。孔与轴的配合有以下几种基本类型。

1. 间隙配合

间隙配合是指孔实际尺寸大于轴实际尺寸，因而具有间隙的配合。间隙配合时，孔的公差带位于轴公差带之上，如图 5-6 所示。最大间隙 X_{max} 和最小间隙 X_{min} 可由式（5-1）方便求得：

$$\left.\begin{array}{l} X_{max} = D_{max} - d_{min} = ES - ei \\ X_{min} = D_{min} - d_{max} = EI - es \end{array}\right\} \tag{5-1}$$

孔和轴都为平均尺寸 D_{av} 和 d_{av} 时，形成的间隙称为平均间隙，用 X_{av} 表示，显然

$$X_{av} = D_{av} - d_{av} = \frac{X_{max} + X_{min}}{2} \tag{5-2}$$

需要指出，如图 5-6 右侧所示孔与轴的配合公差带，因孔的下极限偏差 EI = 轴的上极限偏差 es，故最小间隙 X_{min} = 0mm，这是间隙配合的一种特殊情况。

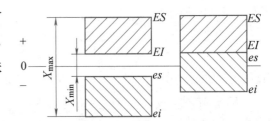

图 5-6　间隙配合公差带图

2. 过盈配合

过盈配合是指孔实际尺寸小于轴实际尺寸，因而具有过盈的配合，其轴公差带在孔公差带之上，如图 5-7 所示。类似的，最大过盈 Y_{max} 和最小过盈 Y_{min} 的计算式为

$$\left.\begin{array}{l} Y_{min} = D_{max} - d_{min} = ES - ei \\ Y_{max} = D_{min} - d_{max} = EI - es \end{array}\right\} \tag{5-3}$$

平均过盈

$$Y_{av} = D_{av} - d_{av} = \frac{Y_{max} + Y_{min}}{2} \tag{5-4}$$

同样，如图 5-7 右侧所示配合公差带，因孔的上极限偏差 ES = 轴的下极限偏差 ei，故最小过盈 Y_{min} = 0mm，这也是过盈配合的一种特殊情况。

3. 过渡配合

过渡配合是指可能具有间隙或过盈的配合，如图 5-8 所示，其孔的公差带与轴的公差带相互交叠。

孔的上极限尺寸减去轴的下极限尺寸所得的代数差为最大间隙 X_{max}，其计算公式与式

（5-1）相同，即

$$X_{\max} = D_{\max} - d_{\min} = ES - ei \tag{5-5}$$

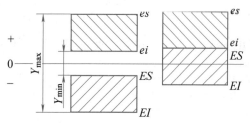

图 5-7　过盈配合公差带图

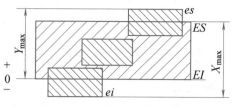

图 5-8　过渡配合公差带图

孔的下极限尺寸减去轴的上极限尺寸所得的代数差为最大过盈 $Y_{\max}$，其公式与式（5-3）相同，即

$$Y_{\max} = D_{\min} - d_{\max} = EI - es \tag{5-6}$$

孔和轴都为平均尺寸 D_{av} 和 d_{av} 时，形成平均间隙或平均过盈，用 X_{av} 或 Y_{av} 表示，即

$$X_{av}(Y_{av}) = D_{av} - d_{av} = \frac{X_{\max} + Y_{\max}}{2} \tag{5-7}$$

按式（5-7）计算所得值为"+"时是平均间隙，为"-"时是平均过盈。

例 5-3　如图 5-4 所示的轴与孔为间隙配合（例 5-2），试求出其最大与最小间隙。

解　如图 5-9 所示，因 $ES = +0.021\text{mm}$，$EI = 0\text{mm}$，$es = -0.007\text{mm}$，$ei = -0.020\text{mm}$，根据式（5-1）得

最大间隙　$X_{\max} = D_{\max} - d_{\min} = ES - ei$

$\qquad\qquad = +0.021\text{mm} - (-0.020\text{mm})$

$\qquad\qquad = 0.041\text{mm}$

最小间隙　$X_{\min} = D_{\min} - d_{\max} = EI - es$

$\qquad\qquad = 0\text{mm} - (-0.007\text{mm})$

$\qquad\qquad = 0.007\text{mm}$

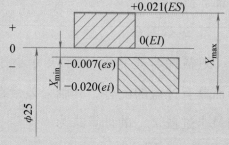

图 5-9　图 5-4 间隙配合公差带图

例 5-4　$\phi50^{+0.025}_{0}\text{mm}$ 的孔与 $\phi50^{+0.059}_{+0.043}\text{mm}$ 的轴配合，试求其最大过盈和最小过盈，并作出其公差带图。

解　作此配合的公差带图，如图 5-10 所示。

因 $ES = +0.025\text{mm}$，$EI = 0\text{mm}$，$es = +0.059\text{mm}$，$ei = +0.043\text{mm}$，根据式（5-3）得

最大过盈　$Y_{\max} = D_{\min} - d_{\max} = EI - es = 0\text{mm} - 0.059\text{mm} = -0.059\text{mm}$

最小过盈　$Y_{\min} = D_{\max} - d_{\min} = ES - ei = +0.025\text{mm} - 0.043\text{mm} = -0.018\text{mm}$

例 5-5　$\phi50^{+0.025}_{0}\text{mm}$ 的孔与 $\phi50^{+0.018}_{+0.002}\text{mm}$ 的轴相配合，试求其最大间隙和最大过盈，并作出其公差带图。

解　作此配合的公差带图，如图 5-11 所示。

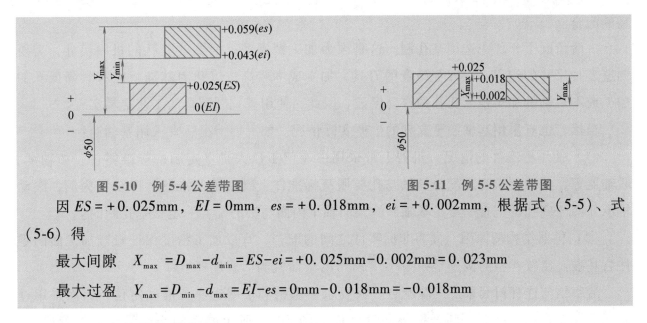

图 5-10　例 5-4 公差带图　　　　　　　图 5-11　例 5-5 公差带图

因 $ES = +0.025\text{mm}$，$EI = 0\text{mm}$，$es = +0.018\text{mm}$，$ei = +0.002\text{mm}$，根据式（5-5）、式（5-6）得

最大间隙　$X_{\max} = D_{\max} - d_{\min} = ES - ei = +0.025\text{mm} - 0.002\text{mm} = 0.023\text{mm}$

最大过盈　$Y_{\max} = D_{\min} - d_{\max} = EI - es = 0\text{mm} - 0.018\text{mm} = -0.018\text{mm}$

（二）配合公差与基准制

配合公差是指间隙或过盈的允许变动量，用 T_{f} 表示。配合公差与相配合件轴与孔的公差 T_{s}、T_{h} 的关系为

$$T_{\text{f}} = T_{\text{s}} + T_{\text{h}} \tag{5-8}$$

孔和轴的配合性质是通过变化与它们相配合的轴与孔的公差带位置而获得的，如果使其中一个件（孔或轴）的公差带一定，而改变另一个公差带，就可得到不同的配合性质。国家标准据此规定了两种基准制，即基孔制和基轴制。

1. 基孔制

基孔制是指基本偏差为一定的孔的公差带，与不同基本偏差的轴的公差带形成各种配合的一种制度。基孔制中的孔称为主基准孔，用 H 表示，基准孔的下极限偏差为基本偏差，数值为零，因而其公差带位于零线上方。

基孔制中的轴为非基准轴，由于有不同的基本偏差，使其公差带和基准孔公差带形成不同的相互关系。如图 5-12a 所示，基准孔的另一极限偏差画作虚线，表示待定，它取决于公差值的大小。

2. 基轴制

基轴制是指基本偏差为一定的轴的公差带，与不同基本偏差的孔的公差带形成各种配合的一种制度。基轴制中的轴称为主基准轴，用 h 表示，基准轴的上极限偏差为基本偏差，数值为零，因而其公差带位于零线下方，如图 5-12b 所示。此时，孔为非基准件，不同基本偏差的孔与基准轴形成不同类

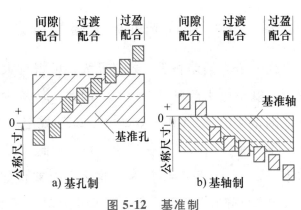

图 5-12　基准制

型的配合。

一般情况下，优先选用基孔制。这是因为加工精密的孔时要改变孔的极限尺寸，需要制造多种尺寸的铰刀、拉刀等昂贵的刀具，加工成本较高，以孔为基准就能有效降低孔的加工成本。轴的加工精度比孔的容易保证，因此，使用基孔制配合的工艺更易实现。

当然，也有采用基轴制更有利的生产实际情况。如下列情况适宜采用基轴制：

（1）使用标准件的情况　机器上常采用由专门工厂大批量定制的标准零件，如轴承、联轴器等，此时要求与之配合的轴与孔要服从标准件上既定的基准制。以轴承为例，滚动轴承外圈与座孔的配合一定是基轴制的，而轴承内圈与轴的配合一定是基孔制的。

（2）机器结构的原因　同为非标零件之间的配合，宜以加工精度保证较难加工面的零件为基准。比较典型的例子是如图 5-13 所示的柴油机的活塞连杆组件。

活塞销与连杆衬套采用间隙配合，而要求活塞销和活塞销座孔准确定位，因而采用过渡配合。如采用基孔制，活塞销势必设计成如图 5-13b 所示的中间小、两头大的阶梯轴，这是不合理的工艺结构，不但加工困难，更不易装配。若改成基轴制，活塞销就可设计成如图 5-13c 所示的光轴，这样既容易保证加工精度，更有利于保证装配质量。而不同基本偏差的孔，分别位于连杆和活塞两个零件上，加工并不增加难度，因此应选择基轴制。

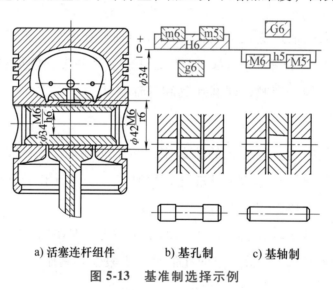

　a) 活塞连杆组件　　　b) 基孔制　　　c) 基轴制

图 5-13　基准制选择示例

四、常用和优先的公差带与配合

任一基本偏差和任一公差等级，可得到大量不同大小、不同位置的公差带，太多的公差带，既不便生产也很不经济。因此，从减少刀具、量具及工装设备的品种和规格、便于互换的角度出发，GB/T 1800.1—2020 规定了 20 个公差等级和 28 种基本偏差，其中基本偏差 j 仅保留 j5~j8，J 仅保留 J6~J8。由此可以得到轴公差带 $(28-1) \times 20 + 4 = 544$ 种，孔公差带 $(28-1) \times 20 + 3 = 543$ 种。这么多公差带如都应用，显然是不经济的。为了尽可能地缩小公差带的选用范围，减少定尺寸刀具、量具的规格和数量，GB/T 1800.1—2020 规定，孔、轴的公差带代号应尽可能从图 5-14、图 5-15 中选取，且优先选用方框中的。

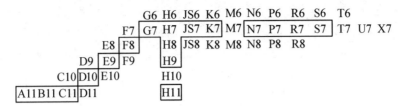

图 5-14　可供选用的孔的公差带

若图 5-14 和图 5-15 中没有满足要求的公差带，则按 GB/T 1800.1—2020 中规定的标准公差和基本偏差组成的公差带来选取，必要时还可考虑用延伸和插入的方法来确定新的公差带。

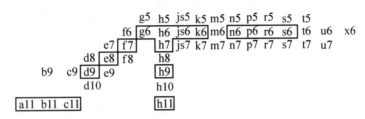

图 5-15　可供选用的轴的公差带

GB/T 1800.1—2020 又规定基孔制常用配合 45 种，优先配合 16 种（见表 5-4）；基轴制常用配合 38 种，优先配合 18 种（见表 5-5）。

表 5-4　基孔制配合的优先配合（摘自 GB/T 1800.1—2020）

基准孔	轴公差带代号																	
	b	c	d	e	f	g	h	js	k	m	$\underline{n}$	n	p	r	s	t	u	x
	间隙配合							过渡配合				过盈配合						
H6						$\dfrac{H6}{g5}$	$\dfrac{H6}{h5}$	$\dfrac{H6}{js5}$	$\dfrac{H6}{k5}$	$\dfrac{H6}{m5}$		$\dfrac{H6}{n5}$	$\dfrac{H6}{p5}$					
H7					$\dfrac{H7}{f6}$	$\dfrac{H7}{g6}$	$\dfrac{H7}{h6}$	$\dfrac{H7}{js6}$	$\dfrac{H7}{k6}$	$\dfrac{H7}{m6}$	$\dfrac{H7}{n6}$		$\dfrac{H7}{p6}$	$\dfrac{H7}{r6}$	$\dfrac{H7}{s6}$	$\dfrac{H7}{t6}$	$\dfrac{H7}{u6}$	$\dfrac{H7}{x6}$
H8			$\dfrac{H8}{e7}$		$\dfrac{H8}{f7}$		$\dfrac{H8}{h7}$	$\dfrac{H8}{js7}$	$\dfrac{H8}{k7}$	$\dfrac{H8}{m7}$					$\dfrac{H8}{s7}$		$\dfrac{H8}{u7}$	
H8			$\dfrac{H8}{d8}$	$\dfrac{H8}{e8}$	$\dfrac{H8}{f8}$		$\dfrac{H8}{h8}$											
H9			$\dfrac{H9}{d8}$	$\dfrac{H9}{e8}$	$\dfrac{H9}{f8}$		$\dfrac{H9}{h8}$											
H10	$\dfrac{H10}{b9}$	$\dfrac{H10}{c9}$	$\dfrac{H10}{d9}$	$\dfrac{H10}{e9}$			$\dfrac{H10}{h9}$											
H11	$\dfrac{H11}{b11}$	$\dfrac{H11}{c11}$	$\dfrac{H11}{d11}$				$\dfrac{H11}{h11}$											

注：1. $\dfrac{H6}{n5}$、$\dfrac{H7}{p6}$ 在公称尺寸小于或等于 3mm 和 $\dfrac{H8}{f7}$ 在公称尺寸小于或等于 100mm 时，为过渡配合。

　　2. 变色的配合为优先配合。

表 5-5　基轴制配合的优先配合（摘自 GB/T 1800.1—2020）

基准轴	孔公差带代号																		
	B	C	D	E	F	G	H	JS	K	M	N	N	P	R	S	T	U	X
	间隙配合							过渡配合				过盈配合							
h5						$\frac{G6}{h5}$	$\frac{H6}{h5}$	$\frac{JS6}{h5}$	$\frac{K6}{h5}$	$\frac{M6}{h5}$		$\frac{N6}{h5}$	$\frac{P6}{h5}$					
h6					$\underline{\frac{F7}{h6}}$	$\frac{G7}{h6}$	$\frac{H7}{h6}$	$\frac{JS7}{h6}$	$\frac{K7}{h6}$	$\frac{M7}{h6}$	$\frac{N7}{h6}$		$\frac{P7}{h6}$	$\frac{R7}{h6}$	$\frac{S7}{h6}$	$\frac{T7}{h6}$	$\frac{U7}{h6}$	$\frac{X7}{h6}$
h7				$\frac{E8}{h7}$	$\frac{F8}{h7}$		$\frac{H8}{h7}$											
h8			$\frac{D9}{h8}$	$\frac{E9}{h8}$	$\frac{F9}{h8}$		$\frac{H9}{h8}$											
h9				$\frac{E8}{h9}$	$\frac{F8}{h9}$		$\frac{H8}{h9}$											
			$\frac{D9}{h9}$	$\frac{E9}{h9}$	$\frac{F9}{h9}$		$\frac{H9}{h9}$											
	$\frac{B11}{h9}$	$\frac{C10}{h9}$	$\frac{D10}{h9}$				$\frac{H10}{h9}$											

注：变色的配合为优先配合。

五、配合的图样标注

在图样上标注配合时，公称尺寸后面用分数表示，分子表示孔的符号，分母表示轴的符号。如公称尺寸为 80mm，标准公差等级为 IT7 的基孔制配合，与基准孔相配合的轴的标准公差等级为 IT6，基本偏差代号为 f，其配合的代号为"$\phi 80\frac{H7}{f6}$"；又如标准公差等级为 IT7 的基轴制配合，与基准轴相配合的孔的标准公差等级也是 IT7，基本偏差代号为 F，其配合的符号为"$\frac{F7}{h7}$"。具体参见如图 5-16 所示的标注。

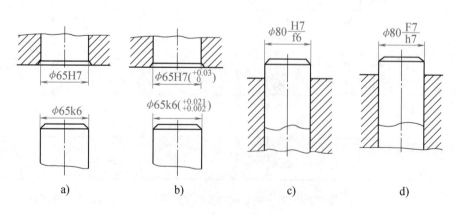

a)　　　　　b)　　　　　c)　　　　　d)

图 5-16　配合的标注

例 5-6 如图 5-16c 所示，试确定此配合中轴与孔的极限偏差数值。

解 确定极限偏差的一般步骤为：①先求基本偏差；②按公称尺寸与标准公差等级查取标准公差；③按式（5-1）计算另一个极限偏差。具体过程如下：

1）如图 5-16c 所示，孔的尺寸为"$\phi80H7$"，基孔制配合，凭常识或查表 5-3，确认它的基本偏差 $EI = 0$mm，查表 5-1 得，公称尺寸为"$\phi80$"、标准公差等级为 IT7 时的标准公差 $T_h = 30\mu m = 0.03$mm，根据公式 $T_h = ES - EI$，得孔的上极限偏差 $ES = EI + T_h = 0.03$mm，其尺寸表示为 $\phi80^{+0.030}_{0}$。

2）轴的尺寸为"$\phi80f6$"，查表 5-2 得，其基本偏差 $es = -30\mu m = -0.03$mm，公称尺寸为"$\phi80$"，标准公差等级为 IT7 时的标准公差 $T_s = 30\mu m$，根据公式 $T_s = es - ei$，得轴的下极限偏差 $ei = es - T_s = -0.03$mm -0.03mm $= -0.06$mm，其尺寸可表示为 $\phi80^{-0.030}_{-0.060}$。

六、公差与配合的选择

合理地应用公差与配合，是机械制造中的重要工作，它对提高产品性能、质量，以及降低成本都有重要影响。在满足使用要求的前提下，应尽可能选择较低的标准公差等级和较易实现的配合种类，从而较好地满足机械零件工艺设计的经济性要求。各标准公差等级的应用范围参阅表 5-6。

表 5-6 各标准公差等级的应用范围

应 用	标准公差等级																			
	IT01	IT0	IT1	IT2	IT3	IT4	IT5	IT6	IT7	IT8	IT9	IT10	IT11	IT12	IT13	IT14	IT15	IT16	IT17	IT18
量块	○	○	○																	
量规				○	○	○	○	○	○	○										
配合尺寸							○	○	○	○	○	○	○							
精密配合				○	○	○														
非配合尺寸														○	○	○	○	○	○	○
原材料尺寸								○	○	○	○	○	○							

工程中一般根据配合件的结构特点、工作条件和对配合的要求等来选择配合种类。

1. 间隙配合

间隙配合用于有相对运动的配合件。这种配合在装配后保留有必要的间隙，用来存储润滑油，从而可减少相对运动的摩擦阻力。如图 5-17 所示，轴承端盖与箱体的配合，因需经常装拆，选用了间隙较大的配合 H7/e9；轴颈与轴套的配合，对定心精度要求不高，也采用了大间隙的配合 D9/j6。而对于需做定位配合的无相对转动零件，宜选用较小的配合间隙，以达到既能保证其定心精度，又能调整相对位置的目的。

2. 过盈配合

过盈配合的特点是配合时产生过盈，主要用于传递转矩和实现牢固结合的场合，装配后一般不再拆卸，以免影响配合精度。过盈配合的选择原则：最小过盈量能保证承受或传递转矩或轴向力，同时最大过盈量不至使零件因应力过大而被破坏。若两者无法兼顾，可考虑采用分组配合或加紧固件。如图 5-18 所示，带轮与齿轮结合，采用过盈配合 H7/p6，能保证两传动件的对中性要求和组件的刚性。

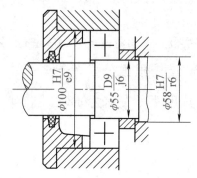

图 5-17 轴承端盖、轴套处的配合

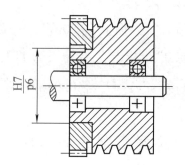

图 5-18 带轮与齿轮的配合

3. 过渡配合

这种配合产生的过盈或间隙都很小，安装拆卸比过盈配合方便。加紧固件时，可传递转矩。过渡配合比间隙配合的间隙小得多，并有可能形成过盈，因此不适用于活动连接，但能较好地保证轴与孔的准确对中，因而常用于配合件定心精度要求较高且需要装卸的静止结合的零件。

例 5-7 已知图 5-19 所示的快换钻套用衬套和钻模板的配合为 $\phi22H7/n6$，引导钻头的内孔选用 $\phi10F7$；快换钻套的外径和衬套的配合选用 $\phi15F7/k6$，试分析其选用的合理性。

解 1）衬套和钻模板的配合部位，衬套的作用是增加相对运动部位的耐磨性，以保持工作平稳。衬套是钻模的重要部位，且有较高的定位要求，配合精度要求高，工作时与配合件不要求有相对运动，选用 IT7 的孔和 IT6 的轴构成过盈配合，不承受载荷，故选用 H7/n6 配合。

2）$\phi10mm$ 钻头本身直径公差带相当于基准轴。快换钻套工作时，引导旋转着的钻头进给，既要保证一定的导向精度，又要防止间隙过小而卡住，故内孔选用 F7。

3）快换钻套需经常更换，所以它的外径和衬套配合既有准确定心的要求，又需一定的间隙，以保证更换迅速，选择 H7/g6 配合是合适的。但从夹具标准考虑，宜让钻套与衬套内孔公差带统一，均选用 F7 公差带以利制造。所以，在衬套内孔公差带为 F7 的前提下，选用 F7/k6 非基准制配合。如图 5-20 所示，对比可见两者的极限间隙基本相同。

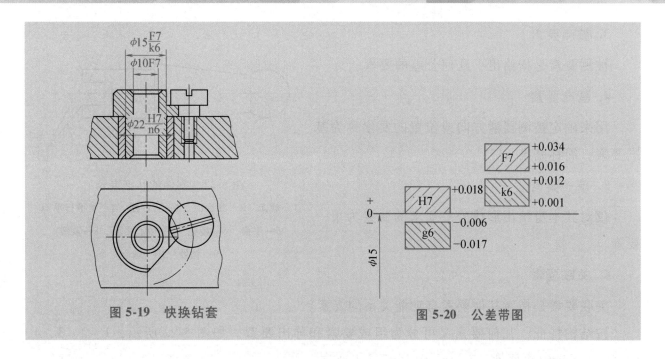

图 5-19　快换钻套

图 5-20　公差带图

第二节　几何公差简介

经机械加工的零件表面总会出现宏观和微观的几何形状误差。保证了线性尺寸精度的配合零件，并不意味它们就能正确装配。如图 5-21 所示形状的轴，虽然直径尺寸都在上、下极限偏差范围内，但由于轴线是弯曲的，无法与轴线呈直线的孔正确装配。因此，零件的制造精度还必须包括形状与位置公差要求，表征这类制造精度的公差有形状、方向、位置和跳动公差，统称为几何公差。

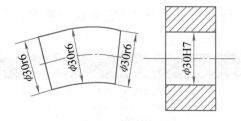

图 5-21　形状误差造成
不匹配的轴孔配合

国家标准中，几何公差相关的标准有：GB/T 1182—2018、GB/T 4249—2018 和 GB/T 16671—2018。本节仅做简单介绍。

一、几何公差的研究对象

几何公差研究的对象是构成零件几何特征的点、线、面等几何要素，如图 5-22 所示，下列概念是几何公差研究的基础。

1. 理想要素

理想要素是具有几何学意义的要素，表现为设计图样标记的几何精度要求。

2. 实际要素

实际要素是指零件实际存在的要素，即制造后实际的形状尺寸。

3. 被测要素

被测要素是指给出了几何公差的要素。

4. 基准要素

用来确定被测要素方向或位置的要素称为基准要素，简称基准。

5. 单一要素

仅对其本身给出形状公差要求的要素为单一要素。

6. 关联要素

关联要素是指对其他要素有功能关系的要素。

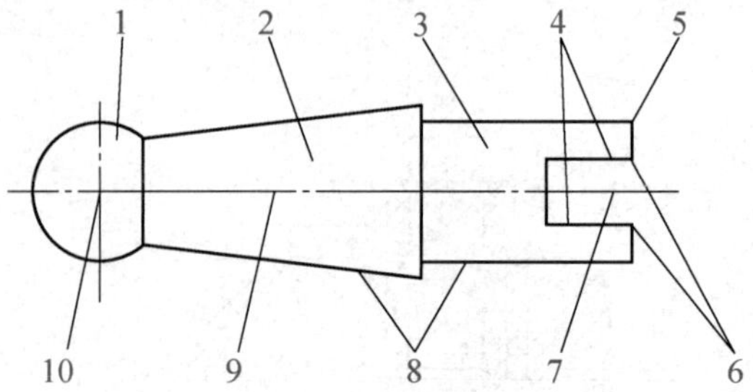

按结构特征，几何要素又可分为组成要素和导出要素。如图 5-22 所示，1、2、3、4、5、6、8 属于组成要素，7、9、10 属于导出要素。

图 5-22　零件的几何要素

1—球面　2—圆锥面　3—圆柱面　4—两平行平面
5—平面　6—棱线　7—中心平面　8—素线
9—轴线　10—球心

二、几何公差的符号与标注

（一）几何公差的特征符号

国家标准将几何公差分为形状公差、方向公差、位置公差和跳动公差。几何公差的特征符号参见表 5-7，它是被测要素形象的表示。

表 5-7　几何公差的公差特征符号

公差类型	几何特征	符号	有无基准	公差类型	几何特征	符号	有无基准
形状公差	直线度	—	无	位置公差	位置度	⊕	有或无
	平面度	▱	无		同心度（用于中心点）	◎	有
	圆度	○	无		同轴度（用于轴线）	◎	有
	圆柱度	⌀	无		对称度	═	有
	线轮廓度	⌒	无		线轮廓度	⌒	有
	面轮廓度	◠	无		圆轮廓度	◠	有
方向公差	平行度	//	有				
	垂直度	⊥	有				
	倾斜度	∠	有	跳动公差	圆跳动	↗	有
	线轮廓度	⌒	有		全跳动	⌇↗	有
	面轮廓度	◠	有				

（二）几何公差的标注

公差的标注采用框格形式，即两格或多格横向连成的矩形方框，如图 5-23 所示。

实际标注时，要区分被测要素和基准要素。被测要素用箭头指示，基准要素用基准符号指示。基准符号由基准代号、方格、涂黑或空的三角形等组成。基准代号用大写拉丁字母表示（不用 E、I、J、M、O、P、L、R、F），如图 5-24 所示，ϕ20mm 轴的轴线、ϕ50mm 孔的轴线均为被测要素；端面 A、B，ϕ16mm 孔的轴线均为基准要素。

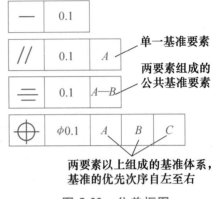

图 5-23　公差框图

标注时还要区分组成要素与导出要素。组成要素不能与尺寸线对齐，而导出要素则必须与尺寸线对齐，以表示其对称中心线即为导出要素。如图 5-24 所示，ϕ20mm 轴、ϕ50mm 孔和 ϕ16mm 的轴线均为导出要素，不论是基准要素还是被测要素，均必须与尺寸线对齐。而如图 5-25 所示，被测要素为组成要素，不是导出要素，所以不能与尺寸线对齐，以免误读。

（三）几何公差带的特点

1. 直线度、平面度、圆度和圆柱度公差带

直线度、平面度、圆度和圆柱度公差带都是形状公差带，是限制单一被测实际要素对理想要素变动量的指标。如图 5-25 所示，直线度的公差带为两平行直线所限定的区域，实际圆柱面上任一素线都位于距离为公差值 t（图示 $t=0.02$mm）的两平行直线内；而如图 5-26 所示的直线度公差带是直径为公差值 t（ϕ0.04mm）的小圆柱，实际轴线应位于该圆柱内。平面度公差带为两平行平面所限定的区域，实际平面位于其间（图 5-27）。圆度公差带为在给定横截面内，半径差等于公差值 t 的两同心圆所限定的区域。同理，圆柱度公差带则为半径差等于公差值 t 的两同轴圆柱面所限定的区域。分析可知，形状公差带的共同特点是：没有基准，位置不固定，方向浮动。

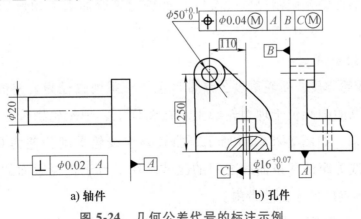

a) 轴件　　　　　　　　b) 孔件

图 5-24　几何公差代号的标注示例

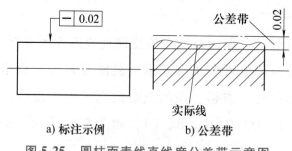

a) 标注示例   b) 公差带

图 5-25 圆柱面素线直线度公差带示意图

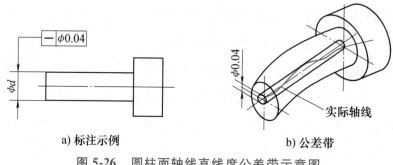

a) 标注示例   b) 公差带

图 5-26 圆柱面轴线直线度公差带示意图

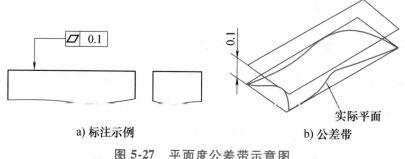

a) 标注示例   b) 公差带

图 5-27 平面度公差带示意图

2. 线轮廓度和面轮廓度公差带

需要说明的是，线轮廓度和面轮廓度既是形状公差又是方向公差，还是位置公差。

线轮廓度是限制提取（实际）曲线对拟合曲线变动量的一项指标，是对非圆曲线的形状精度要求；面轮廓度则是限制提取（实际）曲面对拟合曲面变动量的一项指标，是对曲面的形状精度要求。

（1）线轮廓度公差带

1）无基准的线轮廓度。线轮廓度公差带是包络一系列直径为公差值 t 的圆的两包络线之间的区域，而各圆的圆心位于理想轮廓上。在图样上，理想轮廓线、面必须用带口的理论正确尺寸表示出来。如图 5-28a、b 所示，曲线要求线轮廓度公差为 0.04mm。公差带的形状是与理想轮廓线等距的两条曲线之间的区域。在平行于正投影面的任一截面内，提取（实际）轮廓线上各点应位于公差带内。

2）有基准的线轮廓度。其标注示例如图 5-28c 所示。其公差带为直径等于公差值 t、圆心位于由基准平面 A 和基准平面 B 确定的被测要素理论正确几何形状上的一系列圆的两包络线所限定的区域，如图 5-28d 所示。

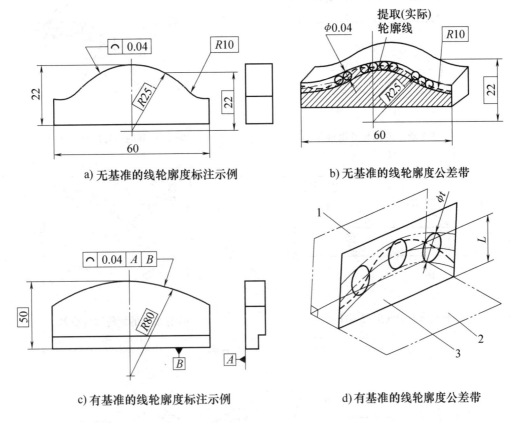

a) 无基准的线轮廓度标注示例

b) 无基准的线轮廓度公差带

c) 有基准的线轮廓度标注示例

d) 有基准的线轮廓度公差带

图 5-28　线轮廓度

1—基准平面 A　2—基准平面 B　3—平行于基准平面 A 的平面

（2）面轮廓度公差带

1）无基准的面轮廓度。面轮廓度公差带是包络一系列直径为公差值 t 的球的两包络面之间的区域，各球的球心应位于理想轮廓面上。如图 5-29a、b 所示，曲面要求面轮廓度公差为 0.02mm。公差带的形状是与拟合曲面等距的两曲面限定的区域，提取（实际）面上各点应在公差带内。

2）有基准的面轮廓度。其标注示例如图 5-29c 所示。其公差带如图 5-29d 所示，提取（实际）轮廓面应限定在直径等于 0.1mm、球心位于基准平面 A 确定的被测要素理论正确几何形状上的一系列圆球的两等距包络面之间。

3. 平行度、垂直度和倾斜度公差带

平行度、垂直度和倾斜度属方向公差。方向公差是关联被测要素对其具有确定方向的理想要素允许的变动量。方向公差带的特点是：相对基准有确定的方向，位置浮动，并具有综合控制被测要素形状与方向的功能。

如图 5-30 所示，平行度公差的公差带为与基准 A 平行的两平行平面所限定的区域。此

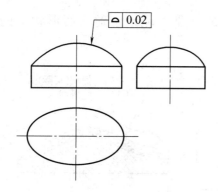

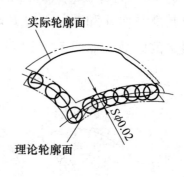

a) 无基准的面轮廓度标注示例

b) 无基准的面轮廓度公差带

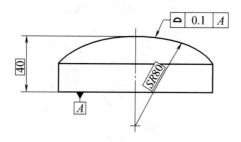

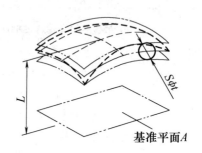

c) 有基准的面轮廓度标注示例

d) 有基准的面轮廓度公差带

图 5-29　面轮廓度

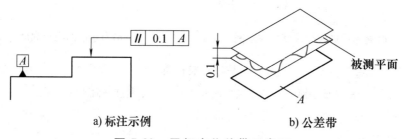

a) 标注示例　　　　　　　b) 公差带

图 5-30　平行度公差带示意图

公差带不但控制了被测平面的方向（平行度），而且控制了被测要素的形状（平面度）。

如图 5-31 所示，垂直度公差的公差带为垂直于基准 A 的直径为 ϕ0.1mm 的小圆柱。当满足垂直度要求时，表示被测要素轴线的形状误差（直线度）也不会超过 0.1mm。

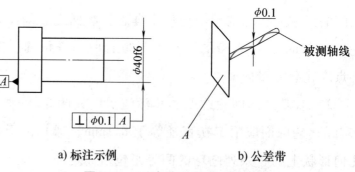

a) 标注示例　　　　　　　b) 公差带

图 5-31　垂直度公差带示意图

当被测要素和基准要素的方向角为 0°～90°时，可以使用倾斜度公差，如图 5-32 所示，此时倾斜角需用方框表示。

4. 同轴度（同心度）、对称度和位置度公差带

同轴度（同心度）、对称度和位置度属位置公差。位置公差是关联被测要素对其有确

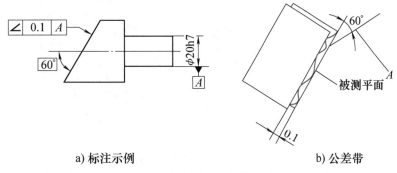

a) 标注示例 　　　　　　　　b) 公差带

图 5-32　倾斜度公差带示意图

定位置的理想要素允许的变动量。其特点是：公差带相对基准有确定的方向，位置固定，并具有综合控制被测要素形状、方向和位置的功能。被测要素的理想位置一般必须由基准和理论正确尺寸共同确定。

如图 5-33 所示，同轴度公差的公差带是以基准轴线 A 为中心线，直径为 $\phi 0.02\text{mm}$ 的圆柱体。当同轴度误差满足同轴度公差要求时，被测要素轴线的直线度、平行度误差也不会超过 0.02mm。

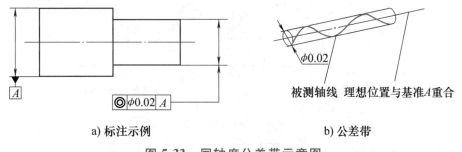

a) 标注示例 　　　　　　　　b) 公差带

图 5-33　同轴度公差带示意图

如图 5-34 所示，对称度的理想位置与基准平面重合，当满足对称度公差要求时，被测要素平面的平面度、平行度误差也不会超过 0.02mm。

如图 5-35 所示，被测要素的理想位置由理论正确尺寸 100mm 和基准 A、B 共同确定，公差带相对理想位置对称分布。当满足位置度要求时，被测要素平面的形状误差（平面度）和方向误差（倾斜度）也不会超过 0.1mm。

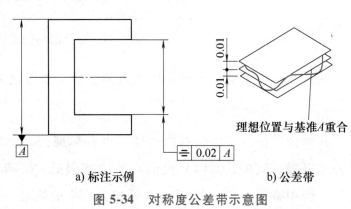

a) 标注示例 　　　　　b) 公差带

图 5-34　对称度公差带示意图

5. 跳动公差

跳动公差是被测实际要素绕基准轴线回转一周或连续回转时所允许的最大跳动量。

圆跳动公差是被测要素某一固定参考点围绕基准轴线做无轴向移动的回转，一周中，由位置固定的指示器在给定方向上测得的最大与最小读数之差，如图 5-36a、b 所示。

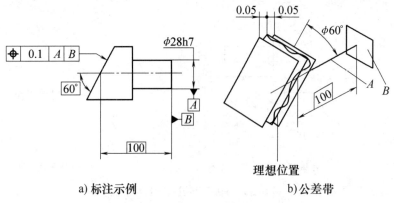

a) 标注示例　　　　　　　　b) 公差带

图 5-35　位置度公差带示意图

全跳动公差是被测实际要素绕基准轴线做无轴向移动的连续回转，同时指示器沿理想要素连续移动（或被测要素每回转一周，指示器沿理想要素做间断移动），指示器在给定方向上测得的最大与最小读数之差，如图 5-36c、d 所示。

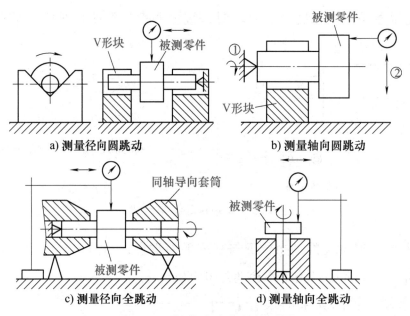

a) 测量径向圆跳动　　　　　　　　b) 测量轴向圆跳动

c) 测量径向全跳动　　　　　　　　d) 测量轴向全跳动

图 5-36　各类跳动公差的测量

前述几何公差实际上都可以通过测量跳动的方法来测定。

（四）几何公差值

几何公差值与尺寸公差值一样，也有标准公差。在国家标准中，几何公差分为 12~13 个公差等级，其中，0（1）级最高，12 级最低，6、7 级为基本级。具体的公差值可在机械设计手册中查得。表 5-8、表 5-9 是相关标准的摘录。

表 5-8　直线度和平面度公差值（摘自 GB/T 1184—1996）　　　（单位：μm）

主参数	公差 等级											
L/mm	1	2	3	4	5	6	7	8	9	10	11	12
≤10	0.2	0.4	0.8	1.2	2	3	5	8	12	20	30	60
>10~16	0.25	0.5	1	1.5	2.5	4	6	10	15	25	40	80

（续）

主参数	公差等级											
L/mm	1	2	3	4	5	6	7	8	9	10	11	12
>16~25	0.3	0.6	1.2	2	3	5	8	12	20	30	50	100
>25~40	0.4	0.8	1.5	2.5	4	6	10	15	25	40	60	120
>40~63	0.5	1	2	3	5	8	12	20	30	50	80	150
>63~100	0.6	1.2	2.5	4	6	10	15	25	40	60	100	200
>100~160	0.8	1.5	3	5	8	12	20	30	50	80	120	250
>160~250	1	2	4	6	10	15	25	40	60	100	150	300
>250~400	1.2	2.5	5	8	12	20	30	50	80	120	200	400
>400~630	1.5	3	6	10	15	25	40	60	100	150	250	500

表 5-9　圆度和圆柱度公差值（摘自 GB/T 1184—1996）　（单位：μm）

主参数	公 差 等 级												
$d(D)$/mm	0	1	2	3	4	5	6	7	8	9	10	11	12
≤3	0.1	0.2	0.3	0.5	0.8	1.2	2	3	4	6	10	14	25
>3~6	0.1	0.2	0.4	0.6	1	1.5	2.5	4	5	8	12	18	30
>6~10	0.12	0.25	0.4	0.6	1	1.5	2.5	4	6	9	15	22	36
>10~18	0.15	0.25	0.5	0.8	1.2	2	3	5	8	11	18	27	43
>18~30	0.2	0.3	0.6	1	1.5	2.5	4	6	9	13	21	33	52
>30~50	0.25	0.4	0.6	1	1.5	2.5	4	7	11	16	25	39	62
>50~80	0.3	0.5	0.8	1.2	2	3	5	8	13	19	30	46	74
>80~120	0.4	0.6	1	1.5	2.5	4	6	10	15	22	35	54	87
>120~180	0.6	1	1.2	2	3.5	5	8	12	18	25	40	63	100

（五）几何公差的选用

1. 几何公差项目的选用

几何公差项目选用的主要依据是零件的功能要求。例如：有回转精度要求的零件要控制圆柱度和同轴度误差；齿轮箱的轴系所在座孔的中心线不平行会影响齿轮啮合，降低承载能力，故应保证其平行度；用键联接传动零件时，键槽应相对于基准轴线对称并平行。

2. 几何公差值的选用

几何公差值的选用原则是：形状公差值低于位置公差值，而位置公差值又应低于尺寸公差值。这主要是由制造精度控制相对难决定的。一般可以先行确定与平键、滚动轴承、齿轮等标准件、通用件相配合部位的几何公差要求（可从机械设计手册中查取），再采用类比的方法确定其余部位的几何公差要求。

考虑到加工难度和除主参数外的其他参数的影响，在满足零件功能要求的前提下，下列情况的精度可降低 1~2 级选用。

1）孔相对于轴。

2）长径比较大的轴与孔。

3）相距较大的轴与孔。

4）大宽度的零件表面，宽度 B>0.5L（长度）。

5）线对线和线对面相对于面对面的平行度。

6）线对线和线对面相对于面对面的垂直度。

3. 基准的选用

基准的确定应在满足设计要求的前提下，力求使设计基准、加工基准、检测基准三者统一，以消除由于基准不重合而引起的误差，同时为简化工具、夹具与量具的设计和制造，为测量提供方便，同一零件上的各项位置公差应尽量采用同一基准。

例 5-8　确定图 5-37 所示减速器轴的几何公差。

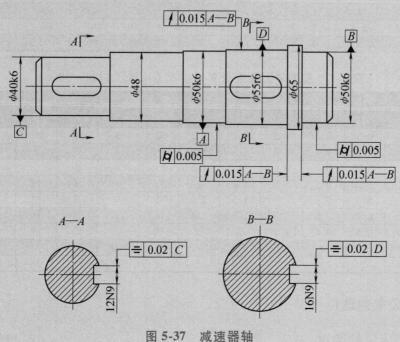

图 5-37　减速器轴

解　1）两处 $\phi50k6$ 为安装轴承的轴颈，应有圆柱度要求。这是因为滚动轴承容易变形，内圈的变形必须靠轴颈的形状精度来保证。

2）$\phi65mm$ 轴环两轴肩端面为保证滚动轴承与传动齿轮的轴向定位，应有轴向圆跳动要求。

3）为使平键工作面承载均匀，键槽应有对称度要求。

4）为满足齿轮与轴的定心要求，对 $\phi55r6$ 表面应有圆跳动要求，此处尺寸标准公差等级为 IT6，属于较高精度要求，圆跳动公差也选择 6 级，公差值为 0.015mm。

上述几何公差具体数值都可从机械设计手册中查取。

拓展知识　表面粗糙度简介

表面粗糙度简介

思维训练

5-1　上、下极限偏差的代数差是（　　　）。

A. 公差　　　　　　　B. 过盈　　　　　　　C. 间隙　　　　　　　D. 不能确定

5-2　孔的基本偏差是（　　　）。

A. ES　　　　　　　B. EI　　　　　　　C. 偏差值为正时的下极限偏差

D. 偏差值为负时的上极限偏差

5-3　轴与滚动轴承内圈的配合应选（　　　）。

A. 过渡配合　　　　B. 过盈配合　　　　C. 间隙配合　　　　D. 混合配合

5-4　滚动轴承外圈与座孔的配合一般应为（　　　）。

A. 过渡配合　　　　B. 过盈配合　　　　C. 间隙配合　　　　D. 混合配合

5-5　传递较大转矩的齿轮孔与轴的配合宜选（　　　）。

A. 过渡配合　　　　B. 过盈配合　　　　C. 间隙配合　　　　D. 混合配合

5-6　需要经常装拆的轴承盖与箱体的配合一般宜选（　　　）。

A. 大间隙配合　　　B. 小间隙配合　　　C. 过渡配合　　　　D. 小过盈配合

5-7　联轴器内孔与轴的配合一般选（　　　）。

A. 基孔制配合　　　B. 基轴制配合　　　C. 非基准制配合　　D. 无法确定

5-8　精度较高的传动齿轮与轴的配合一般应选（　　　）。

A. 基孔制配合　　　B. 基轴制配合　　　C. 非基准制配合　　D. 无法确定

5-9　几何公差中所谓的基准要素是指（　　　）。

A. 用来作为被测要素参照的理想要素

B. 用来检测被测要素尺寸的比较要素

C. 用来作为被测要素形状的比较要素

D. 用来确定被测要素方向或位置的要素

5-10　半径为公差值 t 的圆柱体几何公差带的有（　　　）。

A. 凡被测要素为轴线的几何公差带

B. 圆柱度公差带

C. 凡被测要素为圆或圆柱体的几何公差带

D. 直线度公差带

5-11　下述关于几何公差项目基准要求的正确说法是（　　　）。

A. 凡形状公差项目均无须有基准　　　　B. 凡位置公差项目必须有基准

C. 凡方向公差项目必须有基准　　　　　D. 凡轮廓公差项目必须有基准

5-12　设零件的尺寸公差值为 $T_{尺}$，形状公差值为 $T_{形}$，位置公差值为 $T_{位}$，则几何公差的选用原则可表达为（　　　）。

A. $T_{尺}<T_{位}<T_{形}$　　　　B. $T_{尺}>T_{位}>T_{形}$　　　　C. $T_{尺}>T_{形}>T_{位}$　　　　D. $T_{尺}<T_{形}<T_{位}$

作业练习

5-13　已知下列各轴尺寸标注，试求它们的极限尺寸和公差，并作出公差带图（单位为 mm）。

（1）$\phi 40^{+0.059}_{+0.043}$　　　（2）$\phi 40^{+0.039}_{0}$　　　（3）$\phi 40^{+0.015}_{-0.010}$　　　（4）$\phi 40^{-0.009}_{-0.048}$

5-14　试计算表 5-10 所列孔、轴配合的间隙或过盈值，以及配合公差，指出各属于哪类配合，并作出公差带图。

表 5-10　题 5-14 表　　　　　　　　　（单位：mm）

序号	孔的公差带	轴的公差带	间隙（过盈）值	配合性质
1	$\phi 30^{+0.021}_{0}$	$\phi 30^{+0.041}_{+0.028}$		
2	$\phi 40^{+0.034}_{+0.009}$	$\phi 40^{0}_{-0.016}$		
3	$\phi 60^{+0.046}_{0}$	$\phi 60\pm 0.015$		

5-15　在基孔制的某孔、轴同级配合中，其公称尺寸为 50mm，$T_{\text{h}}=0.078\text{mm}$，$X_{\max}=0.013\text{mm}$，试分别用计算法和公差带图法求孔与轴的上、下极限偏差。

5-16　试改正图 5-38 所示几何公差标注的错误。

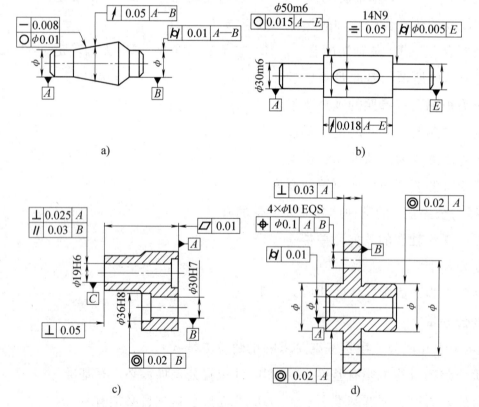

图 5-38　题 5-16 图

5-17　将下列各项几何公差要求标注在图 5-39 上。

（1）左端面的平面度公差 $t = 0.01\text{mm}$。

（2）右端面对左端面的平行度公差 $t = 0.04\text{mm}$。

（3）$\phi70\text{mm}$ 孔轴线对左端面的垂直度公差 $t = 0.02\text{mm}$。

（4）$\phi210\text{mm}$ 外圆轴线对 $\phi70\text{mm}$ 孔轴线的同轴度公差为 $\phi0.03\text{mm}$。

（5）$4\times\phi20$ 孔轴线对左端面及 $\phi70\text{mm}$ 孔轴线的位置度公差为 $\phi0.15\text{mm}$。

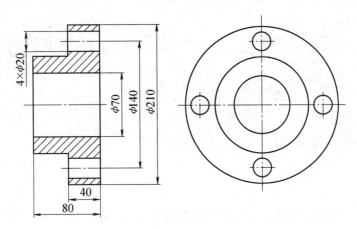

图 5-39　题 5-17 图

第六章　机械常用机构

第一章中介绍了构成机器的三大主要组成部分：原动装置、传动装置和执行装置。其中，原动装置如电动机、柴油机等，一般由专业工厂标准化生产，对工程人员而言，只需根据计算功率和要求转速合理选择即可。传动装置与执行装置的选择和确定就比较复杂，问题集中在选择或设计恰当的运动机构并保证机械零件既有足够强度又合乎制造工艺性。传动装置与执行装置通常由一些机构或机械传动组合而成。常用的机构与传动方式有平面连杆机构、凸轮机构、间歇运动机构、螺旋传动、齿轮传动、带传动等。本章主要介绍常用机构。

第一节　平面连杆机构

连杆机构是由若干构件用转动副或移动副连接而成的机构。在连杆机构中，所有构件都在同一平面或相互平行的平面内运动的机构，称为平面连杆机构。

平面连杆机构能够实现多种运动形式的转换，构件间均为面接触的低副，因此运动副间的压强较小，磨损较慢。平面连杆机构的两构件接触表面为圆柱面或平面，制造容易，所以应用广泛。其缺点是连接处间隙造成的累积误差比较大，运动准确性稍差。

平面连杆机构中，最常见的是四杆机构。下面主要介绍其类型、运动转换及其特征。

一、铰链四杆机构的基本形式及应用

如图6-1所示，当平面四杆机构中的运动副都是转动副时，称为铰链四杆机构，其中固定不动的构件4称为机架，与机架相连的构件1和3称为连架杆，不与机架相连的构件2

称为连杆。相对于机架能做整周回转的连架杆（如杆1）称为曲柄，只能绕机架摆动的连架杆称为摇杆（如杆3）。

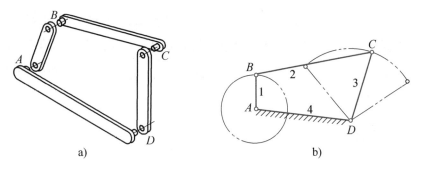

图 6-1　铰链四杆机构

（一）基本形式

铰链四杆机构按有无曲柄、摇杆分为以下三种基本形式。

1. 曲柄摇杆机构

两连架杆分别为曲柄和摇杆的铰链四杆机构，称为曲柄摇杆机构。

如图6-1所示，在曲柄摇杆机构中，当曲柄1为主动件时，可将曲柄的连续转动经连杆转换为摇杆的往复摆动。图6-2a所示为牛头刨床，它的横向自动进给就是利用曲柄摇杆机构传动的，当齿轮转动时，通过连杆带动摇杆往复摆动，并通过棘轮带动丝杠做单向间歇运动。图6-2b所示为曲柄摇杆机构的运动简图。

在曲柄摇杆机构中，当摇杆为主动件时，可将摇杆的往复摆动经连杆转换为曲柄的连续转动。图6-3a所示为缝纫机踏板机构，当脚踏动板3（相当于摇杆）使其做往复摆动时，通过连杆2带动曲轴（相当于曲柄）做连续转动，使缝纫机工作。

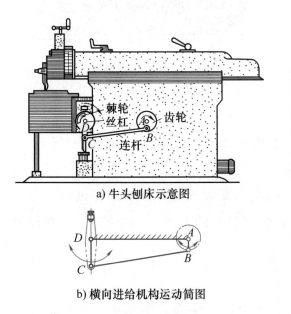

a) 牛头刨床示意图

b) 横向进给机构运动简图

图 6-2　牛头刨床横向自动进给机构

牛头刨床主
体运动机构

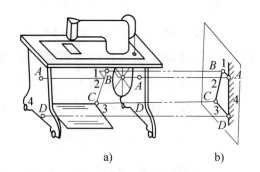

图 6-3　缝纫机踏板机构

2. 双曲柄机构

两连架杆均为曲柄的铰链四杆机构，称为双曲柄机构。

如图 6-4 所示，在双曲柄机构中，双曲柄可分别为主、从动件，主动曲柄 1 等速转动，从动曲柄 3 一般为变速转动。在图 6-5 所示的惯性筛中，*ABCD* 为双曲柄机构。惯性筛就是利用从动曲柄 3 的变速转动使筛子具有适当的加速度，使筛面上的物料由于惯性而来回抖动，从而达到筛分物料的目的。

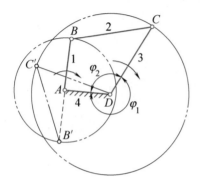

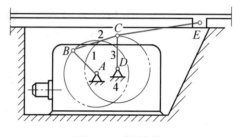

惯性筛机构

图 6-4　双曲柄机构运动示意图　　　　图 6-5　惯性筛

在双曲柄机构中，如果两曲柄的长度相等，且连杆与机架的长度也相等，称为平行双曲柄机构（图 6-6 的 *ABCD*）。平行双曲柄机构有两种情况：图 6-6a 所示为同向双曲柄机构，图 6-6b 所示为反向双曲柄机构。这种机构的运动特点是两曲柄的角速度始终保持相等，在机器中应用很广泛。图 6-7 所示的机车车轮联动机构为双曲柄机构的应用。

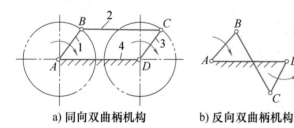

a) 同向双曲柄机构　　b) 反向双曲柄机构

图 6-6　双曲柄机构　　　　　　图 6-7　机车车轮联动机构

3. 双摇杆机构

两连架杆都为摇杆的铰链四杆机构，称为双摇杆机构。

如图 6-8a 所示，双摇杆机构的两摇杆均可作为主动件，当主动摇杆 1 往复摆动时，通过连杆 2 带动从动摇杆往复摆动。图 6-8b 所示门式起重机变幅机构即为双摇杆机构，当主动摇杆 1 摆动时，从动摇杆 3 随之摆动，使连杆 2 延长部分上的 *E* 点（吊重物处），在近似水平的直线上移动，以避免不必要的升降而消耗能量。

（二）铰链四杆机构存在曲柄的判别条件

铰链四杆机构中是否存在曲柄，取决于各构件长度之间的关系。实物演示和理论分析都证明，连架杆成为曲柄必须满足下列两个条件：

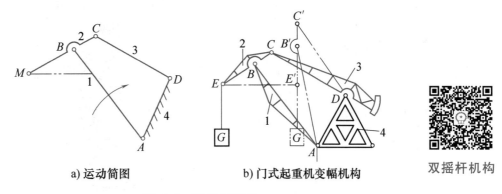

a) 运动简图　　　b) 门式起重机变幅机构　　　双摇杆机构

图 6-8　双摇杆机构

（1）必要条件　最短杆与最长杆长度之和小于或等于另两杆之和。

（2）充分条件　连架杆与机架中至少有一个是最短杆。

如图 6-9 所示，在铰链四杆机构中，如果满足必要条件（1）：取最短杆为连架杆，得到曲柄摇杆机构（图 6-9a）；取最短杆为机架，得到双曲柄机构（图 6-9b）；取最短杆为连杆，得到双摇杆机构。

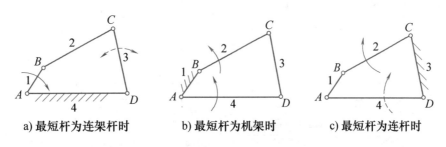

a) 最短杆为连架杆时　　　b) 最短杆为机架时　　　c) 最短杆为连杆时

图 6-9　铰链四杆机构的类型判别

如果铰链四杆机构不满足必要条件（1），则不论取何杆为机架，均得到双摇杆机构。

二、其他形式的四杆机构及应用

1. 曲柄滑块机构

如图 6-10 所示，由曲柄 1、连杆 2、滑块 3 及机架 4 组成的平面连杆机构，称为曲柄滑块机构。滑块的两个极限位置 C_1、C_2 之间的距离 H 称为滑块的行程。

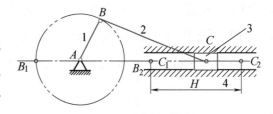

图 6-10　曲柄滑块机构

在曲柄滑块机构中，若曲柄为主动件，可将曲柄的连续转动经连杆转换为从动滑块的往复直线移动，如图 6-11 所示的压力机等；反之，若滑块为主动件，其直线运动将经连杆转换为从动曲柄的连续转动，如图 6-12 所示的内燃机等。

当传递力较大，滑块行程又较小时，由于曲柄很短，不便安装铰销，常采用一个回转中心与几何中心不相重合的偏心轮代替曲柄，连杆的一端有大圆环套在偏心轮上，如图 6-13

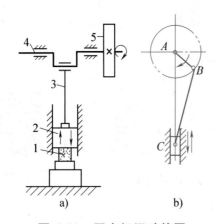 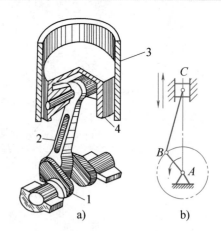

图 6-11　压力机运动简图

1—工件　2—滑块　3—连杆　4—曲轴　5—齿轮

图 6-12　内燃机

1—曲轴　2—连杆　3—缸体　4—活塞

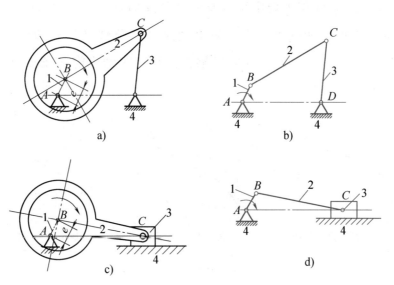

图 6-13　偏心轮机构

所示，这种机构称为偏心轮机构。实质上这仍然是曲柄滑块机构，只是原来简化为 B 点的回转副现在扩大为半径大于曲柄长度的偏心圆而已。偏心轮回转中心 A 到几何中心 B 之间的距离称为偏心距，即曲柄的长度。

2. 曲柄摆动导杆机构

如图 6-14a 所示，由曲柄 1、滑块 2、

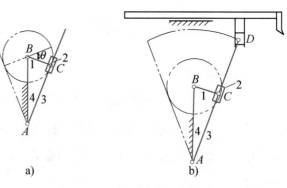

图 6-14　曲柄摆动导杆机构

摆动导杆 3 和机架 4 组成的机构，称为曲柄摆动导杆机构。

在曲柄摆动导杆机构中，曲柄连续转动，滑块一方面沿导杆滑动，另一方面带动导杆绕铰链 A 往复摆动，即将曲柄的连续转动转换为摆动。图 6-14b 所示牛头刨床的主运动机构 ABCD，即应用了曲柄摆动导杆机构。

3. 曲柄摇块机构

如图 6-15a 所示，由曲柄 1、连杆 2、摇块 3（只能绕铰链 *C* 摆动）和机架 4 组成的机构，称为曲柄摇块机构。该机构可将连杆相对摇块的移动，转换为曲柄的转动。图 6-15b 所示的货车自动卸料机构就应用了曲柄摇块机构。车厢 1 相当于曲柄，可绕车架上的 *A* 点转动，活塞杆 2 相当于连杆，液压缸 3 相当于摇块，可绕车架上的 *C* 点摆动。当液压缸中的液压油推动活塞杆运动时，迫使车厢绕 *A* 点转动，就可自动卸下物料。曲柄摇块机构还应用于其他液压装置中。

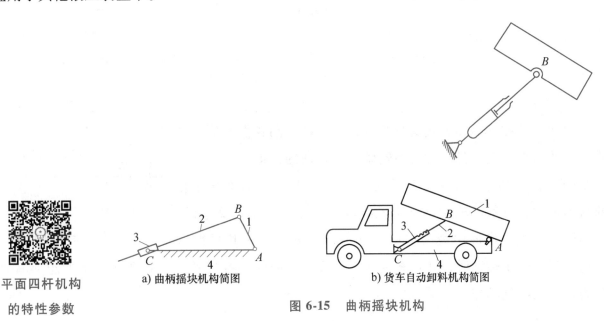

平面四杆机构
的特性参数

a) 曲柄摇块机构简图　　　　　b) 货车自动卸料机构简图

图 6-15　曲柄摇块机构

第二节　凸　轮　机　构

如图 6-16a 所示，凸轮机构由凸轮 1、从动件 2 和机架 3 组成。凸轮是主动件，做等速转动或往复移动，它推动从动件，使之移动或摆动，其运动规律由凸轮轮廓决定。

凸轮机构的特点是：从动件便于准确地实现给定的运动规律，结构简单、紧凑，但凸轮与从动件为点或线接触，容易磨损。

一、凸轮机构的类型和应用

（一）按凸轮外形及运动形式分类

与从动件接触的凸轮轮廓曲线在凸轮体上的分布有两类情况：一类是轮廓曲线分布在同一平面内，形成平面曲线，另一类是轮廓曲线分布在凸轮体表面，形成空间曲线。前者称为平面凸轮（图 6-16、图 6-17、图 6-18），后者称为立体凸轮（图 6-19）。

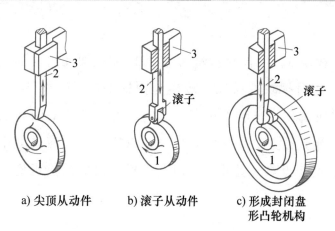

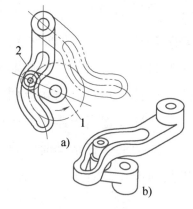

a) 尖顶从动件　　b) 滚子从动件　　c) 形成封闭盘
形凸轮机构

图 6-16　盘形凸轮

1—凸轮　2—从动件　3—机架

图 6-17　逆动凸轮

1—曲柄　2—从动件（曲线槽）

1. 平面凸轮

这类凸轮按其运动方式又分为两种：一种是凸轮做圆周回转或摆动的盘形凸轮，另一种是凸轮做直线移动的移动凸轮。

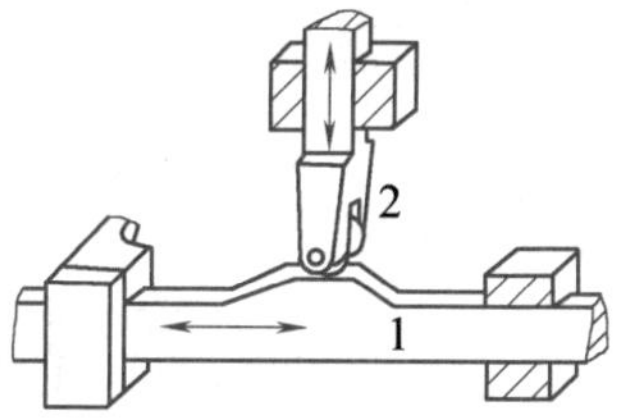

（1）盘形凸轮　如图 6-16 所示，凸轮 1 是一具有变化半径的盘形构件，一般凸轮主动绕定轴线转动，推动从动件 2 运动。盘形凸轮在生产实际中最为常见。图 6-20 所示为内燃机的配气机构，当凸轮 1 转动时，其轮廓推动气阀 2（从动件）往复移动，按预定时间打开或关闭气阀，完成配气动作。

图 6-18　移动凸轮

1—凸轮　2—从动件

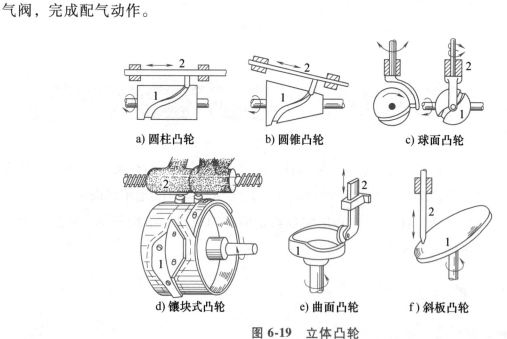

a) 圆柱凸轮　　b) 圆锥凸轮　　c) 球面凸轮

d) 镶块式凸轮　　e) 曲面凸轮　　f) 斜板凸轮

图 6-19　立体凸轮

1—凸轮　2—从动件

如果凸轮为从动件，则盘形凸轮可演化为如图 6-17 所示的逆动凸轮，主动杆（曲柄 1）与凸轮轮廓曲线槽 2 用活动圆销连接，曲柄 1 转动，拨动凸轮，根据廓线摆动或停歇，实现预定的运动规律。

（2）移动凸轮　如图 6-18 所示，凸轮 1 外形为平板状，并做往复移动，从而推动从动件 2 往复移动。图 6-21 所示为自动车床靠模机构，移动凸轮 1 作为靠模固定，当托板 3 水平移动时，凸轮的曲线廓形迫使从动件 2 带动刀架进退，切削出手柄外形。

内燃机
配气机构

图 6-20　内燃机配气机构
1—凸轮　2—气阀

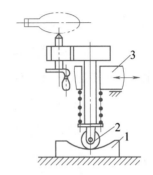

图 6-21　自动车床靠模机构
1—凸轮　2—从动件　3—托板

2. 立体凸轮

如图 6-19 所示，立体凸轮一般做回转运动，外形为回转体。最常用的是外形为圆柱的圆柱凸轮（图 6-19a）和外形为圆锥的圆锥凸轮（图 6-19b）。下面仅介绍圆柱凸轮及其演化型——镶块式凸轮（图 6-19d）。

（1）圆柱凸轮　在圆柱体表面上加工出一定轮廓的曲线槽，从动件的一端嵌入槽内，当圆柱凸轮旋转时，圆柱体上凹槽的侧面迫使从动件做往复移动（图 6-19a、e）或绕定点摆动（图 6-22b）。圆柱凸轮在机械中常用作控制机构，如图 6-22 所示的缝纫机挑线机构，脚踏板（或电动机）带动

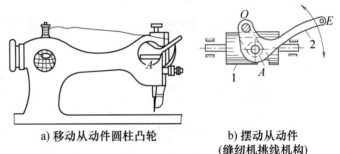

a) 移动从动件圆柱凸轮　　b) 摆动从动件
（缝纫机挑线机构）

图 6-22　缝纫机挑线机构
1—凸轮　2—从动件

圆柱凸轮转动，拨销 A 驱动 OAE 机构绕固定铰链 O 来回摆动，完成 E 处的挑线动作。

（2）镶块式凸轮　图 6-19d 所示为镶块式凸轮，它由若干镶块拼接而成，固定在鼓轮上。鼓轮上制有许多螺孔，供固定镶块时灵活选用。这种凸轮可以按使用要求更换不同轮廓的镶块，以适应工作情况的变化，适用于需要经常变换从动件运动规律的场合。

（二）按从动件端部形状及运动形式分类

1. 按从动件端部形状分类

（1）尖顶从动件　如图 6-16a、图 6-19f 所示，尖顶从动件结构简单，但与凸轮轮廓接

触时为点接触，且为滑动摩擦，易磨损，只用于低速轻载场合。

（2）滚子从动件　如图 6-16b、c 所示，滚子从动件与凸轮轮廓接触变为线接触，且为滚动摩擦，摩擦和磨损较小，能承受较大载荷，应用广泛。

（3）平底从动件　如图 6-23 所示，从动件 2 的端部为平底。这种从动件的平底与凸轮接触，工作时，平底从动件因摩擦力产生转动，既减小了磨损，又增大了两构件间的相对滑动速度，使平底与凸轮轮廓间的楔形油楔间容易形成压力油膜，从而可大大减轻摩擦与磨损，常应用于高速凸轮机构。

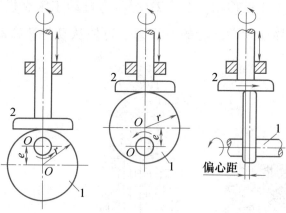

图 6-23　平底从动件盘形凸轮机构
1—凸轮　2—从动件

2. 按从动件运动形式分类

按从动件运动形式可分为直动从动件（图 6-16、图 6-18、图 6-19、图 6-20 等）和摆动从动件（图 6-17、图 6-22 等）。

凸轮机构广泛应用于自动机和半自动机中的控制机构，不宜用于承受重载和冲击载荷的机构。

（三）按从动件端部与凸轮保持接触的方式分类

使从动件端部与凸轮始终保持接触的方式称为封闭。采用重力（图 6-16a、b）、弹簧力（图 6-20）方式实现接触的称为力封闭；采用特殊几何形状实现接触的称为形封闭（图 6-16c，图 6-19a~d）。

二、盘形凸轮的设计

凸轮的设计主要是轮廓曲线的设计，常用两种方法：一种是根据解析法应用计算机进行设计，另一种是采用作图法设计。前者为现代高精度凸轮设计的常用方法，后者适用于精度较低的凸轮的设计。但是从原理上看，后者是前者的基础，因此本书只介绍作图法。

采用作图法设计凸轮的步骤是：①根据要求的从动件运动规律确定位移线图；②依据反转法原理绘制出凸轮轮廓线。

（一）凸轮线图

从动件的运动规律常用线图表示。线图表示从动件的位移 s 与主动凸轮的转角 θ 间的函数关系。

如图 6-24a 所示的对心直移尖顶从动件盘形凸轮，凸轮以匀角速度 ω 绕回转中心 O 顺时针方向回转，从距凸轮回转中心 O 最近接触处 A 开始，推动从动件移动。接触点从 $A \rightarrow a \rightarrow b \rightarrow c \rightarrow d$（与 A 重合），反向（逆时针方向）移动。定义最小向径 OA 确定的圆为基圆，

其半径用 r_b 表示。当凸轮转过 θ 角时，接触点变为 X，向径为 r_x，由于从动件导路通过凸轮回转中心（对心），故从动件位移 $s=r_x-r_b$。如果用一直角坐标系，纵坐标表示从动件位移 s，横坐标表示凸轮转角 θ，将转角变化的 θ 值与相应变化的位移 s 值的交点逐一在直角坐标系中画出，便形成了如图 6-24b 所示的线图，此图也称为位移线图。如果将纵坐标改为从动件的速度 v 或加速度 a，便构成速度线图（图 6-24c）和加速度线图（图 6-24d）。

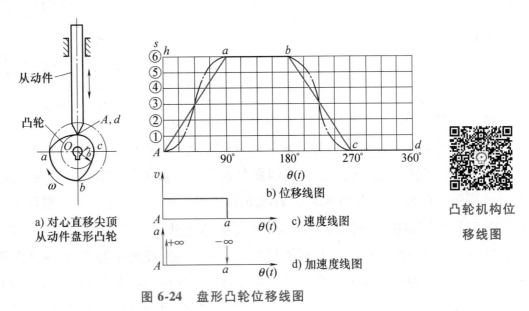

a) 对心直移尖顶从动件盘形凸轮

b) 位移线图

c) 速度线图

d) 加速度线图

凸轮机构位移线图

图 6-24　盘形凸轮位移线图

（二）从动件常用运动规律

主动凸轮转动时，从动件的常用运动规律有：等速运动规律，等加速、等减速运动规律和正弦加速运动规律等。本书只介绍前两种运动规律。

1. 等速运动规律

当从动件速度 v 不变时，位移 $s=vt$，其位移线图为图 6-24b 所示的斜直线。当凸轮从始点 A 顺时针方向转过 θ_0（$\theta_0=90°$）时，从动件与凸轮在 a 处接触，从动件位移 $s_0=h$（h 为从动件的最大位移，称为推程），所用时间 $t_0=\theta_0/\omega$，这时 $v=h/t_0=\omega h/\theta_0$，因为时间 $t=\theta/\omega$，故位移 s 与转角 θ 的关系为

$$s=\frac{h}{\theta_0}\theta \tag{6-1}$$

如图 6-24d 所示，理论分析表明，当等速运动规律在从动件行程的开始和终止时，在时间间隔 $\Delta t \to 0$ 瞬间要达到速度 v，其加速度 $a=v/\Delta t \to \infty$，将引起无穷大的惯性力，此惯性力引起的冲击常称为刚性冲击。虽然实际中不可能使从动件速度瞬时达到定值，但在极短时间内使从动件速度达到定值也会引起巨大的冲击，因此，等速运动规律在初始和终止处常需用其他运动规律进行修正（如图 6-24b 中点画线所示）。

2. 等加速、等减速运动规律

如图 6-25 所示，从动件前半程、后半程分别为等加速、等减速运动规律。其数学表达式为

$$\left.\begin{array}{l} s = \dfrac{1}{2}a_0t^2 \\[2mm] v = a_0t \\[2mm] a = a_0 \end{array}\right\} \qquad (6\text{-}2)$$

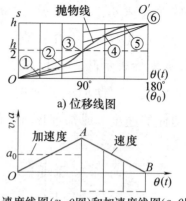

a) 位移线图

b) 速度线图（v-θ图）和加速度线图（a-θ图）

图 6-25 等加速、等减速运动规律

式中 a_0——恒定的加速度值，单位为 $\mathrm{m/s^2}$。

经推导，从动件位移 s 与主动凸轮转角 θ 间的关系可表达为

$$s = \dfrac{2h}{\theta_0^2}\theta^2 \qquad (6\text{-}3)$$

由图 6-25 可知，在速度 v 突变的 O、A、B 三点，其加速度为有限值 a_0，故所引起的冲击也为有限值，由此产生的冲击称为柔性冲击。

等加速、等减速运动规律的位移线图是抛物线。如果已知推程 h 和推程角 θ_0，该抛物线可用等分线段的方法方便求得。如图 6-25 所示，设推程为 h 时，推程角 $\theta_0 = 180°$，在 $0° \sim 90°$ 区间为等加速运动，在 $90° \sim 180°$ 为等减速运动。按等分原则，将 h 与 θ_0 均相应等分为 6 等份。在前半段，从原点 O 至推程 h，等分端点连线与推程角 θ_0 的纵向等分线分别交于①、②、③，圆滑连接①、②、③即为等加速段的位移线图。同理可求得推程角在 $90° \sim 180°$ 的位移线图（因为这一段抛物线开口朝下，故作图假设原点 O' 在⑥处）。

注意：等分数越多，所作位移线图越准确。

（三）作图法设计盘形凸轮

下面以直移从动件盘形凸轮轮廓线设计为例，讲解如何使用作图法设计盘形凸轮。

1. 对心尖顶直移从动件盘形凸轮

设凸轮以匀角速 θ 逆时针方向回转一周，从动件先以等速度上升至最高点，推程为 h；然后再以同一速度下降返回原点。其位移线图如图 6-26a 所示。其作图步骤如下：

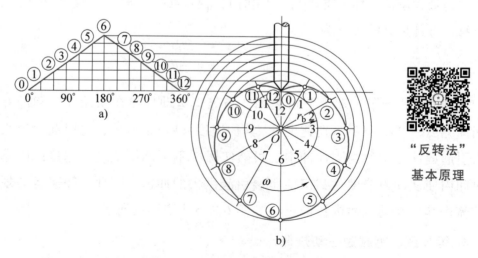

"反转法"

基本原理

图 6-26 对心尖顶直移从动件盘形凸轮轮廓线设计

1）选取适当比例，按给定从动件运动规律，绘出位移线图（图 6-26 位移曲线已知）。

2）等分位移线图（图中等分成 12 等份，横向 θ 每等份 = 360°/12 = 30°；纵向 s 每等份为 $h/6$）。

3）以基圆半径 r_b（一般应为已知条件，也可根据结构要求自行确定）作基圆，并将基圆等分成 12 等份。按习惯，以垂直方向的 0 为终点，与凸轮转动方向反向（顺时针方向）标上各等分点序号 1，2，…，12。

4）分别在 $O1$，$O2$，…，$O12$ 延长线上截取 $1① = h/6$，$2② = 2h/6$，…，$6⑥ = h$，$7⑦ = 5h/6$，…，得①，②，…，⑫轮廓点。

5）圆滑连接①，②，…，⑥，⑦，…，⑫即得所求凸轮轮廓曲线。

2. 滚子直移从动件盘形凸轮

如果从动件端部为滚子，设滚子半径为 r_T，设计时前几步作图步骤与尖顶从动件相同，此时所得轮廓线为理论轮廓线，在此基础上再加一步骤如下：

如图 6-27 所示，以理论轮廓线为圆心，以 r_T 为半径作一系列圆，作系列圆的内侧包络线，即为所求实际轮廓线（如果凸轮为形封闭，则外、内侧包络线即为凸轮凹槽两侧轮廓线）。

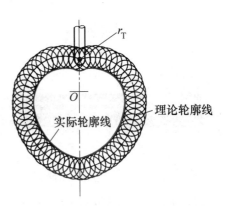

图 6-27 滚子直移从动件盘形
凸轮轮廓线设计

三、凸轮压力角 α 的校核与基圆半径 r_b 的选择

如图 6-28a 所示，忽略从动件与凸轮接触处的摩擦，凸轮对从动件的作用力 F 沿接触点 A 的法线方向，直动从动件的速度 v 沿导路方向，与连杆机构一样，从动件所受的作用力 F 与受力点速度 v 之间所夹的锐角，称为凸轮机构的压力角，用 α 表示。为保证良好的传力性能，必须限制最大压力角 α_{max}。设计时应使 $\alpha_{max} \leq [\alpha]$，$[\alpha]$ 的大小通常由经验确定。一般，推程时，对直动从动件，取 $[\alpha] = 30°$，对于摆动从动件，取 $[\alpha] = 45°$；回程时，从动件只受重力或弹簧力作用，不会引起自锁，可不必校验压力角。压力角大小可简便地用量角器测取（图 6-28b）。最大压力角 α_{max} 一般出现在从动件上升的起始位置、从动件具有最大速度 v_{max} 的位置或凸轮轮廓比较陡的位置。

研究表明，从动件运动规律相同时，对应点的压力角 α 与基圆半径 r_b 等因素有关。如图 6-29 所示，基圆半径 r_b 较大的凸轮对应点的压力角 α 较小，传力性能好，但结构尺寸较大；基圆半径 r_b 较小时，压力角 α 较大，容易引起自锁，但结构比较紧凑。

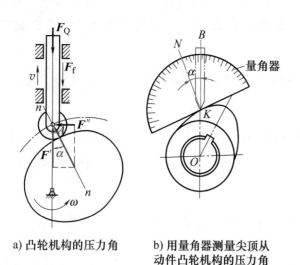

a) 凸轮机构的压力角

b) 用量角器测量尖顶从动件凸轮机构的压力角

图 6-28　凸轮机构的压力角及其测量

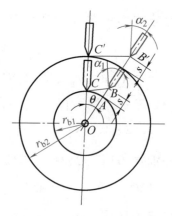

图 6-29　基圆半径 r_b 与压力角 α 的关系

第三节　间歇运动机构

在印刷机械、包装机械及各种自动机和半自动机中，要求将原动件的连续回转运动转换为从动件周期性时停时动的运动，此类机构称为间歇运动机构（又称步进运动机构）。间歇运动机构的类型很多，恰当设计的凸轮机构、连杆机构、齿轮机构（图 6-30），都可实现间歇运动。本节仅介绍最常用的棘轮机构和槽轮机构。

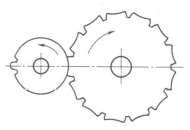

图 6-30　不完全齿轮机构

一、棘轮机构

棘轮机构主要由棘轮、棘爪和机架组成，如图 6-31 所示。棘轮 A 具有单向棘齿，用键与轴联接。棘爪 B 铰接于摆杆 DE 上，摆杆与机架铰接于 E（也可空套在棘轮轴上），可以自由摆动。棘爪 B 为主动件，棘轮为从动件。当摆杆逆时针方向摆动时，驱动棘爪 B 插入棘轮齿槽内，推动棘轮转动一定角度；当摆杆顺时针方向摆动时，棘爪 B 沿棘轮齿背滑过，止回棘爪 B′阻止棘轮顺时针方向转动而静止不动。这样，当摆杆和棘爪连续往复摆动时，就实现了棘轮的单向间歇运动。

棘轮机构可分为单向驱动棘轮机构和双向驱动棘轮机构。单向驱动棘轮机构常采用锯齿形齿（图 6-31）。双向驱动棘轮机构则采用矩形齿，如图 6-32 所示，棘爪在图示位置，推动棘轮逆时针方向转动；将棘爪轴转动 180°放置，则可推动棘轮顺时针方向转动。棘轮机构还可分为外齿棘轮机构（图 6-31）和内齿棘轮机构（图 6-33）。

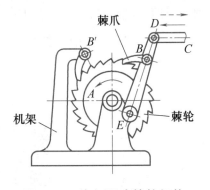

图 6-31　单向驱动棘轮机构

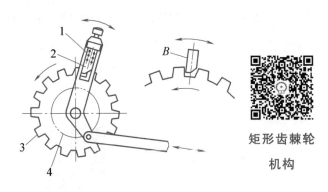

图 6-32　双向驱动棘轮机构

1—弹簧　2—棘爪　3—棘轮　4—从动轴

矩形齿棘轮机构

　　棘轮机构结构简单，运动可靠，但运动开始和终止时，因速度突变易产生冲击和噪声，所以只适用于低速和转角不大的场合，常用在各种机构和自动机的进给机构、转位机构中。如图 6-2 所示的牛头刨床横向进给机构，当主动曲柄做匀速转动时，连杆带动摇杆往复摆动，摇杆上的棘爪推动棘轮做单向间歇运动。棘轮装在进给丝杠上，使与工作台相联的螺母做单向间歇运动，带动工作台做横向进给运动。

　　棘轮机构还常用作防止逆转的停止器。图 6-34 所示为提升机的棘轮停止器。

图 6-33　内齿棘轮机构

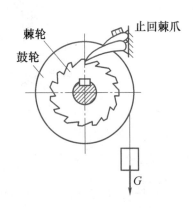

图 6-34　提升机的棘轮停止器

二、槽轮机构

　　槽轮机构主要由装有圆销的主动拨盘和具有径向槽的从动槽轮组成。图 6-35 所示为外槽轮机构，当拨盘做连续的匀速转动，拨盘的圆销 P 进入径向槽时，驱使槽轮转动；圆销脱出槽轮的径向槽时，槽轮内凹弧 s_2 被拨盘的外凸弧 s_1 锁住，槽轮静止不动。直到圆销 P 再度进入槽轮的另一径向槽 P' 位置时，槽轮才又开始转动，这样就将拨盘的连续转动转换为槽轮的间歇运动。

　　图 6-36 所示为内槽轮机构，拨销 1 与槽轮 2 转向相同。

　　槽轮机构的停歇和运动时间取决于槽轮的槽数 z 和拨销数。

　　槽轮机构结构简单，转位方便，但转角大小不可调节，且有冲击，只能用于低速自动机的转位或分度机构。图 6-37 所示的槽轮机构应用于自动车床刀架转位，刀架 1 上装有 6 把刀具，与刀架连接在一起的槽轮 3 开有 6 个径向槽，拨盘 5 上装一个圆销。拨盘每转一周，圆销进入槽轮一次，驱使槽轮（即刀架）转过 60°，将下一工序的刀具转换到工作位置。

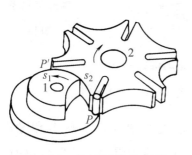

图 6-35　单销外槽轮机构

1—拨盘　2—槽轮

外槽轮机构

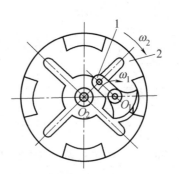

图 6-36　内槽轮机构

1—拨销　2—槽轮

内槽轮机构

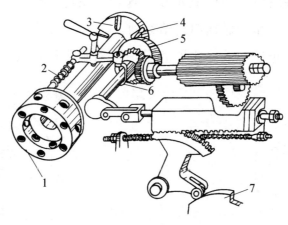

图 6-37　自动车床刀架转位机构

1—刀架　2—定位销　3—槽轮　4—圆销　5—拨盘　6—圆柱凸轮　7—进给凸轮

第四节　螺旋机构

要把回转运动转变为直线运动，也可以用螺旋机构实现。螺旋机构由螺杆、螺母和机架组成。如图 6-38 所示，车床的长丝杠 1 转动，借助开合螺母 2 带动床鞍移动。丝杠 1 外表面和开合螺母 2 内表面均制有螺纹，相互组成螺旋副，构成螺旋机构（也称螺旋传动）。

一、螺纹及其主要参数

如图 6-39 所示，在圆柱体表面上，沿螺旋线切制出特定形状的沟槽即形成螺纹。在圆柱体内表面形成内螺纹，外表面形成外螺纹。沿一条螺旋线形成的为单线螺纹（图6-39b），其自锁性好，常用于联接；沿两条或两条以上等距螺旋线形成的为多线螺纹（图6-39a），其效率高，常用于传动。螺纹竖放时，螺旋线向右上升的为右旋螺纹（图6-39a），向左上升的为左旋螺纹（图6-39b）。常用的是右旋螺纹。

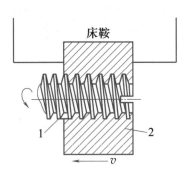

图6-38 车床的丝杠螺母机构
1—丝杠 2—开合螺母

如图6-40所示，螺纹的主要参数有：

1）大径 d——螺纹的最大直径，标准中定为公称直径。

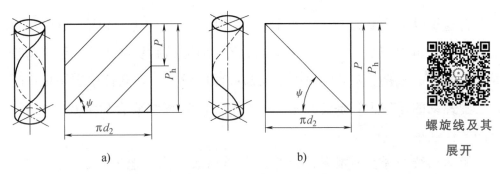

a)   b)

图6-39 升角 ψ 与导程 P_h、螺距 P 的关系

螺旋线及其
展开

2）小径 d_1——螺纹的最小直径，常作为强度计算直径。

3）中径 d_2——螺纹轴向截面内，牙型上沟槽宽与牙宽相等处的假想圆柱面直径，是确定螺纹几何参数与配合性质的直径。

4）线数 n——螺纹的螺旋线数目。

5）螺距 P——螺纹相邻两个牙型在中径圆柱上对应两点的轴向距离。

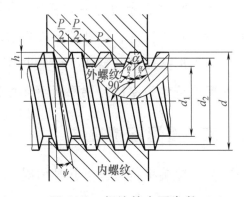

图6-40 螺纹的主要参数

6）导程 P_h——螺纹上任一点沿同一条螺旋线旋转一周所移动的轴向距离，且

$$P_h = nP \tag{6-4}$$

7）升角 ψ——在中径圆柱上螺旋线的切线与垂直于螺纹轴线的平面间的夹角，单位为（°）。由图6-39可知

$$\tan\psi = \frac{P_h}{\pi d_2} = \frac{nP}{\pi d_2} \tag{6-5}$$

8）牙型角 α——螺纹轴向截面内，牙型两侧边的夹角，单位为（°）。$\alpha/2$ 为牙型半角。

二、螺纹的类型、特点及应用

如图6-41所示，按照牙型的不同，螺纹可分为普通螺纹、管螺纹、矩形螺纹、梯形螺纹和锯齿形螺纹等。除矩形螺纹外，均已标准化。除管螺纹采用寸制（以每英寸牙数表示螺距）外，均采用米制。

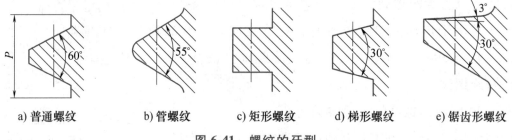

a) 普通螺纹　　b) 管螺纹　　c) 矩形螺纹　　d) 梯形螺纹　　e) 锯齿形螺纹

图 6-41　螺纹的牙型

普通螺纹的牙型为等边三角形，$\alpha = 60°$，故又称为三角形螺纹。细牙螺纹的螺距、螺纹深度及升角均较小，自锁性好，强度高，但磨损后易滑牙，常用于薄壁零件或受动载荷、要求紧密性的联接。粗牙螺纹螺距及螺纹深度较大，在联接中应用更广泛些。

管螺纹的牙型为等腰三角形，$\alpha = 55°$，内外螺纹旋合后无径向间隙，用于有紧密性要求的管件联接。

矩形螺纹的牙型为矩形，$\alpha = 0°$，其传动效率比其他牙型都高，但牙根强度低，螺旋副磨损后，间隙难以修复和补偿，从而使传动精度降低，现已被梯形螺纹所代替。

梯形螺纹的牙型为等腰梯形，$\alpha = 30°$，其传动效率略低于矩形螺纹，但牙根强度高，工艺性和对中性好，可补偿磨损后的间隙，是最常用的传动螺纹。

锯齿形螺纹的牙型为不等腰梯形，工作面牙侧角为 3°，非工作面牙侧角为 30°，兼有矩形螺纹传动效率高和梯形螺纹牙根强度高的特点，常用于单向受力的传动或联接。

三、普通螺旋机构

普通螺旋机构有以下几种情况：

1）如图 6-42a 所示，螺杆转动，螺母移动。图 6-38 所示车床进给机构中的丝杠运动为此情况。

2）如图 6-42b 所示，螺母转动，螺杆移动，如螺旋压力机。

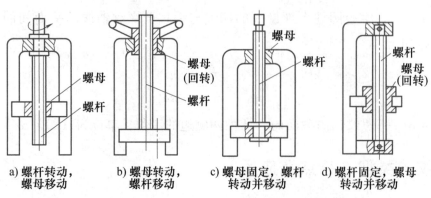

a) 螺杆转动，　　b) 螺母转动，　　c) 螺母固定，螺杆　　d) 螺杆固定，螺母
螺母移动　　　　螺杆移动　　　　转动并移动　　　　转动并移动

图 6-42　螺旋传动的运动转变方式

3）如图 6-42c 所示，螺母固定，螺杆转动并移动，如手动千斤顶。

4）如图 6-42d 所示，螺杆固定，螺母转动并移动。这种运动方式较少，某些钻床工作台采用这种运动方式。

四、差动螺旋机构

图 6-43 所示为差动螺旋传动装置。丝杠 1 的 a 段螺纹在固定的螺母中转动，b 段螺纹在不能转动而能移动的螺母 2 中转动。当丝杠 1 转 1 周时，如果 a 段和 b 段的螺纹旋向相同，则螺母 2 的实际移动距离比本身螺距小；反之，如果 a 段和 b 段的螺纹旋向相反，则螺母 2 的实际移动距离比本身螺距大。若用公式表示，则

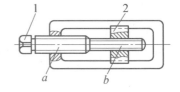

$$s = n(P_a \pm P_b) \tag{6-6}$$

图 6-43　差动螺旋传动装置
1—丝杠　2—螺母

式中　s——螺母 2 的实际位移；

　　　n——丝杠 1 的转数；

　　　P_a——a 段螺纹的螺距；

　　　P_b——b 段螺纹的螺距。

当 a 段和 b 段螺纹旋向相同时用 "−" 号，相反时用 "+" 号。

例 6-1　差动螺旋传动中（图 6-43），$P_a = 4mm$，$P_b = 3.5mm$，a 段和 b 段的螺纹旋向相同，当丝杠转 r/100 时，螺母 2 移动多少距离？

解　$s = n(P_a - P_b) = \dfrac{1}{100} \times (4 - 3.5)mm$

　　　$= 0.005mm$

即当丝杠转 r/100 时，螺母实际移动 0.005mm。

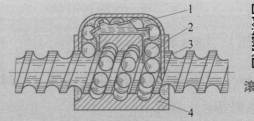

滚动螺旋机构

图 6-44　滚珠螺旋（丝杠）传动
1—旁道回路　2—滚珠　3—螺旋槽　4—螺母

图 6-44 所示为精密机床和数控机床中广泛应用的滚珠螺旋（丝杠）传动，其基本原理是将滚珠 2 装入做成圆弧形的螺旋槽 3 中，螺母 4 中的螺旋槽起点和终点用旁道回路 1 连接起来，传动时滚珠一个跟着一个沿螺旋槽和回路连续传动。滚珠螺旋（丝杠）传动摩擦损失小，故效率较高。

思维训练

一、概念自检题

6-1　四根杆长度不等的双曲柄机构，若主动曲柄做连续匀速转动，则从动曲柄将做（　　　）。

A. 匀速转动　　　　B. 间歇转动　　　　C. 周期变速转动　　　D. 往复摆动

6-2　铰链四杆机构各杆长度的关系为：$l_{AB} = l_{BC} = l_{AD} < l_{CD}$（AD 为机架），则该机构是（　　）。

A. 曲柄摇杆机构　B. 双曲柄机构　　C. 双摇杆机构　　　D. 转动导杆机构

6-3　欲改变曲柄摇杆机构摇杆摆角的大小，一般采用的方法是（　　）。

A. 改变曲柄长度　B. 改变连杆长度　C. 改变摇杆长度　D. 改变机架长度

6-4　有急回运动特性的平面连杆机构的行程速度变化系数 k 的取值范围是（　　）。

A. $k = 1$　　　　B. $k > 1$　　　　C. $k \geq 1$　　　　D. $k < 1$

6-5　在图 6-45 所示位置，机构的压力角是（　　）。

A. α_1　　　　　B. α_2　　　　　C. α_3　　　　　D. α_4

6-6　在图 6-46 所示位置，机构的传动角为（　　）。

A. 0°　　　　　B. 30°　　　　　C. 60°　　　　　D. 90°

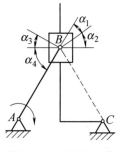 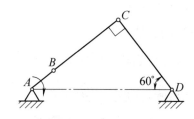

图 6-45　题 6-5 图　　　　　　　　图 6-46　题 6-6 图

6-7　当对心曲柄滑块机构的曲柄为原动件时，机构（　　）。

A. 有急回特性、有死点　　　　　　B. 有急回特性、无死点

C. 无急回特性、无死点　　　　　　D. 无急回特性、有死点

6-8　图 6-47 所示机构是（　　）。

A. 曲柄摇杆机构　　　　　　　　　B. 摆动导杆机构

C. 平底摆动从动件盘形凸轮机构　　D. 平底摆动从动件圆柱凸轮机构

6-9　图 6-48 所示机构（当构件 1 上下往复运动时，构件 2 左右往复移动）属于（　　）。

A. 移动导杆机构　　　　　　　　　B. 移动从动件盘形凸轮机构

C. 滚子移动从动件移动凸轮机构　　D. 平面连杆机构

6-10　图 6-49 所示机构是（　　）。

A. 曲柄滑块机构　　　　　　　　　B. 偏心轮机构

C. 滚子移动从动件凸轮机构　　　　D. 平底移动从动件盘形凸轮机构

6-11　若要盘形凸轮的从动件在某段时间内停止不动，对应的凸轮轮廓曲线应为（　　）。

A. 一段直线　　　　　　　　　　　B. 一段圆弧

C. 抛物线　　　　　　　　　　　　D. 以凸轮转动中心为圆心的圆弧

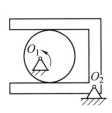

图 6-47　题 6-8 图

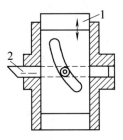

图 6-48　题 6-9 图

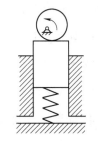

图 6-49　题 6-10 图

6-12　在图 6-50 所示的机构中，属于空间凸轮机构的是（　　　）。

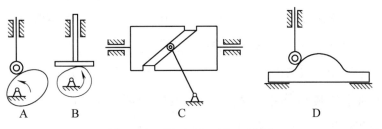

图 6-50　题 6-12～题 6-14 图

6-13　凸轮从动件与凸轮保持接触的形式也称为锁合，由外力实现接触的锁合称为力锁合，利用结构实现接触的锁合称为形锁合。图 6-50 所示机构中（　　　）为形锁合。

6-14　在图 6-50 中，（　　　）中从动件压力角最小。

6-15　螺纹牙型中传动效率最高的是（　　　）。

A. 普通螺纹　　　　B. 矩形螺纹　　　　C. 梯形螺纹　　　　D. 锯齿形螺纹

6-16　螺纹的公称直径是指（　　　）。

A. 螺纹的大径　　　B. 螺纹的中径

C. 螺纹的小径　　　D. 视内、外螺纹而不同

6-17　图 6-51 所示为手动螺旋压力机的结构示意图，螺杆与螺母的相对运动关系属于（　　　）方式。

A. 螺杆转动，螺母移动

B. 螺母转动，螺杆移动

C. 螺母固定，螺杆转动且移动

D. 螺杆固定，螺母转动且移动

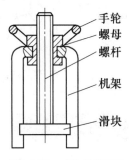

图 6-51　题 6-17 图

6-18　设计一台手动螺旋压力机，螺杆材料为 45 钢，经热处理后硬度为 30～35HRC，螺母应选用（　　　）。

A. ZCuAl10Fe3　　　B. Q195　　　　C. H68　　　　D. HT200

6-19　齿式棘轮机构可能实现的间歇运动为下列的（　　　）形式。

A. 单向，不可调整棘轮转角　　　　　B. 单向或双向，不可调整棘轮转角

C. 单向，无级调整棘轮转角　　　　　D. 单向或双向，有级调整棘轮转角

6-20 自行车后轴上常称为"飞轮"的，实际上是（   ）。

A. 凸轮式间歇机构　　　　　　　B. 不完全齿轮机构

C. 棘轮机构　　　　　　　　　　D. 槽轮机构

6-21 与棘轮机构相比，槽轮机构适用于（   ）的场合。

A. 转速较高，转角较小　　　　　B. 转速较低，转角较小

C. 转速较低，转角较大　　　　　D. 转速较高，转角较大

二、运算自检题

6-22 有一对心曲柄滑块机构，曲柄长为100mm，则滑块的行程是（   ）。

A. 50mm　　　　B. 100mm　　　　C. 200mm　　　　D. 400mm

6-23 图6-52所示凸轮机构从动件的最大摆角是（   ）。

A. 13.84°　　　　B. 24.70°　　　　C. 33.74°　　　　D. 49.64°

6-24 图6-53所示螺旋机构中，左旋双线螺杆的螺距为3mm，转向如图，当螺杆转动180°时，螺母移动的距离和移动的方向为（   ）。

A. 1.5mm，向右　　　　　　　　B. 1.5mm，向左

C. 3mm，向右　　　　　　　　　D. 3mm，向左

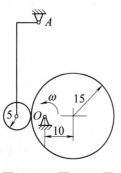

图 6-52　题 6-23 图

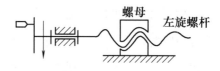

图 6-53　题 6-24 图

作业练习

6-25 判断图6-54所示各铰链四杆机构的类型，并说明判定依据。

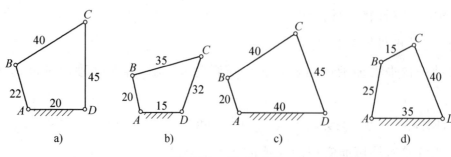

图 6-54　题 6-25 图

6-26 图6-55所示铰链四杆机构 ABCD 中，AB 长为 a。欲使该机构成为曲柄摇杆机构、

双摇杆机构，a 的取值范围分别为多少？

　　6-27　如图 6-56 所示曲柄摇杆机构，曲柄 AB 为原动件，摇杆 CD 为从动件，已知四杆长分别为 $l_{AB} = 0.5\text{m}$，$l_{BC} = 2\text{m}$，$l_{CD} = 3\text{m}$，$l_{AD} = 4\text{m}$。用长度比例尺 1：100 绘出机构运动简图、两个极位的位置图，量出极位夹角 θ 值，并绘出最大压力角的机构位置图。

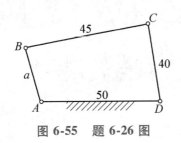

图 6-55　题 6-26 图

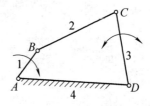

图 6-56　题 6-27 图

　　6-28　图 6-57 所示为一偏心圆凸轮机构，O 为偏心圆的几何中心，偏心距 $e = 15\text{mm}$，$d = 60\text{mm}$。试在图中标出：

　　（1）该凸轮的基圆半径、从动件的最大位移 h 和推程运动角 δ_0 的值。

　　（2）凸轮转过 90° 时，从动件的位移 s。

　　6-29　图 6-58 所示为一滚子对心直动从动件盘形凸轮机构。试在图中画出该凸轮的基圆、理论轮廓曲线、推程最大位移 h 和图示位置的凸轮机构压力角。

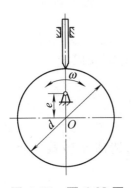

图 6-57　题 6-28 图

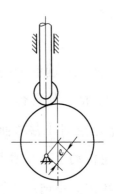

图 6-58　题 6-29 图

第七章　齿轮传动与齿轮系

齿轮传动是目前机械中应用最为广泛的一种机械传动，它具有以下突出优点：

1）适应性广。它的传递功率范围为 $0.1\text{W} \sim 10^5\text{kW}$，可传递 300m/s 以下的任意圆周速度，直径范围达到 $1\text{mm} \sim 16\text{m}$。

2）传动比恒定。正确齿廓的齿轮传动瞬时传动比恒等于常数，即 $i_{12} = n_1/n_2 = \omega_1/\omega_2 =$ 常数。

3）效率较高。正确润滑的齿轮传动的传动效率一般都在 95% 以上。

4）具有较长的工作寿命。

5）可以传递空间任意两轴间的运动。

同时，齿轮传动也存在着某些不足，例如：相对而言制造成本较高，低精度齿轮传动时噪声和振动较大，不适用于距离较大的两轴间的传动。

齿轮系是由一系列相互啮合的齿轮组成的传动装置，是最普遍的机械传动组合应用形式，通过齿轮系可以获得更宽的传动应用范围。机床主轴箱、汽车变速器、通用减速器等都是由齿轮系组成的。

第一节　齿轮传动的类型及应用

齿轮传动的类型很多，按两齿轮轴线间的位置及齿向不同，其分类见表 7-1。按齿轮的齿廓曲线不同，齿轮传动又分为渐开线、摆线和圆弧三种。其中渐开线齿轮制造容易、便于安装、互换性好，因而应用最广。

表 7-1　齿轮传动类型

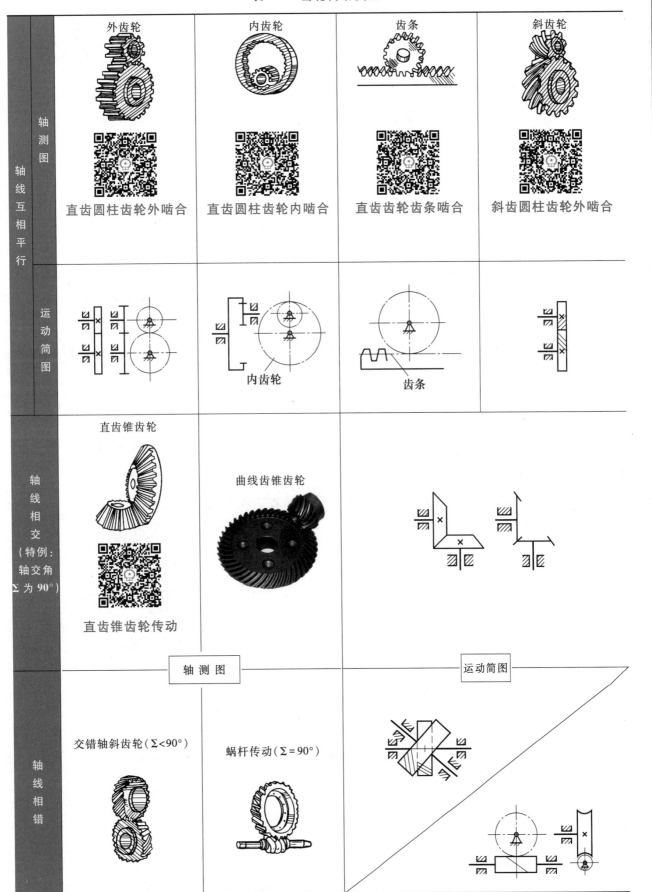

第二节　渐开线与渐开线齿轮的基本参数

一、渐开线的形成和基本性质

如图 7-1 所示，当直线 NK 沿一圆做纯滚动时，直线上任意一点 K 的轨迹 AK 称为该圆的渐开线。这个圆称为渐开线的基圆，其半径和直径分别用 r_b 和 d_b 表示，直线 NK 称为渐开线的发生线。

根据渐开线形成的过程可知，渐开线具有下列基本性质：

1）发生线沿基圆滚过的长度等于基圆上被滚过的弧度，即 $\overline{NK} = \widehat{AN}$。

2）发生线 NK 是渐开线在任意点 K 的法线。由图 7-1 可知，在形成渐开线时，发生线上的 K 点在各瞬时的速度方向必与发生线垂直，其方向即 K 点的切线 t—t 的方向。

3）渐开线齿廓上任意点的法线与该点的速度方向所夹的锐角 α_K 称为该点的压力角。由图 7-1 可知

$$\cos\alpha_K = \frac{\overline{NK}}{\overline{OK}} = \frac{r_b}{r_K} \tag{7-1}$$

式（7-1）表明，渐开线各点的压力角是不相等的，r_K 越大（即 K 点距圆心 O 越远），其压力角越大，显然基圆处 $\alpha_b = 0°$。

4）渐开线形状取决于基圆的大小。如图 7-2 所示，基圆越小，渐开线越弯曲；基圆越大，渐开线越平直。当基圆半径为无穷大时，渐开线将成为直线，即齿条的齿廓。

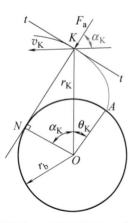

图 7-1　渐开线的形成

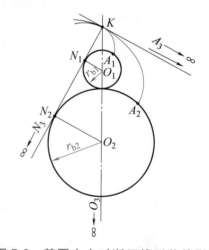

图 7-2　基圆大小对渐开线形状的影响

二、渐开线函数

在研究渐开线齿轮啮合原理和进行几何尺寸计算时，采用极坐标更为方便。如图 7-1

所示，渐开线上 K 点的极坐标可用 r_K 与 θ_K 表示，r_K 为 K 点的向径，θ_K 为渐开线在 K 点的展角，经推导可得下列关系式

$$\theta_K = \mathrm{inv}\,\alpha_K = \tan\alpha_K - \alpha_K \tag{7-2}$$

式（7-2）中 $\theta_K = \mathrm{inv}\,\alpha_K$ 又称为 α_K 的渐开线函数，当 α_K 已知时，即可求出 $\mathrm{inv}\,\alpha_K$，反之亦然。为了计算方便，工程上常列出渐开线函数表备查。表 7-2 为摘录的渐开线函数表。

表 7-2　渐开线函数表（摘录）

$\alpha/(°)$	次	0′	5′	10′	15′	20′	25′	30′	35′	40′	45′	50′	55′
16	0.0	07493	07613	07735	07857	07982	08107	08234	08362	08492	08623	08756	08889
17	0.0	09025	09161	09299	09439	09580	09722	09866	10012	10158	10307	10456	10608
18	0.0	10760	10915	11071	11228	11387	11547	11709	11873	12038	12205	12373	12543
19	0.0	12715	12888	13063	13240	13418	13598	13779	13963	14148	14334	14523	14713
20	0.0	14904	15098	15293	15490	15689	15890	16092	16296	16502	16710	16920	17132
21	0.0	17345	17560	17777	17996	18217	18440	18665	18891	19120	19350	19583	19817
22	0.0	20054	20292	20533	20775	21019	21266	21514	21765	22018	22272	22529	22788
23	0.0	23049	23312	23588	23845	24114	24386	24660	24936	25214	25495	25778	26062
24	0.0	26350	26639	26931	27225	27521	27820	28121	28424	28729	29037	29348	29660
25	0.0	29975	30293	30613	30935	31260	31587	31917	32249	32583	32920	33260	33602
26	0.0	33947	34294	34644	34997	35352	35709	36069	36432	36798	37166	37537	37910
27	0.0	38287	38666	39047	39432	39819	40209	40602	40997	41395	41797	42201	42607
28	0.0	43017	43430	43845	44262	44685	45110	45537	45967	46400	46837	47276	47718
29	0.0	48164	48612	49064	49518	49976	50437	50901	51368	51838	52312	52788	53268
30	0.0	53751	54238	54728	55221	55717	56217	56720	57226	57736	58249	58765	59285
31	0.0	59809	60335	60866	61400	61937	62478	63022	63570	64122	64677	65236	65798
32	0.0	66364	66934	67507	68084	68665	69250	69838	70430	71026	71626	72230	72838
33	0.0	73449	74064	74684	75307	75934	76565	77200	77839	78483	79130	79781	80437
34	0.0	81097	81760	82428	83101	83777	84457	85142	85832	86525	87223	87925	88631
35	0.0	89342	90058	90777	91502	92230	92963	93701	94443	95190	95942	96698	97459

例 7-1　试查出 $\alpha_K = 20°$ 的渐开线函数值。

解　由表 7-1 查得

$$\mathrm{inv}\,\alpha_K = \mathrm{inv}\,20° = 0.014904$$

例 7-2　试查出 $\alpha_K = 23°18'$ 的渐开线函数值。

解　用内插法求解。由表 7-1 查得

$$\mathrm{inv}\,23°15' = 0.023845$$

$$\mathrm{inv}\,23°20' = 0.024114$$

$$\mathrm{inv}\,23°18' = \frac{0.024114 - 0.023845}{5} \times 3 + 0.023845 = 0.024006$$

三、渐开线齿轮的基本参数

渐开线直齿圆柱齿轮的基本参数有齿数 z、模数 m、压力角 α、齿顶高系数 h_a^*、顶隙系

数 c^* 等。

1. 齿数 z

在齿轮整个圆周上轮齿的总数称为该齿轮的齿数，用 z 表示。直齿圆柱齿轮传动小齿轮的齿数 z_1 通常在 17~28 范围内选取。

2. 模数 m 和压力角 α

渐开线齿轮径向有四个标志性尺寸：基圆直径 d_b、齿根圆直径 d_f、分度圆直径 d、齿顶圆直径 d_a。其中基圆与分度圆直观上难以确定。

如图 7-3 所示，沿任意圆周 d_k 上量得的相邻两齿同侧齿廓之间的弧长称为该圆周上的齿距，用 p_k 表示，分度圆上的齿距用 p 表示，显然分度圆的周长

$$\pi d = zp$$

或

$$d = z\frac{p}{\pi}$$

由于式中的 π 是无理数，故把 (p/π) 制定成一个简单的有理数系列，以利于工程计算，并称之为模数，用 m 表示，即 $m = p/\pi$，于是得

$$d = mz \tag{7-3}$$

模数是齿轮尺寸计算中重要的参数，单位为 mm。模数越大，则轮齿的尺寸越大，轮齿所能承受的载荷也越大（图 7-4）。

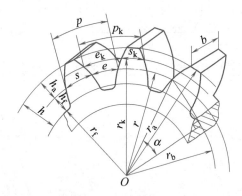

图 7-3　渐开线齿轮各部分名称、符号

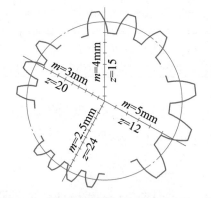

图 7-4　模数大小对轮齿尺寸的影响

齿轮模数在我国已标准化，表 7-3 所列为国家标准中的标准模数系列。

表 7-3　标准模数系列　　　　　　（单位：mm）

第一系列	1	1.25	1.5	2	2.5	3	4	5	6	8	10	12
	16	20	25	32	40	50						
第二系列	1.125	1.375	1.75	2.25	2.75	3.5	4.5	5.5	(6.5)	7	9	11
	14	18	22	28	36	45						

注：1. 本表适用于渐开线圆柱齿轮。对斜齿轮是指法向模数。

2. 选用模数时，优先采用第一系列，其次是第二系列，括号内的模数尽可能不用。

渐开线齿廓上的压力角，沿基圆至齿顶圆逐渐增大。工程上将处于齿廓中段的某处压力角定为标准压力角，并用 α 表示。国家标准规定，标准压力角 $\alpha = 20°$。

明确了模数的定义后，分度圆准确的定义为：具有标准模数和标准压力角的圆为分度圆。

如图 7-1 所示，半径为 r_K 的任意圆上的压力角 α_K 可用 $\cos\alpha_K = r_b / r_K$ 表示，因此分度圆上的压力角可用下式表示（图 7-3）

$$\cos\alpha = \frac{r_b}{r} \quad \text{或} \quad \cos\alpha = \frac{d_b}{d} \tag{7-4}$$

由此可见：分度圆是齿轮上具有标准模数和标准压力角的圆。当模数 m 和齿数 z 确定时，其分度圆即为定值。所以，任何齿轮都有唯一的分度圆。

3. 齿顶高系数 h_a^* 和顶隙系数 c^*

如图 7-3 所示，轮齿被分度圆分成两部分，分度圆和齿顶圆之间的部分称为齿顶，径向高度称为齿顶高，以 h_a 表示。位于分度圆与齿根圆之间的部分称为齿根，其径向高度称为齿根高，以 h_f 表示。轮齿在齿顶圆和齿根圆之间的径向高度称为齿高，以 h 表示。标准齿轮轮齿的尺寸与模数 m 成正比。

齿顶高 $\qquad\qquad\qquad\qquad\qquad h_a = h_a^* m \tag{7-5}$

齿根高 $\qquad\qquad\qquad\qquad\quad h_f = (h_a^* + c^*) m \tag{7-6}$

齿高 $\qquad\qquad\qquad\qquad h = h_a + h_f = (2h_a^* + c^*) m \tag{7-7}$

以上各式中，h_a^* 为齿顶高系数，c^* 为顶隙系数。这两个系数在国家标准中已规定为标准值。正常齿制：$h_a^* = 1$，$c^* = 0.25$；短齿制：$h_a^* = 0.8$，$c^* = 0.3$。

顶隙 $c = c^* m$，是指一对齿轮啮合时，一个齿轮的齿顶圆到另一个齿轮的齿根圆之间的径向距离。由于顶隙的存在，润滑油得以存储其间并在齿轮传动中起润滑与散热作用，从而提高了齿轮传动的效率。

第三节　渐开线直齿圆柱齿轮的几何尺寸与测量

一、标准渐开线直齿圆柱齿轮及齿条的几何尺寸计算

标准齿轮是指模数 m、压力角 α、齿顶高系数 h_a^* 和顶隙系数 c^* 均为标准值，且其齿厚 s（分度圆上，轮齿两侧齿廓间的弧长称为齿厚）等于槽宽 e 的齿轮。

标准渐开线直齿圆柱齿轮及齿条的几何尺寸计算公式参见表 7-4。

表 7-4　标准渐开线直齿圆柱齿及齿条轮几何尺寸的计算公式

名　称	符　号	外齿轮	内齿轮	齿　条
模数	m	根据轮齿承受的载荷、结构条件等定出,选用标准值		
压力角	α	选用标准值		
顶隙	c	$c = c^* m$		
齿顶高	h_a	$h_a = h_a^* m$		
齿根高	h_f	$h_f = (h_a^* + c^*) m$		
齿高	h	$h = h_a + h_f$		
齿距	p	$p = \pi m$		
基圆齿距	p_b	$p_b = p\cos\alpha = \pi m\cos\alpha$		
齿厚	s	$s = \dfrac{\pi m}{2}$		
槽宽	e	$e = \dfrac{\pi m}{2}$		
分度圆直径	d	$d = mz$		$d = \infty$
基圆直径	d_b	$d_b = d\cos\alpha$		$d_b = \infty$
齿顶圆直径	d_a	$d_a = d + 2h_a$	$d_a = d - 2h_a$	$d_a = \infty$
齿根圆直径	d_f	$d_f = d - 2h_f$	$d_f = d + 2h_f$	$d_f = \infty$

外啮合圆柱齿轮的几何尺寸计算关系在前面的讨论中已有直观的表述，这里仅对内齿轮与齿条的尺寸计算特点加以说明。

1. 内齿轮

图 7-5 所示为一圆柱内齿轮，内齿轮的齿廓是内凹的渐开线。其特点如下：

1）齿厚相当于外齿轮的槽宽，而槽宽则相当于外齿轮的齿厚。

2）内齿轮的齿顶圆在分度圆之内，而齿根圆在分度圆之外，齿根圆大于齿顶圆。

3）齿轮的齿顶齿廓均为渐开线时，其齿顶圆必须大于基圆。

2. 齿条

图 7-6 所示为一齿条，其齿廓是直线。其特点如下：

1）齿廓上各点的法线相互平行，齿条移动时，各点的速度方向、大小均一样，故齿条齿廓上各点的压力角相同。如图 7-6 所示，齿廓的压力角等于齿形角，数值为标准压力角。

2）齿条可视为齿数无穷多的齿轮，分度圆无穷大，成为分度线。任意与分度线平行的直线上齿距均相等，即 $p_k = \pi m$。分度线上 $s = e$，其他直线上则 $s_k \neq e_k$。

正是应用了齿条的上述特点，才使齿轮切削刀具（齿条刀具或齿轮滚刀）能切削出压力角及模数均与其一致的渐开线齿轮来。

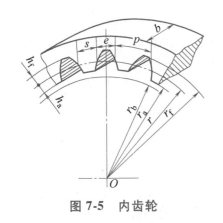

图 7-5　内齿轮

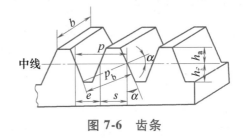

图 7-6　齿条

二、齿轮常用测量项目

制造齿轮时，需要测量以判断齿形的精度。由于无法直接测量弧齿厚，故常采用测量弦齿厚和公法线长度来间接测量齿厚。这里仅介绍公法线长度的测量。

所谓公法线长度，是指齿轮卡尺跨过 k 个齿所量得的齿廓间的法向距离。

如图 7-7 所示，卡尺的测量爪与齿廓相切于 A、B 两点（图中测量爪跨 3 个齿距），设跨齿数为 k，测量爪与齿廓切点 A、B 的距离 AB 即为所测得的公法线长度，用 w_k 表示。由图可知：

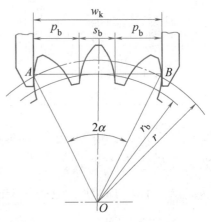

$$w_k = (k-1) p_n + s_b$$

式中　p_n——齿轮的法向齿距，可用公式计算；

　　　s_b——基圆上的弧齿厚，可用公式计算。

对标准齿轮，经推导，其公法线长度可用下式计算

$$w_k = m\cos\alpha \left[(k-0.5)\pi + z\,\mathrm{inv}\alpha \right] \qquad (7-8)$$

图 7-7　公法线长度的测量

在测量公法线长度时，应保证测量爪与齿廓渐开线部分相切。如果跨齿数太多，卡尺的测量爪就会在齿廓顶部接触；如果跨齿数太少，就会在根部接触。由于制造后的齿顶和齿根均为非渐开线的过渡圆弧，上述两种情况下的测量均不准确。因此，确定跨齿数时，应尽可能使卡尺的测量爪与齿廓在分度圆附近相切。设卡尺的测量爪与齿廓的切点 A、B 恰好在分度圆上（图 7-7），因 $\overset{\frown}{AB} = 2r\alpha = (k-0.5)p = (k-0.5)\pi m$，可导得跨齿数的计算公式为

$$k = \frac{\alpha}{180°}z + 0.5 \qquad (7-9)$$

由式（7-9）计算出的跨齿数应圆整成整数。

工程上，可在机械零件设计手册中直接查取 k。机械零件设计手册中一般均列有模数 $m = 1\mathrm{mm}$、压力角 $\alpha = 20°$ 的标准直齿圆柱齿轮的公法线长度 w_k^*；若 $m \neq 1\mathrm{mm}$，只要将表中查得的 w_k^* 值乘以模数 m 即可。表 7-5 摘录了 w_k^* 的部分数值。

表 7-5　标准直齿圆柱齿轮的跨齿数 k 及公法线长度 w_k^*（$m = 1\text{mm}$，$\alpha = 20°$）

齿数	跨齿数	公法线长度/mm	齿数	跨齿数	公法线长度/mm	齿数	跨齿数	公法线长度/mm	齿数	跨齿数	公法线长度/mm
16	2	4.6523	36	5	13.7888	56	7	19.9732	76	9	26.1575
17	2	4.6663	37	5	13.8028	57	7	19.9872	77	9	26.1715
18	3	7.6324	38	5	13.8168	58	7	20.0012	78	9	26.1855
19	3	7.6464	39	5	13.8308	59	7	20.0152	79	9	26.1996
20	3	7.6604	40	5	13.8448	60	7	20.0292	80	9	26.2136
21	3	7.6744	41	5	13.8588	61	7	20.0432	81	10	29.1797
22	3	7.6885	42	5	13.8728	62	7	20.0572	82	10	29.1937
23	3	7.7025	43	5	13.8868	63	8	23.0233	83	10	29.2077
24	3	7.7165	44	5	13.9008	64	8	23.0373	84	10	29.2217
25	3	7.7035	45	6	16.8670	65	8	23.0513	85	10	29.2357
26	3	7.7445	46	6	16.8810	66	8	23.0654	86	10	29.2497
27	4	10.7106	47	6	16.8950	67	8	23.0794	87	10	29.2637
28	4	10.7246	48	6	16.9090	68	8	23.0934	88	10	29.2777
29	4	10.7386	49	6	16.9230	69	8	23.1074	89	10	29.2917
30	4	10.7526	50	6	16.9370	70	8	23.1214	90	11	32.2579
31	4	10.7666	51	6	16.9510	71	8	23.1354	91	11	32.2719
32	4	10.7806	52	6	16.9650	72	9	26.1015	92	11	32.2859
33	4	10.7946	53	6	16.9790	73	9	26.1155	93	11	32.2999
34	4	10.8086	54	7	19.9452	74	9	26.1295	94	11	32.3139
35	4	10.8227	55	7	19.9592	75	9	26.1435	95	11	32.3279

例 7-3　已知一标准渐开线直齿圆柱齿轮的模数 $m = 6\text{mm}$、$\alpha = 20°$、$z = 54$，试求跨齿数 k 及公法线长度 w_k。

解　1）查表法。由表 7-5 查得

$$k = 7$$

$$w_k^* = 19.9452\text{mm}$$

$$w_k = w_k^* m = 19.9452 \times 6\text{mm} = 119.6712\text{mm}$$

2）计算法。由式（7-9）得

$$k = \frac{\alpha}{180°}z + 0.5 = \frac{20}{180} \times 54 + 0.5 = 6.5$$

取 $k = 7$，由式（7-8）得

$$w_k = m\cos\alpha[(k-0.5)\pi + z\,\text{inv}\,\alpha]$$

$$= 6 \times \cos20°[(7-0.5) \times 3.1416 + 54 \times 0.014904]\text{mm} = 119.6720\text{mm}$$

上述两个方法解得的结果基本一致。

第四节　渐开线齿轮传动的啮合

前面着重研究了单个渐开线齿轮，现在来研究一对齿轮啮合传动的情况。

一、渐开线齿轮传动的啮合过程

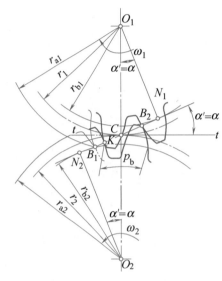

如图 7-8 所示，齿轮 1 为主动轮，齿轮 2 为从动轮。当两齿轮的一对齿开始啮合时，先以主动轮的齿根推动从动轮的齿顶，因而起始啮合点是从动轮的齿顶圆与啮合线 N_1N_2 的交点 B_2。随着啮合传动的进行，轮齿啮合点沿着 N_1N_2 移动，主动轮轮齿上的啮合点逐渐向齿顶部移动，而从动轮轮齿上的啮合点向齿根部移动。当啮合传动进行到主动轮的齿顶圆与啮合线 N_1N_2 的交点 B_1 时，两轮齿即将脱离接触，故 B_1 为轮齿的终止啮合点。从一对轮齿的啮合过程来看，啮合点实际走过的轨迹只是啮合线 N_1N_2 上的一段 B_1B_2，故将 B_1B_2 称为实际啮合线。若将两齿轮的齿顶圆加大，则 B_1B_2 就越接近两齿轮的啮合极点 N_1 和 N_2。但

图 7-8　一对渐开线齿轮的啮合传动过程

基圆内无渐开线，故实际啮合线不可能超过啮合极点 N_1 和 N_2。因此啮合线 N_1N_2 是理论上最大的啮合线，称为理论啮合线。

二、渐开线齿轮传动的特点

1. 恒定的传动比

渐开线齿轮传动具有传动比恒定、传动平稳的特点。

齿轮的传动比是指主、从动轮角速度之比，工程上又常用主、从动轮的转速比表示，即

$$i_{12}=\frac{\omega_1}{\omega_2}=\frac{n_1}{n_2} \tag{7-10}$$

传动比是否恒等于常数，影响到齿轮传动的平稳性。如图 7-9 所示，一对刚性齿轮外啮合时，过接触点所作的公法线必须与两轮中心连线交于点 C，C 点称为节点。分别以 O_1 与 O_2 为圆心，过节点 C 所作的两个相切的圆称为节圆。可以证明，齿轮传动的传动比为

$$i_{12}=\frac{\omega_1}{\omega_2}=\frac{n_1}{n_2}=\frac{O_2N_2}{O_1N_1}=\frac{O_2C}{O_1C}=\frac{r_{b2}}{r_{b1}}=\frac{r_2'}{r_1'} \tag{7-11}$$

式中 r_1'、r_2'和 r_{b1}、r_{b2}——分别为两齿轮的节圆半径和基圆半径。

式（7-11）说明，刚性齿廓齿轮啮合传动比为定值的条件是节点 C 为定点，这一结论又称为齿廓基本啮合定理。凡满足基本啮合定理的一对齿廓称为共轭齿廓。对渐开线齿轮传动，由于制造后其基圆半径是确定的，因此基圆半径的比值一定为定值，即渐开线齿轮传动的传动比为恒定值，这就保证了渐开线齿轮传动的平稳性。

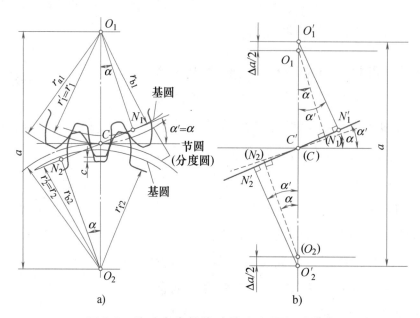

图 7-9 外啮合齿轮传动的中心距与啮合角

2. 中心距可分性

式（7-11）同时说明了传动比的大小与中心距无关。中心距变化可能导致两节圆直径变化，但不会改变其比值（恒等于基圆半径之比）。因此，制造、安装过程中，中心距的微小误差不会改变瞬时传动比，这一特点称为渐开线齿轮的中心距可分性。中心距可分性给齿轮传动设计、制造、安装、调试都提供了便利。

3. 齿廓间作用力方向不变

由图 7-8 中对齿轮啮合过程的分析已知，齿轮的理论啮合线 N_1N_2，即其公法线在安装后是不变的。当忽略啮合齿廓间的摩擦时，刚体光滑接触性质决定其作用反力一定沿法线方向。这种啮合时作用力方向的不变性，对传动十分有利。

过节点 C 作两节圆的公切线 $t—t$ 与啮合线 N_1N_2 所夹的锐角称为啮合角，用 α' 表示。

三、正确啮合条件

一对渐开线齿轮要正确啮合，必须满足一定的条件。

由啮合过程可知，一对渐开线齿轮在任何位置啮合时，它们的啮合点都应在啮合线 N_1N_2 上。如图 7-10 所示，前一对轮齿在啮合线上的 K 点相啮合时，后一对轮齿必须正确地

在啮合线上的 K' 点进入啮合。而 KK' 恰为齿轮 1 和齿轮 2 的法向齿距，即 $p_{n1} = p_{n2}$。但渐开线性质决定法向齿距 p_n 与基圆齿距 p_b 相等，因此

$$p_{b1} = p_{b2} \qquad\qquad (\text{a})$$

而

$$p_b = p\cos\alpha$$

故

$$p_{b1} = p_1\cos\alpha = \pi m_1\cos\alpha_1$$

$$p_{b2} = p_2\cos\alpha = \pi m_2\cos\alpha_2$$

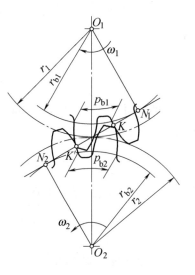

图 7-10　渐开线齿轮
正确啮合条件

将其代入式（a）后，可得两齿轮正确啮合的条件为

$$m_1\cos\alpha_1 = m_2\cos\alpha_2 \qquad\qquad (\text{b})$$

式中，m_1、m_2、α_1、α_2 分别为两齿轮的模数和压力角。由于模数 m 和压力角 α 都已标准化，所以，要满足式（b）应使

$$\left.\begin{array}{l} m_1 = m_2 = m \\ \alpha_1 = \alpha_2 = \alpha \end{array}\right\} \qquad\qquad (7\text{-}12)$$

式（7-12）即为渐开线直齿圆柱齿轮正确啮合的条件：两齿轮的模数和压力角必须分别相等并为标准值。

四、连续传动的条件

如图 7-8 所示，由齿轮啮合的过程可知，一对轮齿啮合到一定的位置将会终止，要使齿轮连续地进行传动，就必须在前一对轮齿尚未脱离啮合时，使后一对轮齿能及时进入啮合。为此，必须使 $\overline{B_1B_2} \geqslant p_b$，即要求实际啮合线 $\overline{B_1B_2}$ 大于或等于齿轮的基圆齿距 p_b。如果 $\overline{B_1B_2} < p_b$，当前一对轮齿在 B_1 脱离啮合时，后一对轮齿尚未进入啮合，结果将使传动中断，从而引起轮齿间的冲击，影响传动的平稳性。

因此，齿轮连续传动的条件为：两齿轮的实际啮合线 $\overline{B_1B_2}$ 应大于或等于齿轮的基圆齿距 p_b。通常把 $\overline{B_1B_2}$ 与 p_b 的比值 ε 称为重合度。上述条件可表示为

$$\varepsilon = \frac{\overline{B_1B_2}}{p_b} \geqslant 1 \qquad\qquad (7\text{-}13)$$

重合度表示啮合点转过一个基圆齿距 p_b 时，同时啮合齿廓的对数。重合度越大，同时参与啮合的轮齿越多，传动平稳性越好，齿轮的承载能力越高。

重合度的大小可以用作图法确定：分别作两齿轮的齿顶圆在理论啮合线 N_1N_2 上截得的实际啮合点 B_1、B_2，量取 $\overline{B_1B_2}$，并与 p_b 相比即得。

五、中心距及啮合角

图 7-9a 所示为一对渐开线标准齿轮的外啮合情况，图示为两齿轮的分度圆与节圆恰好

重合，即 $d_1 = d_1'$，$d_2 = d_2'$，此时安装中心距 a' 与理论中心距 a（两齿轮分度圆半径之和）相等，即

$$a = \frac{1}{2}(d_1 + d_2) = a' = \frac{1}{2}(d_1' + d_2') = \frac{1}{2}m(z_1 + z_2) \tag{7-14}$$

理论中心距 a 又称为标准中心距。标准齿轮正确安装时，安装中心距 $a' = a$，啮合角 $\alpha' = -\alpha = 20°$。

当齿轮的安装中心距 a' 与标准中心距 a 不一致时，如图7-9b所示，两齿轮的分度圆不相切，这时节圆与分度圆不再重合，实际中心距

$$a' = r_1' + r_2' \tag{7-15}$$

由渐开线参数方程可知 $r' = \dfrac{r_b}{\cos\alpha'} = \dfrac{r\cos\alpha}{\cos\alpha'}$，故

$$a' = r_1' + r_2' = \frac{r_1\cos\alpha}{\cos\alpha'} + \frac{r_2\cos\alpha}{\cos\alpha'} = \frac{\cos\alpha}{\cos\alpha'}(r_1 + r_2) = \frac{\cos\alpha}{\cos\alpha'}a \tag{7-16}$$

$$a'\cos\alpha' = a\cos\alpha \tag{7-17}$$

故当两齿轮的分度圆分离时，即实际中心距 a' 大于标准中心距 a 时，啮合角 α' 大于分度圆压力角 α，即 $a' > a$。

第五节　渐开线齿轮的切齿原理与根切现象

一、切齿原理

齿轮的切齿方法就其原理来说，可分为仿形法和展成法两种。

1. 仿形法

这种方法的特点是，所采用的成形刀具在其轴平面内切削刃的形状和被切齿轮齿槽的形状相同。常用的有盘形齿轮铣刀和指形齿轮铣刀。

图7-11a所示为用盘形齿轮铣刀铣制齿轮的情况。切制时，铣刀转动，同时轮坯沿它的轴线方向移动，从而实现切削和进给运动；待切出一个齿间（切出相邻两齿的各一侧齿廓），然后轮坯退回原来位置，先转过一个分齿角度，再继续加工第二个齿间，直至整个齿轮加工结束。

图7-11b所示为用指形齿轮铣刀加工齿轮的情况。加工方法与用盘形齿轮铣刀时相似，不过指形齿轮铣刀常用于加工大模数（如 $m > 20\text{mm}$）的齿轮，并可以切制人字齿轮。

由于渐开线齿廓的形状取决于基圆的大小，而基圆的直径 $d_b = mz\cos\alpha$，所以当模数 m、压力角 α 一定时，渐开线齿廓的形状将随齿轮的齿数多少而变化。因此，从理论上说，用

仿形法加工出完全准确的齿廓，必须为每个齿数的齿轮配一把铣刀，这在实际生产中是不可取的。为此，生产中加工模数 m、压力角 α 相同的齿轮时，对一定齿数范围的齿轮，一般只备一组刀具（8 把或 15 把）。每把铣刀对应的铣齿范围参见表 7-6。

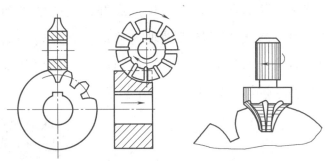

a) 盘形齿轮铣刀加工齿轮   b) 指形齿轮铣刀加工齿轮   仿形法加工原理

图 7-11   仿形法加工齿轮

表 7-6   齿轮铣刀刀号及其对应的铣齿范围

刀号	1	2	3	4	5	6	7	8
加工齿数范围	12~13	14~16	17~20	21~25	26~34	35~54	55~134	135

由于铣刀的号数有限，所以用这种方法加工出来的齿轮齿廓曲线大多数是近似的，加之分度又有误差，因而精度较低。仿形法切齿不连续，生产率低，不宜用于大量生产。

2. 展成法

展成法是目前齿轮加工中最常用的一种方法。它是运用一对相互啮合齿轮的齿廓互为包络（即共轭）的原理来加工齿廓的。用展成法加工齿轮时，常用的刀具有齿轮型刀具（如齿轮插刀）和齿条型刀具（如齿条插刀、滚刀）两大类。

（1）齿轮插刀加工   图 7-12 所示为用齿轮插刀加工齿轮的情况。齿轮插刀是一个具有切削刃的渐开线外齿轮。插齿时，插刀与轮坯严格地按定比传动做展成运动（即啮合传动，如图 7-12b 所示），同时插刀沿轮坯轴线方向做上下往复的切削运动。为了防止插刀退刀时擦伤已加工的齿廓表面，在退刀时，轮坯还需做小距离的让刀运动。另外，为了切出轮齿的整个高度，插刀还需要向轮坯中心移动，做径向进给运动。

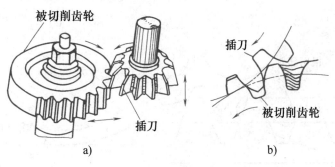

被切削齿轮

插刀

插刀

被切削齿轮

a)   b)   齿轮插刀加工齿圈

图 7-12   用齿轮插刀加工齿轮

（2）齿条插刀加工   图 7-13 所示为用齿条插刀加工齿轮的情况。切制齿廓时，刀具与轮坯的展成运动相当于齿条与齿轮啮合传动，其切齿原理与用齿轮插刀加工齿轮相同。

（3）滚刀加工 采用以上两种刀具加工齿轮，其切削运动是往复运动，不仅影响生产率的提高，还限制了加工精度。因此，在生产中更广泛地采用滚刀来切制齿轮。图7-14所示为用滚刀加工齿轮的情况。滚刀的形状像一梯形螺杆，它的轴平面为一齿条，所以它属于齿条刀具。当滚刀转动时，就相当于齿条做轴向移动。滚刀转一周，齿条移动一个导程的距离。所以用滚刀切制齿轮的原理和齿条插刀切制齿轮的原理基本相同。滚刀除旋转之外，还沿着轮坯的轴线缓慢地进给，以便切出整个齿宽。

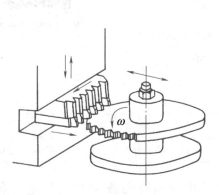

图7-13 用齿条插刀加工齿轮

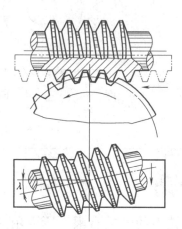

图7-14 用滚刀加工齿轮

用展成法加工齿轮时，只要刀具和被加工齿轮的模数 m 和压力角 α 相同，则不管被加工齿轮的齿数为多少，都可以用同一把齿轮刀具来加工，而且生产率较高，所以在大批量生产中多采用展成法。

二、根切现象

如图7-15所示，用展成法加工齿轮时，有时会发生刀具的顶部切入齿轮的根部，将齿轮根部的渐开线切去的现象，通常称为根切。产生严重根切的齿轮，不仅削弱了轮齿的抗弯强度，甚至导致传动不平稳，对传动十分不利，因此应尽量避免。

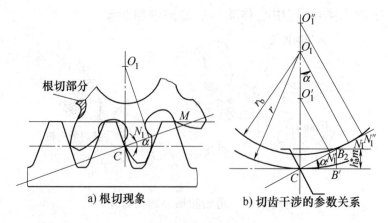

a) 根切现象   b) 切齿干涉的参数关系

图7-15 根切现象与切齿干涉的参数关系

1. 产生根切的原因

研究表明，在用展成法加工时，刀具的齿顶线超过了啮合线与被切齿轮基圆的切点 N_1 是产生根切现象的根本原因（图 7-15）。

2. 不发生根切的最少齿数 z_{min}

从上面讨论的根切的原因可知，要避免根切，就必须使刀具的齿顶线不超过 N_1 点。如图 7-15b 所示，当用标准齿条刀具切制标准齿轮时，刀具的分度线应与被切齿轮的分度圆相切。为避免根切，应满足 $N_1C \geq h_a^* m$，由几何关系不难导出

$$z_{min} = \frac{2h_a^*}{\sin^2\alpha} \tag{7-18}$$

式中　z_{min}——不发生根切的最少齿数，当 $\alpha = 20°$、$h_a^* = 1$ 时，$z_{min} = 17$；当 $\alpha = 20°$、$h_a^* = 0.8$ 时，$z_{min} = 14$。

3. 变位和变位齿轮

当被加工齿轮齿数小于 z_{min} 时，为避免根切，可以采用将刀具移离齿坯，使刀具齿顶线低于极限啮合点 N_1 的办法来切齿。这种改变刀具与齿坯位置的切齿方法称作变位。刀具中线（或分度线）相对齿坯移动的距离称为变位量 X，常用 xm 表示，x 称为变位系数。刀具移离齿坯称正变位，$x>0$；刀具移近齿坯称负变位，$x<0$。变位切制的齿轮称为变位齿轮。

与标准齿轮相比，正变位齿轮分度圆齿厚和齿根圆齿厚增大，轮齿强度增大，但齿顶变尖；负变位齿轮齿厚的变化恰好相反，轮齿强度削弱。

变位系数的选择与齿数有关，最小变位系数可用下式计算

$$x_{min} = \frac{17-z}{17} \tag{7-19}$$

第六节　平行轴斜齿圆柱齿轮传动

一、斜齿圆柱齿轮齿廓的形成及啮合特点

如图 7-16a 所示，直齿圆柱齿轮的齿廓实际上是由与基圆柱相切，做纯滚动的发生面 S 上一条与基圆柱轴线平行的任意直线 KK 展成的渐开线曲面。

当一对直齿圆柱齿轮啮合时，轮齿的接触线是与轴线平行的直线，如图 7-16b 所示，轮齿沿整个齿宽突然同时进入啮合和退出啮合，所以易引起冲击、振动和噪声，传动平稳性差。

圆柱齿轮
齿廓曲面
的形成

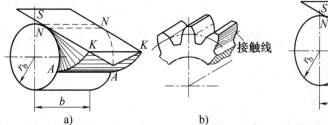

a) b) a) b)

图 7-16 直齿圆柱齿轮的齿面形成及接触线 图 7-17 斜齿圆柱齿轮的齿面形成及接触线

斜齿圆柱齿轮齿面的形成原理和直齿圆柱齿轮类似，所不同的是形成渐开线齿面的直线 KK 与基圆轴线偏斜了一个角度 β_b（图 7-17a），KK 线展成斜齿圆柱齿轮的齿廓曲面，称为渐开线螺旋面。该曲面与任意一个以轮轴为轴线的圆柱面的交线都是螺旋线。由斜齿圆柱齿轮齿面的形成原理可知，在端平面上，斜齿圆柱齿轮与直齿圆柱齿轮一样具有准确的渐开线齿形。

如图 7-17b 所示，斜齿圆柱齿轮啮合传动时，齿面接触线的长度随啮合位置而变化，开始时接触线长度由短变长，然后由长变短，直至脱离啮合，因此提高了啮合的平稳性。

二、斜齿圆柱齿轮的主要参数和几何尺寸

斜齿圆柱齿轮与直齿圆柱齿轮的主要区别是：斜齿圆柱齿轮的齿向倾斜，如图 7-18 所示，虽然端面（垂直于齿轮轴线的平面）齿形与直齿圆柱齿轮相同，但切制斜齿圆柱齿轮时刀具是沿螺旋线方向切齿的，其法向（垂直于轮齿齿线的方向）齿形是与刀具标准齿形相一致的渐开线标准齿形。因此对斜齿圆柱齿轮来说，存在端面参数和法向参数两种表征齿形的参数，两者之间因为螺旋角 β（分度圆上的螺旋角）而存在确定的几何关系。

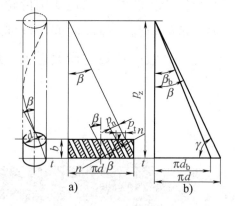

（一）主要参数

1. 法向模数 m_n 和端面模数 m_t

图 7-18 所示为斜齿圆柱齿轮分度圆柱面的展开图，β 为分度圆柱的螺旋角。图中细斜线部分为轮齿，空白部分为齿槽。由图可知

图 7-18 斜齿圆柱齿轮
分度圆柱面展开图

$$p_n = p_t \cos\beta$$

p_n 为法向齿距，p_t 为端面齿距。因 $p_n = \pi m_n$ 和 $p_t = \pi m_t$，得

$$m_n = m_t \cos\beta \qquad (7\text{-}20)$$

2. 压力角 α_n 和 α_t

为了便于分析，常用斜齿条说明问题。在图 7-19 所示的斜齿条中，平面 abc 为端面，

平面 $a'b'c$ 为法面，$\angle aa'c = 90°$。在直角三角形 abc、$a'b'c$ 及 $aa'c$ 中，有

$$\tan\alpha_t = ac/ab, \quad \tan\alpha_n = a'c/a'b', \quad a'c = ac\cos\beta$$

因 $ab = a'b'$，故可导出

$$\tan\alpha_n = \tan\alpha_t\cos\beta \tag{7-21}$$

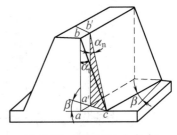

图 7-19　端面压力角与法向压力角

3. 齿顶高系数 h_{an}^* 和 h_{at}^* 及顶隙系数 c_n^* 和 c_t^*

无论从法向还是从端面来看，轮齿的齿顶高都是相同的，顶隙也是相同的，因此可得

$$\left.\begin{array}{l} h_{at}^* = h_{an}^*\cos\beta \\ c_t^* = c_n^*\cos\beta \end{array}\right\} \tag{7-22}$$

由于切齿刀具齿形为标准齿形，所以斜齿圆柱齿轮的法向基本参数也为标准值，设计、加工和测量斜齿圆柱齿轮时均以法向为基准。规定：m_n 为标准值，$\alpha_n = \alpha = 20°$；对正常齿，取 $h_{an}^* = 1$，$c_n^* = 0.25$，对于短齿，$h_{an}^* = 0.8$，$c_n^* = 0.3$。

4. 斜齿圆柱齿轮的螺旋角 β

如图 7-18 所示，由于斜齿圆柱齿轮各个圆柱面上的螺旋线的导程 p_z 相同，因此，斜齿圆柱齿轮分度圆柱面上的螺旋角 β 与基圆柱面上的螺旋角 β_b 可由式（7-23）计算

$$\left.\begin{array}{l} \tan\beta = \dfrac{\pi d}{p_z} \\[2mm] \tan\beta_b = \dfrac{\pi d_b}{p_z} \end{array}\right\} \tag{7-23}$$

从式（7-23）可知，$\beta_b < \beta$，因此可推知，各圆柱面上直径越大，其螺旋角也越大，基圆柱螺旋角最小，但不等于零。螺旋角 β 越大，轮齿越倾斜，则传动的平稳性越好，但轴向力也越大，如图 7-20a 所示。一般设计时常取 $\beta = 8° \sim 20°$。近年来，为了增大重合度、提高传动平稳性和降低噪声，在螺旋角的选择上，有大螺旋角化的倾向。对于人字齿轮，因其轴向力可以抵消，如图 7-20b 所示，常取 $\beta = 25° \sim 45°$，但加工较困难，精度较低，一般用于重型机械的齿轮传动。

如图 7-21 所示，斜齿圆柱齿轮按其齿廓渐开线螺旋面的旋向，可以分为右旋和左旋两种，旋向判别方法与螺杆相同。

（二）几何尺寸计算

当已知法向标准模数、齿数、螺旋角后，可利用表 7-7 计算标准斜齿圆柱齿轮的几何尺寸。

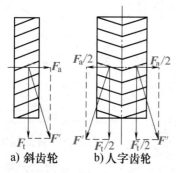

a) 斜齿轮　　b) 人字齿轮

图 7-20　斜齿圆柱齿轮上的轴向力

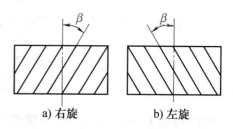

a) 右旋　　b) 左旋

图 7-21　斜齿圆柱齿轮轮齿的旋向

表 7-7　标准斜齿圆柱齿轮的几何尺寸计算

	名　　称	符　号	计　算　公　式
基本参数	模数	m_n	根据强度等使用条件，按表 7-3 选取标准值
	齿数	z	根据强度等使用条件选定
	螺旋角	β	$\beta_1 = -\beta_2$，常取 $\beta = 8° \sim 20°$
	法向压力角	α_n	$\alpha_n = 20°$
	法向齿顶高系数	h_{an}^*	$h_{an}^* = 1$
	法向顶隙系数	c_n^*	$c_n^* = 0.25$
几何尺寸	齿顶高	h_a	$h_a = h_{an} = h_{an}^* m_n = m_n$
	齿根高	h_f	$h_f = h_{fn} = (h_{an}^* + c_n^*) m_n = 1.25 m_n$
	齿高	h	$h = h_a + h_f = h_{an} + h_{fn} = 2.25 m_n$
	顶隙	c	$c = c_n = c_n^* m_n = 0.25 m_n$
	分度圆直径	d	$d = \dfrac{m_n z}{\cos\beta}$
	齿顶圆直径	d_a	$d_a = d + 2m_n$
	齿根圆直径	d_f	$d_f = d - 2h_f = d - 2.5 m_n$
	基圆直径	d_b	$d_b = d\cos\alpha_t$

外啮合平行轴斜齿圆柱齿轮传动的中心距计算公式为

$$a = \frac{1}{2}(d_1 + d_2) = \frac{m_n(z_1 + z_2)}{2\cos\beta} \tag{7-24}$$

由式（7-24）可知，斜齿圆柱齿轮传动的中心距与螺旋角 β 有关。当一对斜齿圆柱齿轮的模数 m_n、齿数 z 一定时，可以通过增大螺旋角 β 使安装中心距增大，而不必采用正角度变位的方法。

例 7-4　在一对标准斜齿圆柱齿轮传动中，已知传动的中心距 $a = 190$mm，齿数 $z_1 = 30$，$z_2 = 60$，法向模数 $m_n = 4$mm。试计算其螺旋角 β、基圆柱直径 d_b、分度圆直径 d 及齿顶圆直径 d_a。

解　由已知条件得

$$\cos\beta = \frac{m_n}{2a}(z_1 + z_2) = \frac{4}{2 \times 190} \times (30 + 60) = 0.9474$$

所以

$$\beta = 18°40'$$

$$\tan\alpha_t = \frac{\tan\alpha_n}{\cos\beta} = \frac{\tan 20°}{\cos 18°40'} = 0.3842$$

$$\alpha_t = 21°1'$$

$$d_1 = \frac{m_n}{\cos\beta}z_1 = \frac{4 \times 30}{0.9474}\text{mm} = 126.662\text{mm}$$

$$d_2 = \frac{m_n}{\cos\beta}z_2 = \frac{4 \times 60}{0.9474}\text{mm} = 253.325\text{mm}$$

$$d_{a1} = d_1 + 2m_n = (126.662 + 8)\text{mm} = 134.662\text{mm}$$

$$d_{a2} = d_2 + 2m_n = (253.325 + 8)\text{mm} = 261.325\text{mm}$$

$$d_{b1} = d_1\cos\alpha_t = 126.662 \times 0.9335\text{mm} = 118.239\text{mm}$$

$$d_{b2} = d_2\cos\alpha_t = 253.325 \times 0.9335\text{mm} = 236.478\text{mm}$$

三、平行轴斜齿圆柱齿轮传动的正确啮合条件和重合度

1. 平行轴斜齿圆柱齿轮传动的正确啮合条件

平行轴斜齿圆柱齿轮传动在端面上相当于一对直齿圆柱齿轮传动，因此端面上两齿轮的模数和压力角应相等，从而可知，一对齿轮的法向模数和压力角也应相等。考虑到平行轴斜齿圆柱齿轮传动螺旋角的关系，正确啮合条件应为

$$\left.\begin{array}{l} \alpha_{n1} = \alpha_{n2} \\ m_{n1} = m_{n2} \\ \beta_1 = \pm\beta_2 \end{array}\right\} \tag{7-25}$$

式（7-25）表明，平行轴斜齿圆柱齿轮传动螺旋角相等，外啮合时旋向相反，取"－"号，内啮合时旋向相同，取"＋"号。

2. 重合度

由平行轴斜齿圆柱齿轮一对轮齿啮合过程的特点可知，在计算斜齿圆柱齿轮的重合度时，还必须考虑螺旋角 β 的影响。图 7-22 所示为两个端面参数（齿数、模数、压力角、齿顶高系数及顶隙系数）完全相同的标准直齿圆柱齿轮和标准斜齿圆柱齿轮的分度圆柱面（即节圆柱面）展开图。由于直齿圆柱齿轮接触线为与齿宽相当的直线，从 B 点开始啮入，从 B' 点啮出，工作区长度为 BB'；斜齿圆柱齿轮接触线由点 A 啮入，接触线逐渐增大，至 A' 啮出，比直齿圆柱齿轮多转过一个弧长 $f = b\tan\beta$。因此，平行轴斜齿圆柱齿轮传动的重合

度可表示为

$$\varepsilon = \varepsilon_\alpha + \varepsilon_\beta \tag{7-26}$$

式中 ε——斜齿圆柱齿轮总重合度；

ε_α——端面重合度，其大小相当于以端面参数确定的直齿圆柱齿轮的重合度；

ε_β——纵向重合度，$\varepsilon_\beta = b\tan\beta/p_t$，$b$ 为齿宽，p_t 为端面齿距。

式（7-26）表明，平行轴斜齿圆柱齿轮的重合度随螺旋角 β 和齿宽 b 的增大而增大，其值可以达到很大。工程设计中常根据齿数和 z_1+z_2，以及螺旋角 β 查表求取重合度。

四、斜齿圆柱齿轮的当量齿数

用仿形法加工斜齿圆柱齿轮时，盘形齿轮铣刀是沿螺旋线方向切齿的，因此刀具需按斜齿圆柱齿轮的法向齿形来选择。如图 7-23 所示，法截面截斜齿圆柱齿轮的分度圆柱为一椭圆，椭圆短半轴顶点 C 处被切齿槽两侧为与标准刀具一致的标准渐开线齿形。工程中为计算方便，特引入当量齿轮的概念。当量齿轮是指按 C 处曲率半径 ρ_c 为分度圆半径 r_v，以 m_n、α_n 为标准齿形的假想直齿圆柱齿轮。当量齿数 z_v 由下式求得

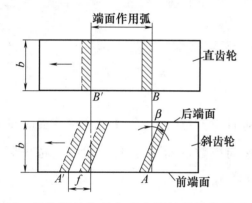

图 7-22 斜齿圆柱齿轮与直齿圆柱齿轮作用弧比较

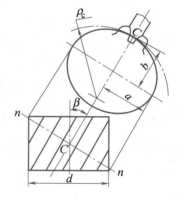

图 7-23 斜齿圆柱齿轮的当量齿轮

$$z_v = \frac{z}{\cos^3\beta} \tag{7-27}$$

用仿形法加工时，应按当量齿数选择铣刀号码；强度计算时，可按一对当量齿轮传动近似计算一对斜齿圆柱齿轮传动；在计算标准斜齿圆柱齿轮不发生根切的齿数时，可按下式求得

$$z_{min} = z_{vmin}\cos^3\beta = 17\cos^3\beta \tag{7-28}$$

五、平行轴斜齿圆柱齿轮传动的优缺点

与直齿圆柱齿轮传动相比，平行轴斜齿圆柱齿轮传动具有以下优点：

1）平行轴斜齿圆柱齿轮传动中，齿廓接触线是斜直线，轮齿是逐渐进入和脱离啮合的，故工作平稳，冲击和噪声小，适用于高速传动。

2）重合度较大，有利于提高承载能力和传动的平稳性。

3）不发生根切最少齿数小于直齿圆柱齿轮不发生根切的最少齿数 z_{min}。

平行轴斜齿圆柱齿轮传动的主要缺点是传动中存在轴向力 F_a（图7-20a）。为克服此缺点，可采用人字齿轮（图7-20b）。

第七节　锥齿轮传动

一、锥齿轮传动的特点

如图7-24所示，锥齿轮传动用于相交轴之间的运动与动力的传递。两轴间的轴交角 Σ 可根据传动的需要来确定，一般机械中多采用轴交角 $\Sigma = 90°$ 的传动。锥齿轮的轮齿有直齿、斜齿和曲线齿等多种形式。锥齿轮的设计、制造和安装均较简便，故应用广泛。曲线齿锥齿轮主要用于高速、大功率传动。斜齿锥齿轮则应用较少。本节只介绍 $\Sigma = 90°$ 的直齿锥齿轮传动。

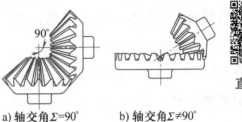

a) 轴交角 $\Sigma = 90°$　　b) 轴交角 $\Sigma \neq 90°$

图 7-24　锥齿轮传动

直齿锥齿轮传动

直齿锥齿轮的轮齿分布在圆锥面上，因此有大端、小端之分。为便于计算和测量，通常取锥齿轮的大端参数为标准值，故大端模数为标准值，按表7-8选取；大端分度圆上的压力角为标准值，$\alpha = 20°$。

表 7-8　锥齿轮模数（摘自 GB/T 12368—1990）　　　　（单位：mm）

| 模数 | ...
3.5 | 1
3.75 | 1.125
4 | 1.25
4.5 | 1.375
5 | 1.5
5.5 | 1.75
6 | 2
6.5 | 2.25
7 | 2.5
8 | 2.75
9 | 3
10 | 3.25
... |

二、锥齿轮的当量齿轮和当量齿数

如图7-25所示，锥齿轮大端的齿廓曲线分布在以 O_1 为锥顶的圆锥面 O_1EE 上，该圆锥面称为锥齿轮的背锥。背锥与以 O 为锥顶的分度圆锥面 OEE 垂直相交。如果将锥齿轮的背锥面展开成平面，则得一扇形齿轮，然后将扇形齿轮补全为圆柱齿轮，这一假想的直齿圆柱齿轮称为该锥齿轮的当量齿轮。当量齿轮的齿数称为当量齿数，用 z_v 表示。当量齿轮大端的模数和压力角与锥齿轮大端的模数和压力角相等。

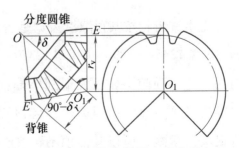

图 7-25　锥齿轮的当量齿轮

如图 7-25 所示，锥齿轮的分锥角为 δ，齿数为 z，分度圆半径为 r，当量齿轮的分度圆半径为 r_v，则 $r_v = r/\cos\delta$，而 $r = mz/2$，$r_v = mz_v/2$，所以

$$z_v = \frac{z}{\cos\delta} \tag{7-29}$$

一对锥齿轮的啮合传动相当于一对当量齿轮的啮合传动，因此，圆柱齿轮传动的一些结论可以直接应用于锥齿轮传动。例如：对照直齿圆柱齿轮传动的正确啮合条件，则锥齿轮传动的正确啮合条件应为两锥齿轮大端的模数和压力角分别相等；锥齿轮的当量齿轮不发生根切，则锥齿轮也不会发生根切，所以锥齿轮不发生根切的最少齿数为

$$z_{min} = z_{vmin}\cos\delta = 17\cos\delta \tag{7-30}$$

三、锥齿轮的参数和几何尺寸计算

由于锥齿轮是以大端参数为基准的，故其几何尺寸计算也是以大端为基准，其齿顶高系数 $h_a^* = 1$，顶隙系数 $c^* = 0.2$。

图 7-26 所示 R 为分度圆锥的锥顶到大端的距离，称为锥距。齿宽 b 与锥距 R 的比值称为锥齿轮的齿宽系数，用 ψ_R 表示，一般取 $\psi_R = b/R = 0.25 \sim 0.3$，由 $b = \psi_R R$ 计算出的齿宽应圆整，并取大、小齿轮的齿宽相等。

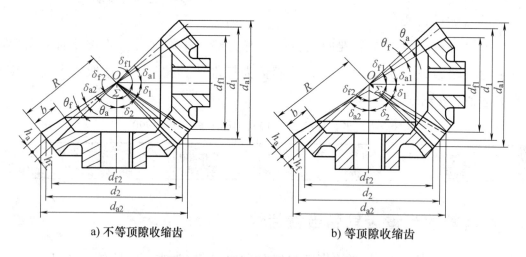

a) 不等顶隙收缩齿　　　　　　　b) 等顶隙收缩齿

图 7-26　直齿锥齿轮的几何尺寸

直齿锥齿轮按其顶隙沿齿宽是否变化，可分为不等顶隙收缩齿和等顶隙收缩齿两种。根据 GB/T 12369—1990、GB/T 12370—1990 规定，现主要采用等顶隙锥齿轮传动（图 7-26b），即两齿轮的顶隙由轮齿大端到小端都是相等的。在这种传动中，两齿轮的分度圆锥和齿根圆锥的锥顶共点，但两齿轮的齿顶圆锥因其素线各自平行于与之啮合传动的另一锥齿轮的齿根圆锥素线，所以其锥顶不再重合于一点（不等顶隙收缩齿锥齿轮的分度圆锥、齿根圆锥、齿顶圆锥的锥顶共点）。锥齿轮传动的主要尺寸计算公式列于表 7-9。

表 7-9　标准直齿（等顶隙）锥齿轮传动的几何尺寸计算公式（$\Sigma = 90°$）

名　　称	代　号	计　算　公　式	
		小　齿　轮	大　齿　轮
分锥角	δ	$\delta_1 = \arctan\left(\dfrac{z_1}{z_2}\right)$	$\delta_2 = 90° - \delta_1$
齿顶高	h_a	$h_a = h_a^* m$	
齿根高	h_f	$h_f = (h_a^* + c^*) m$	
分度圆直径	d	$d_1 = mz_1$	$d_2 = mz_2$
齿顶圆直径	d_a	$d_{a1} = d_1 + 2h_a\cos\delta_1$	$d_{a2} = d_2 + 2h_a\cos\delta_2$
齿根圆直径	d_f	$d_{f1} = d_1 - 2h_f\cos\delta_1$	$d_{f2} = d_2 - 2h_f\cos\delta_2$
锥距	R	$R = \dfrac{m}{2}\sqrt{z_1^2 + z_2^2}$	
齿根角	θ_f	$\tan\theta_f = h_f / R$	
顶锥角	δ_a	$\delta_{a1} = \delta_1 + \theta_f$	$\delta_{a2} = \delta_2 + \theta_f$
根锥角	δ_f	$\delta_{f1} = \delta_1 - \theta_f$	$\delta_{f2} = \delta_2 - \theta_f$
顶隙	c	$c = c^* m$	
分度圆齿厚	s	$s = \dfrac{1}{2}\pi m$	
当量齿数	z_v	$z_{v1} = z_1 / \cos\delta_1$	$z_{v2} = z_2 / \cos\delta_2$
齿　宽	b	$b \leqslant \dfrac{R}{3}$（取整）	

第八节　蜗杆传动

一、蜗杆传动的特点与类型

如图 7-27 所示，蜗杆传动用于传递空间两交错轴之间的运动和动力，通常两轴垂直交错，轴交角 $\Sigma = 90°$。蜗杆传动实际上是非平行轴斜齿轮传动的特例，其中，小斜齿轮即蜗杆的齿数（称为头数，常用 $z_1 = 1 \sim 4$）特别少，螺旋角 β_1（常用 β_1 的余角 γ 衡量，称为导程角）很大；大斜齿轮即蜗轮的齿数（常用 $z_2 = 29 \sim 83$）很多，螺

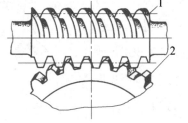

蜗杆传动

图 7-27　蜗杆传动

1—蜗杆　2—蜗轮

旋角 β_2 很小，且为改善齿廓接触情况，将蜗轮齿顶制成圆弧面。

蜗杆传动的主要优点是：传动比大，在动力传动中一般 $i = 8 \sim 100$，在分度机构中传动比可达 1000；传动平稳，噪声小；结构紧凑。主要缺点是：蜗杆传动效率低；蜗轮常需用较贵重的青铜制造，故成本较高。

按照蜗杆形状的不同，蜗杆传动可分为圆柱蜗杆传动（图 7-28a）、环面蜗杆传动（图 7-28b）和锥蜗杆传动（图 7-28c）。其中，圆柱蜗杆传动在工程中应用最广。

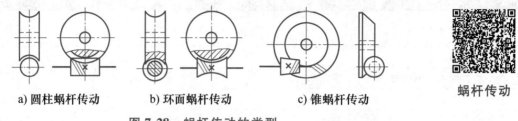

a) 圆柱蜗杆传动　　b) 环面蜗杆传动　　c) 锥蜗杆传动　　蜗杆传动

图 7-28　蜗杆传动的类型

圆柱蜗杆传动又可分为普通圆柱蜗杆传动和圆弧圆柱蜗杆传动。普通圆柱蜗杆轴平面的齿形为直线（或近似直线，图 7-29a），而圆弧圆柱蜗杆轴平面上的齿形为内凹圆弧线（图 7-29b）。圆弧圆柱蜗杆传动承载能力大，传动效率高，尺寸小，因此用于动力传动的标准蜗杆减速器均采用圆弧圆柱蜗杆传动。

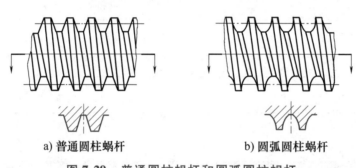

a) 普通圆柱蜗杆　　　　　　　　　b) 圆弧圆柱蜗杆

图 7-29　普通圆柱蜗杆和圆弧圆柱蜗杆

二、蜗杆传动的主要参数和几何尺寸

阿基米德蜗杆的轴向齿廓是直线（图 7-29a），端面齿廓是阿基米德螺旋线。蜗杆的螺旋齿是用切削刃为直线的车刀车削而成的，加工容易，但不能磨削，故难以获得高精度。如图 7-30 所示的阿基米德蜗杆传动，通过蜗杆轴线并垂直于蜗轮轴线的平面称为蜗杆传动的中平面。在中平面内，蜗杆相当于一个齿条，蜗轮的齿廓为渐开线。蜗轮与蜗

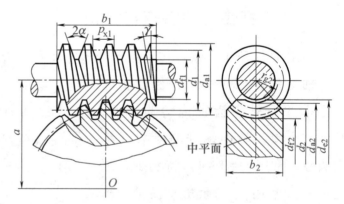

图 7-30　阿基米德蜗杆传动

杆的啮合在中平面内相当于渐开线齿轮与齿条的啮合。因此，蜗杆传动的设计计算都是以中平面为准的。

1. 模数 m 和压力角 α

由于中平面为蜗杆的轴面（脚标用 x1）与蜗轮的端面（脚标用 t2），因此蜗杆的轴向

模数 m_{x1}、轴向压力角 α_{x1} 与端面模数 m_{t2}、端面压力角 α_{t2} 分别相等，即

$$m_{x1} = m_{t2} = m$$

$$\alpha_{x1} = \alpha_{t2} = \alpha$$

2. 正确啮合条件

对非平行轴斜齿轮传动而言，其轴交角 $\Sigma = |\beta_1 + \beta_2|$。蜗杆传动是非平行轴斜齿轮传动 $\Sigma = 90°$ 的特例，且蜗杆导程角 $\gamma = 90° - \beta_1$，因此蜗轮螺旋角 β_2 必须与导程角 γ 相等，旋向相同，即 $\beta_2 = \gamma$。

综上所述，阿基米德蜗杆传动的正确啮合条件可归纳为

$$\left.\begin{array}{l} m_{x1} = m_{t2} = m \\ \alpha_{x1} = \alpha_{t2} = \alpha \\ \beta_2 = \gamma \end{array}\right\} \tag{7-31}$$

3. 蜗杆分度圆直径 d_1

加工蜗轮所用的刀具是与蜗杆分度圆相同的蜗轮滚刀，因此，加工同一模数的蜗轮，有几种蜗杆分度圆直径，就需要几种滚刀。为了限制刀具的数目和便于刀具的标准化，国家标准规定了蜗杆分度圆直径的标准化系列，并与标准模数相匹配，见表 7-10。

表 7-10　蜗杆传动的标准模数和直径（摘自 GB/T 10085—2018）

模数 m /mm	分度圆直径 d_1/mm	蜗杆头数 z_1	模数 m /mm	分度圆直径 d_1/mm	蜗杆头数 z_1
1	18	1（自锁）		(31.5)	1,2,4
1.25	20	1	4	40	1,2,4,6
	22.4	1（自锁）		(50)	1,2,4
1.6	20	1,2,4		71	1（自锁）
	28	1（自锁）		(40)	1,2,4
2	(18)	1,2,4	5	50	1,2,4,6
	22.4	1,2,4,6		(63)	1,2,4
	(28)	1,2,4		90	1（自锁）
	35.5	1（自锁）		(50)	1,2,4
2.5	(22.4)	1,2,4	6.3	63	1,2,4,6
	28	1,2,4,6		(80)	1,2,4
	(35.5)	1,2,4		112	1（自锁）
	45	1（自锁）		(63)	1,2,4
3.15	(28)	1,2,4	8	80	1,2,4,6
	35.5	1,2,4,6		(100)	1,2,4
	(45)	1,2,4		140	1（自锁）
	56	1（自锁）	10	(71)	1,2,4

（续）

模数 m /mm	分度圆直径 d_1/mm	蜗杆头数 z_1	模数 m /mm	分度圆直径 d_1/mm	蜗杆头数 z_1
10	90	1,2,4,6	16	250	1
	(112)	1,2,4	20	(140)	1,2,4
	160	1		160	1,2,4
12.5	(90)	1,2,4		(224)	1,2,4
	112	1,2,4		315	1
	(140)	1,2,4	25	(180)	1,2,4
	200	1		200	1,2,4
16	(112)	1,2,4		(280)	1,2,4
	140	1,2,4		400	1
	(180)	1,2,4			

注：括号中的数字尽可能不采用。

4. 蜗杆的导程角 γ、头数 z_1 和传动比 i

蜗杆的头数 z_1 通常为 1、2、4、6，当具有大的传动比或反行程自锁（蜗轮主动时自锁）时，取 $z_1 = 1$，此时效率较低；当要求蜗杆具有较高效率时，取 $z_1 = 2$、4、6。一般情况下，蜗杆头数 z_1 可根据表 7-11 选取。

表 7-11　蜗杆头数 z_1

蜗杆导程角 γ	3°~8°	8°~16°	16°~30°	28°~33.5°
蜗杆头数 z_1	1	2	4	6

与螺杆相同，蜗杆的旋向分为左旋和右旋，常用右旋。蜗杆的导程角 γ 可由式（7-32）确定

$$\tan\gamma = \frac{z_1 m}{d_1} \tag{7-32}$$

式中　z_1——蜗杆头数；

　　　m——蜗杆传动的模数；

　　　d_1——蜗杆的分度圆直径。

导程角 γ 越大，蜗杆传动的效率越高。常用 γ 的范围为 3°~33.5°。

蜗杆传动的传动比由式（7-33）确定

$$i = \frac{n_1}{n_2} = \frac{z_2}{z_1} = \frac{d_2}{d_1 \tan\gamma} \tag{7-33}$$

式中　i——蜗杆传动的传动比，其选取与蜗杆头数有关，参见表 7-13；

　n_1、n_2——分别为蜗杆和蜗轮的转速；

d_1、d_2——分别为蜗杆和蜗轮的分度圆直径。

5. 几何尺寸计算

阿基米德蜗杆传动的几何尺寸关系如图7-30所示，其主要尺寸计算公式列于表7-12中。

表7-12　蜗杆传动主要几何尺寸计算公式

名　　称	代　号	计　算　公　式
齿顶高	h_a	$h_a = h_a^* m = m$　（其中 $h_a^* = 1$）
齿根高	h_f	$h_f = (h_a^* + c^*) m = 1.2m$　（其中 $c^* = 0.2$）
齿高	h	$h = h_a + h_f = 2.2m$
分度圆直径	d	d_1 根据强度等使用条件确定，$d_2 = mz_2$
齿顶圆直径	d_a	$d_{a1} = d_1 + 2h_a$，$d_{a2} = d_2 + 2h_a$
齿根圆直径	d_f	$d_{f1} = d_1 - 2h_f$，$d_{f2} = d_2 - 2h_f$
中心距	a	$a = (d_1 + d_2)/2$
蜗轮齿顶圆弧半径	r_{g2}	$r_{g2} = d_1/2 - m$
蜗轮外圆直径	d_{e2}	当 $z_1 = 1$ 时，$d_{e2} \leq d_{a2} + 2m$
		当 $z_1 = 2$ 时，$d_{e2} \leq d_{a2} + 1.5m$
		当 $z_1 = 4$、6 时，$d_{e2} \leq d_{a2} + m$
蜗轮齿宽	b_2	当 $z_1 \leq 2$ 时，$b_2 \leq 0.75d_{a1}$
		当 $z_1 > 2$ 时，$b_2 \leq 0.67d_{a1}$
蜗杆导程角	γ	$\tan\gamma = mz_1/d_1$
蜗杆螺旋部分长度	b_1	当 $z_1 \leq 2$ 时，$b_1 \geq (11 + 0.06z_2)m$
		当 $z_1 > 2$ 时，$b_1 \geq (12.5 + 0.09z_2)m$

*三、蜗杆传动的效率与滑动速度

当蜗杆主动时，蜗杆传动的效率可由表7-13近似选取。当蜗杆反行程（蜗轮主动）具有自锁性时，其正行程（蜗杆主动）效率 $\eta < 0.5$。

表7-13　蜗杆的头数、传动比及效率

蜗杆头数 z_1	1	2	4	6
传动比	30～80	15～32	7～16	5～8
传动效率	0.7～0.8	0.8～0.86	0.86～0.91	0.90～0.92

蜗杆传动与螺旋传动相似，齿面间相对滑动速度较大。如图7-31所示，齿面滑动速度 v_s 为

$$v_s = \frac{v_1}{\cos\gamma} = \frac{\pi d_1 n_1}{60 \times 1000\cos\gamma} \tag{7-34}$$

式中　v_1——蜗杆分度圆周速度，单位为 m/s；

$\quad\quad$ n_1——蜗杆转速，单位为 r/min；

$\quad\quad$ d_1——蜗杆分度圆直径，单位为 mm；

$\quad\quad$ γ——蜗杆导程角，单位为（°）。

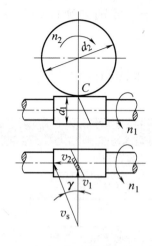

蜗杆传动的效率较低，发热量较大，易发生齿面胶合，因此，对连续传动的动力蜗杆应进行热平衡计算。若温度过高，则需增大蜗杆传动的散热能力，如箱体设置散热片以增加散热面积，蜗杆轴端装风扇或箱体内润滑装置，设置冷却水管，用循环水冷却。热平衡的计算方法可参阅有关手册。

图 7-31　蜗杆传动的相对滑动速度

拓展知识　渐开线齿轮传动强度设计原理简介

渐开线圆柱齿轮传动强度设计原理简介

第九节　齿轮传动精度与齿轮的结构设计

一、齿轮传动精度等级的选择

国家标准对单个渐开线齿轮规定了 11 个精度等级，按 1~11 顺序排列，1 级精度最高，11 级精度最低，常用精度为 5~8 级。渐开线圆柱齿轮传动精度（GB/T 10095.1—2022，GB/T 10095.2—2008）、锥齿轮和准双曲面齿轮精度（GB/T 11365—2019）的允许值可在机械设计手册中查取。

齿轮常用精度等级适用范围参见表 7-14，供设计时参考。

表 7-14　齿轮常用精度等级的适用范围

精度等级	工作条件与适用范围	圆周速度/（m/s）		齿面的最后加工
		直齿	斜齿	
5	用于高平稳且低噪声的高速传动中的齿轮；精密机构中的齿轮；涡轮机传动的齿轮；检测 8、9 级精度的测量齿轮；重要的航空、船用齿轮箱齿轮	>20	>40	精密磨齿；大多数用精密滚刀加工，进而研齿或剃齿

（续）

精度等级	工作条件与适用范围	圆周速度/（m/s）		齿面的最后加工
		直齿	斜齿	
6	用于高速下平稳工作,需要高效率及低噪声的齿轮;航空、汽车用齿轮;读数装置中的精密齿轮;机床传动齿轮	≤15	≤30	精密磨齿或剃齿
7	在中速或大功率下工作的齿轮;机床变速箱进给齿轮;减速器齿轮;起重机齿轮;汽车及读数装置中的齿轮	≤10	≤15	无需热处理的齿轮,用精确刀具加工;对于淬硬齿轮必须精整加工(磨齿、研齿、珩齿)
8	一般机器中无特殊精度要求的齿轮;机床变速齿轮;汽车制造业中不重要的齿轮;冶金、起重机械齿轮;通用减速器齿轮;农业机械中的重要齿轮	≤6	≤10	滚、插齿均可,不用磨齿;必要时剃齿或研齿
9	用于不提出精度要求的齿轮;因结构上考虑,受载低于计算载荷的传动用齿轮;低速、不重要工作机械的动力齿轮;农机齿轮	≤2	≤4	不需要特殊的精加工工序

二、齿轮的结构设计

齿轮的结构设计与齿轮的几何尺寸、毛坯、材料、加工方法、使用要求及经济性等因素有关。进行齿轮的结构设计时,必须综合地考虑上述各方面的因素。通常是先按齿轮直径大小和所选材质选定合适的结构型式,然后根据经验公式或数据,确定各部分尺寸,完成结构设计。

齿轮常用的结构型式有以下几种。

1. 齿轮轴

当齿轮齿顶圆直径不大或与相配轴直径相差很小时,应将齿轮与轴制成一体,称为齿轮轴,如图 7-32 所示。通常,对钢制圆柱齿轮,其齿根圆至键槽底部的距离 $\delta \leq (2 \sim 2.5) m_n$（$m_n$ 为法向模数）时,或对锥齿轮,其小端齿根圆至键槽底部的距离 $\delta \leq (1.6 \sim 2) m$（$m$ 为大端模数）时,考虑采用齿轮轴的型式。这时轴和齿轮必须用同一种材料制造,常用锻造毛坯。如果齿轮直径比轴的直径大得多,则不论是从制造还是从节约贵重材料的角度看,都应把齿轮和轴分开。

2. 实体式齿轮

当齿顶圆直径 $d_a \leq 200$mm 时,可采用实体式结构,如图 7-33 所示。这种齿轮一般常采用锻造毛坯。

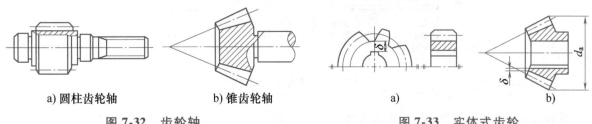

a) 圆柱齿轮轴　　　b) 锥齿轮轴　　　　　　　a)　　　　　　b)

图 7-32　齿轮轴　　　　　　　　图 7-33　实体式齿轮

3. 腹板式齿轮

对于齿顶圆直径 $d_a \leqslant 500\text{mm}$ 的较大尺寸的齿轮，为了减轻重量和节约材料，可采用腹板式结构，如图 7-34 所示。此种齿轮常采用锻钢制造，也可采用铸造毛坯。对于锻造的腹板式锥齿轮，为提高轮坯强度，可采用带加强肋的腹板式结构，如图 7-34c 所示。齿轮各部分尺寸由图中经验公式确定。

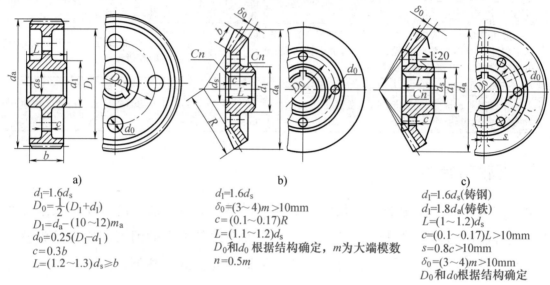

a)

$d_1 = 1.6d_s$
$D_0 = \frac{1}{2}(D_1 + d_1)$
$D_1 = d_a - (10 \sim 12)m_a$
$d_0 = 0.25(D_1 - d_1)$
$c = 0.3b$
$L = (1.2 \sim 1.3)d_s \geqslant b$

b)

$d_1 = 1.6d_s$
$\delta_0 = (3 \sim 4)m > 10\text{mm}$
$c = (0.1 \sim 0.17)R$
$L = (1.1 \sim 1.2)d_s$
D_0 和 d_0 根据结构确定，m 为大端模数
$n = 0.5m$

c)

$d_1 = 1.6d_s$（铸钢）
$d_1 = 1.8d_a$（铸铁）
$L = (1 \sim 1.2)d_s$
$c = (0.1 \sim 0.17)L > 10\text{mm}$
$s = 0.8c > 10\text{mm}$
$\delta_0 = (3 \sim 4)m > 10\text{mm}$
D_0 和 d_0 根据结构确定

图 7-34　腹板式圆柱齿轮、锥齿轮

4. 轮辐式齿轮

当齿顶圆直径 $d_a \geqslant 400\text{mm}$ 时，齿轮毛坯因受锻造设备的限制，往往改用铸铁或铸钢浇注成轮辐式，结构如图 7-35 所示。

5. 组合齿轮

对于尺寸很大的齿轮，为节省贵重材料，常采用齿圈套装于轮心上的组合结构。齿圈用较好的钢，轮心用铸铁或铸钢，两者用过盈联接，在配合接缝上加装 4~8 个紧定螺钉，如图 7-36 所示。

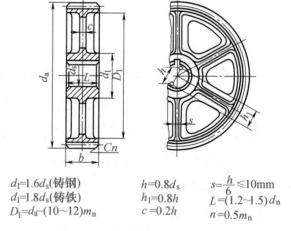

$d_1 = 1.6d_s$（铸钢）
$d_1 = 1.8d_s$（铸铁）
$D_1 = d_a - (10 \sim 12)m_n$

$h = 0.8d_s$
$h_1 = 0.8h$
$c = 0.2h$

$s = \dfrac{h}{6} \leqslant 10\text{mm}$
$L = (1.2 \sim 1.5)d_n$
$n = 0.5m_n$

图 7-35　铸造轮辐式圆柱齿轮

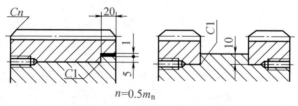

$n = 0.5m_n$

图 7-36　组合齿轮结构

单件生产的大齿轮可采用焊接结构。

第十节　齿轮系传动比的计算

一、齿轮系的分类与功用

实际生产中的机械传动，只用一对齿轮往往不能满足工作要求，通常采用一系列相互啮合的齿轮来传递运动和动力。由一系列齿轮组成的传动装置，称为齿轮系。

1. 齿轮系的类型

齿轮系有两种基本类型：

（1）定轴齿轮系　运转时，所有齿轮几何轴线的位置都固定不变的齿轮系，称为定轴齿轮系，如图 7-37 所示。

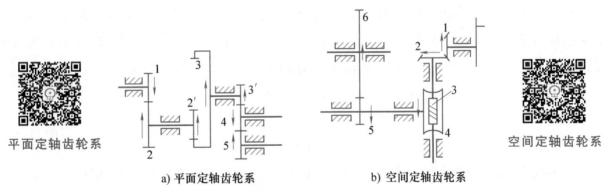

a) 平面定轴齿轮系　　　　b) 空间定轴齿轮系

图 7-37　定轴齿轮系

（2）周转齿轮系　如图 7-38 所示，运转时，至少有一个齿轮的轴线绕某一固定轴齿轮的中心转动的齿轮系，称为周转齿轮系。图中齿轮 2 既绕自身的轴线转动，又绕齿轮 1 的轴线 O_1 转动，恰如太阳系中的行星一样，称为行星轮，齿轮 1 称为太阳轮。如图 7-38b 所示，用一个原动件驱动，齿轮系具有确定运动规律时，称为行星齿轮系；如图 7-38a 所示，需用两个原动件才能使齿轮系各轮具有确定运动时，称为差动齿轮系。目前常统称周转齿轮系为行星齿轮系。

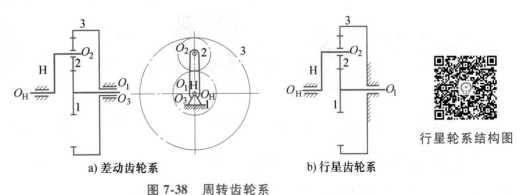

a) 差动齿轮系　　　　b) 行星齿轮系

图 7-38　周转齿轮系

2. 齿轮系的功用

齿轮系的功用十分广泛，主要有以下几个方面：

1）可获得大的传动比。采用齿轮系可以获得很大的传动比。

2）可做较远距离的传动。当两齿轮中心距较大时，若仅用一对齿轮传动，则两齿轮的尺寸必然很大，不仅浪费材料，而且传动装置庞大。若用齿轮系传动，就可避免上述缺点。

3）可得到多种传动比。有些机器为了适应各种工作要求，需要经常变速，如车床变速箱的滑移齿轮变速系统即是齿轮系。

4）可合成或分解运动。采用行星齿轮系可将两个独立运动合成为一个运动（如滚齿机的行星齿轮系），或将一个运动分解为两个独立运动（如汽车后桥的差速器）。

二、定轴齿轮系传动比的计算

齿轮系中首末两齿轮角速度或转速之比，称为齿轮系的传动比。

在计算齿轮系的传动比时，不仅要求出传动比的大小，而且要确定各齿轮的转向。对于主动轴与从动轴平行的齿轮系，各齿轮的转向均可用正、负号表示。图 7-39 所示为外啮合圆柱齿轮传动，设主动轮 1 的转速和齿数分别为 n_1、z_1，从动轮 2 的转速和齿数分别为 n_2、z_2，因两齿轮转向相反，规定传动比为负号，即

$$i_{12} = \frac{n_1}{n_2} = -\frac{z_2}{z_1} \qquad (a)$$

图 7-40 所示为内啮合圆柱齿轮传动，两齿轮的转向相同，规定传动比为正号，即

$$i_{12} = \frac{n_1}{n_2} = \frac{z_2}{z_1} \qquad (b)$$

将式（a）、式（b）两种啮合传动的传动比计算公式合写，得

$$i_{12} = \frac{n_1}{n_2} = \pm\frac{z_2}{z_1} \qquad (7\text{-}35)$$

应用式（7-35）时，外啮合传动比 i 取负号；内啮合传动比取正号。各齿轮的回转方向也可用箭头在图中表示，如图 7-39 和图 7-40 所示。

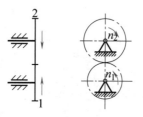
图 7-39　外啮合圆柱齿轮传动

导弹发射快速
反应装置

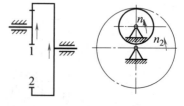
图 7-40　内啮合圆柱齿轮传动

现在讨论定轴齿轮系传动比的计算。

在图 7-41 所示的定轴齿轮系中，齿轮 1 为首轮，齿轮 5 为末轮。设各齿轮的齿数分别

为 z_1、z_2、z_2'、z_3、z_3'、z_4 和 z_5，各齿轮的转速分别为 n_1、n_2、$n_2'(n_2'=n_2)$、n_3、$n_3'(n_3'=n_3)$、n_4 和 n_5。根据式（7-35）可以求得齿轮系中各对啮合齿轮的传动比

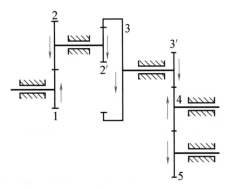

$$i_{12}=\frac{n_1}{n_2}=-\frac{z_2}{z_1}$$

$$i_{2'3}=\frac{n_2'}{n_3}=\frac{n_2}{n_3}=\frac{z_3}{z_2'}$$

$$i_{3'4}=\frac{n_3'}{n_4}=\frac{n_3}{n_4}=-\frac{z_4}{z_3'}$$

图 7-41　定轴齿轮系传动比的计算

$$i_{45}=\frac{n_4}{n_5}=-\frac{z_5}{z_4}$$

将以上四式连乘得

$$i_{12}i_{2'3}i_{3'4}i_{45}=\frac{n_1n_2'n_3'n_4}{n_2n_3n_4n_5}=\left(\frac{-z_2}{z_1}\right)\left(\frac{z_3}{z_2'}\right)\left(\frac{-z_4}{z_3'}\right)\left(\frac{-z_5}{z_4}\right)$$

显然

$$i_{15}=i_{12}i_{2'3}i_{3'4}i_{45}=(-1)^3\frac{z_2z_3z_4z_5}{z_1z_2'z_3'z_4}=-\frac{z_2z_3z_4z_5}{z_1z_2'z_3'z_4}$$

上式表明，定轴齿轮系的传动比等于齿轮系中各对啮合齿轮传动比的连乘积，其值等于所有从动轮齿数连乘积与所有主动轮齿数连乘积之比，其正负号取决于外啮合齿轮的对数，奇数对外啮合取负号，偶数对外啮合取正号。

以上分析可以推广到一般情形。设定轴齿轮系首轮转速为 n_1，末轮转速为 n_k，则齿轮系的传动比为

$$i_{1k}=\frac{n_1}{n_k}=(-1)^m\frac{\text{所有从动轮齿数的乘积}}{\text{所有主动轮齿数的乘积}} \tag{7-36}$$

式中　m——齿轮系中外啮合齿轮的对数。

齿轮系传动比的正负号，也可用画箭头法确定。如图 7-41 所示，图中齿轮 5 与齿轮 1 箭头方向相反，应取负号，这与计算结果一致。

在分析图 7-41 所示齿轮系的传动比时，齿轮 4 在前一对啮合齿轮 3'、4 中是从动轮，在后一对啮合齿轮 4、5 中是主动轮，其齿数在公式的分子和分母中同时出现而互相消去。在齿轮系中，这种不影响传动比大小，仅起传递运动和改变转向作用的齿轮称为惰轮。

在图 7-42 所示的定轴齿轮系中，不但有圆柱齿轮传动，还有锥齿轮传动和蜗杆传动。这种齿轮系传动比的大小仍可用式（7-36）计算，但不能用 $(-1)^m$ 的规律确定转向。当齿轮系中首末两

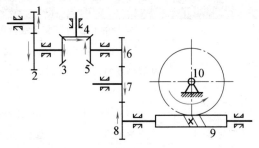

图 7-42　含非平行轴齿轮的定轴齿轮系

齿轮轴线平行时，齿轮系传动比的正负号用画箭头法确定；当齿轮系中首末两齿轮轴线不平行时，齿轮系传动比的正负号已无意义，故计算公式中只能决定传动比的大小，各齿轮的转动方向须由箭头标明。

例 7-5　如图 7-43 所示的定轴齿轮系中，已知 $z_1 = 20$、$z_2 = 60$、$z_3 = z_5 = 18$、$z_6 = 20$、$z_7 = 60$，$n_1 = 450 \text{r/min}$，转向如图。试求 i_{15}、n_5；i_{17}、n_7。

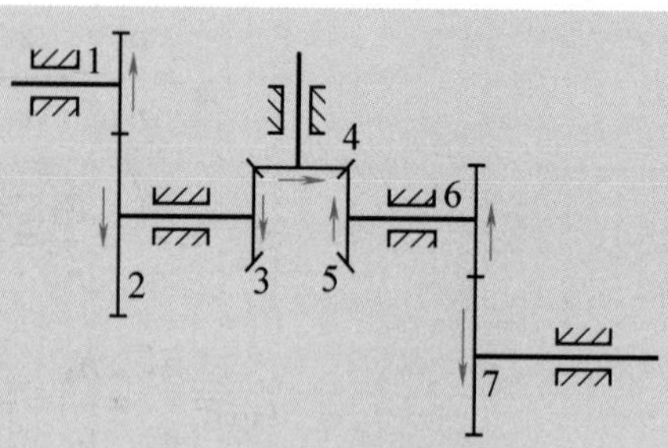

解　该齿轮系包含锥齿轮传动，各齿轮转动方向用画箭头法确定，如图所示。

图 7-43　定轴齿轮系

$$i_{15} = \frac{n_1}{n_5} = \frac{z_2 z_5}{z_1 z_3} = \frac{60 \times 18}{20 \times 18} = 3$$

$$n_5 = \frac{n_1}{i_{15}} = \frac{450}{3} \text{r/min} = 150 \text{r/min}$$

$$i_{17} = \frac{n_1}{n_7} = -\frac{z_2 z_5 z_7}{z_1 z_3 z_6} = -\frac{60 \times 18 \times 60}{20 \times 18 \times 20} = -9$$

$$n_7 = \frac{n_1}{i_{17}} = \frac{450}{-9} \text{r/min} = -50 \text{r/min}$$

n_5 和 n_7 的转向如箭头所示。

三、齿轮系的效率

齿轮系传动时，各对齿轮的轮齿间及轴与轴承间都因摩擦而消耗功率。设输入轴的功率为 P_i，输出轴的功率为 P_o，则齿轮系的总效率

$$\eta = \frac{P_o}{P_i} \tag{7-37}$$

η 为齿轮系的总效率，等于各对齿轮的效率及各对轴承效率的连乘积，即

$$\eta = \eta_1 \eta_2 \cdots \eta_n \tag{7-38}$$

式中，η_1，η_2，$\cdots$，η_n 为各对齿轮及各对轴承的效率。各种效率的概略值见表 7-15。

表 7-15　机械传动效率的概略值

类　别	传 动 形 式	效率 η
圆柱齿轮传动	很好啮合的 6 级精度和 7 级精度齿轮传动（油润滑）	0.98~0.99
	8 级精度的一般齿轮传动（油润滑）	0.97
	9 级精度的齿轮传动（油润滑）	0.96
	加工齿的开式齿轮传动（脂润滑）	0.94~0.96
锥齿轮传动	很好啮合的 6 级和 7 级精度齿轮传动（油润滑）	0.97~0.98
	8 级精度的一般齿轮传动（油润滑）	0.94~0.97
	加工齿的开式齿轮传动（脂润滑）	0.92~0.95

（续）

类 别	传 动 形 式	效 率 η
蜗杆传动	自锁蜗杆	0.40~0.45
	单头蜗杆	0.70~0.75
	双头蜗杆	0.75~0.82
	三头和四头蜗杆	0.82~0.92
滑动轴承	润滑不良	0.94（一对）
	润滑正常	0.97（一对）
	液体摩擦	0.99（一对）
滚动轴承	球轴承（油润滑）	0.99（一对）
	滚子轴承（油润滑）	0.98（一对）

四、简单行星齿轮系传动比的计算

1. 简单行星齿轮系

图 7-44a 所示的周转齿轮系中，有一个行星齿轮 2，其轴线绕与之相啮合的两齿轮 1、3 的轴线转动，齿轮 1、3 的轴线固定，为太阳轮；构件 H 支承行星齿轮 2 并与太阳轮 1、3 共轴线，为行星架。因为该行星齿轮系有两个太阳轮，故为 2K-H 型行星齿轮系，这是典型的周转齿轮系，常称之为简单行星齿轮系。

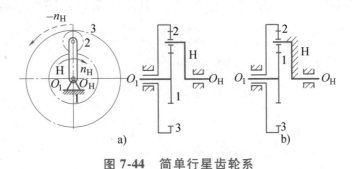

图 7-44 简单行星齿轮系

行星轮系及
其转化轮系

2. 行星齿轮系传动比的计算

因为行星齿轮系中的行星轮轴线位置不固定，所以不能直接利用定轴齿轮系的公式计算传动比。能不能将有动轴转动的齿轮系变换为相对的定轴齿轮系来解决传动比计算问题呢？实际上，当站在行星架上观察所有构件时（把参考系由机架变换为运动中的行星架），齿轮 1、2、3 的轴线都是相对静止的，即可以视为相对的定轴齿轮系，这一相对的定轴齿轮系称为转化齿轮系。转化齿轮系中各构件对行星架 H 的相对转速分别用 n_1^H、n_2^H、n_3^H 及 n_H^H 表示，其大小见表 7-16。

既然简单行星齿轮系的转化齿轮系是定轴齿轮系，就可应用定轴齿轮系传动比公式 （7-36）计算其传动比，即

表7-16 构件在转化齿轮系中的相对转速

构　　　　件	简单行星齿轮系中的转速	转化齿轮系中的转速
太阳轮 1	n_1	$n_1^H = n_1 - n_H$
行星轮 2	n_2	$n_2^H = n_2 - n_H$
太阳轮 3	n_3	$n_3^H = n_3 - n_H$
行星架 H	n_H	$n_H^H = n_H - n_H = 0$

$$i_{13}^H = \frac{n_1 - n_H}{n_3 - n_H} = -\frac{z_2 z_3}{z_1 z_2} = -\frac{z_3}{z_1}$$

将上式推广到一般情形，为

$$i_{1k}^H = \frac{n_1 - n_H}{n_k - n_H} = (-1)^m \frac{\text{所有从动轮齿数的乘积}}{\text{所有主动轮齿数的乘积}} \tag{7-39}$$

应用式（7-39）时必须注意以下几点：

1）式中 1 为主动轮，k 为从动轮。中间各齿轮的主从地位应从齿轮 1 起按顺序判定。

2）公式是在假设所有构件转向相同的情况下导出的，因此在求解未知转速时，必须先假定某一转向的转速为正，相反方向的转速以负值代入公式。

3）推导公式时，对各构件所加的公共转速（$-n_H$）与各构件原来的转速是代数相加，所以公式只适用于齿轮 1、k 和行星架 H 的轴线互相平行的场合。

例7-6　在图 7-44a 所示的简单行星齿轮系中，已知 $z_1 = 20$，$z_3 = 80$，$n_1 = 600\text{r/min}$，顺时针方向转动。求 n_H、i_{1H}。

解　由式（7-39）得转化齿轮系的传动比

$$i_{13}^H = \frac{n_1 - n_H}{n_3 - n_H} = -\frac{z_3}{z_1}$$

将 $z_1 = 20$、$z_3 = 80$、$n_1 = 600\text{r/min}$ 和 $n_3 = 0$ 代入，有

$$i_{13}^H = \frac{n_1 - n_H}{n_3 - n_H} = \frac{600 - n_H}{0 - n_H} = -\frac{80}{20} = -4$$

解得 $n_H = 120\text{r/min}$。

n_H 为正值，表示行星架顺时针方向转动。

$$i_{1H} = \frac{n_1}{n_H} = \frac{600}{120} = 5$$

例7-7　图 7-45 所示为一大传动比的行星齿轮系。已知 $z_1 = 100$，$z_2 = 101$，$z_2' = 100$，$z_3 = 99$。求传动比 i_{H1}。

解　由式（7-39）得转化齿轮系的传动比

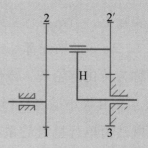

图 7-45　大传动比行星齿轮系

$$i_{13}^{\mathrm{H}} = \frac{n_1 - n_{\mathrm{H}}}{n_3 - n_{\mathrm{H}}} = (-1)^m \frac{z_2 z_3}{z_1 z_2},$$

代入已知数据得

$$\frac{n_1 - n_{\mathrm{H}}}{0 - n_{\mathrm{H}}} = (-1)^2 \frac{101 \times 99}{100 \times 100}$$

$$i_{1\mathrm{H}} = \frac{n_1}{n_{\mathrm{H}}} = 1 - \frac{9999}{10000} = \frac{1}{10000}$$

所以

$$i_{1\mathrm{H}} = \frac{n_{\mathrm{H}}}{n_1} = 10000$$

第十一节　齿轮减速器简介

齿轮减速器是原动机和工作机之间独立的闭式齿轮传动装置，用来降低转速和增大转矩，以适应工作机的需要。由于齿轮减速器使用维护方便，在现代机械中应用十分广泛。

一、齿轮减速器的类型和特点

减速器的类型很多，常用的有如下三种。

1. 圆柱齿轮减速器

圆柱齿轮减速器按齿轮传动级数可分为单级、两级和多级，按轴在空间的位置分为卧式和立式。

图 7-46 所示为单级圆柱齿轮减速器，图 7-46a 所示为卧式，图 7-46b 所示为立式。一般直齿轮的传动比 $i \leqslant 5$，斜齿轮和人字齿轮的传动比 $i \leqslant 8$。

图 7-47 所示为两级圆柱齿轮减速器，常用的传动比 $i = 8 \sim 50$。图 7-47a 所示为展开式两级圆柱齿轮减速器，其结构简单，但由于齿轮相对轴承位置不对称，引起轮齿受力不均匀，所以轴应有较大的刚度。图 7-47b 所示为分流式两级圆柱齿轮减速器，齿轮两侧的轴承

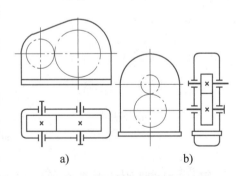

a)　　　　　b)

图 7-46　单级圆柱齿轮减速器

对称布置，载荷沿齿宽分布均匀，高速级常采用斜齿轮，一侧为左旋，另一侧为右旋，轴向力能互相抵消。图 7-47c 所示为同轴式两级圆柱齿轮减速器，输入轴与输出轴位于同一轴线上，箱体长度较短，宽度较大，两级齿轮的中心距必须相等，高速级齿轮的承载能力不能充分利用，仅用于输入轴与输出轴要求同轴线安装的场合。

圆柱齿轮减速器应用最广，传递的功率范围从很小至44000kW，圆周速度从很低至150m/s，且效率高。

2. 锥齿轮减速器

图7-48所示为单级锥齿轮减速器，图7-48a所示为卧式，图7-48b所示为立式，用于输入轴与输出轴垂直相交的传动，传动比$i \leqslant 5$。由于锥齿轮精加工比较困难，所以仅在需要时才采用。

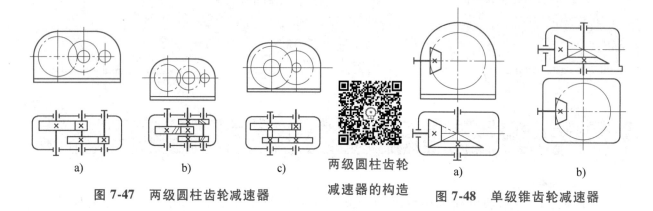

a)   b)   c)   两级圆柱齿轮   a)   b)

图7-47 两级圆柱齿轮减速器   减速器的构造   图7-48 单级锥齿轮减速器

3. 蜗杆减速器

图7-49所示为单级蜗杆减速器。图7-49a所示为蜗杆布置在蜗轮下侧，称为蜗杆下置式，轮齿啮合处润滑和冷却较好，蜗杆轴承的润滑也较方便，但蜗杆速度较大时，油的搅动损失大，一般用于蜗杆圆周速度$v < 4m/s$的场合。图7-49b所示为蜗杆布置在蜗轮的上侧，称为蜗杆上置式，装拆方便，蜗杆的圆周速度允许高一些，蜗杆轴承的润滑不太方便。图7-49c所示为蜗杆布置在蜗轮的侧面，称为蜗杆侧置式，用于水平旋转结构的传动。单级蜗杆减速器的传动比范围是$8 < i < 80$。

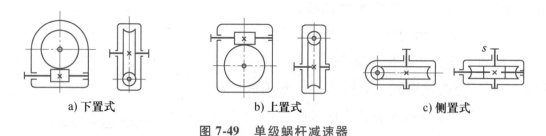

a) 下置式   b) 上置式   c) 侧置式

图7-49 单级蜗杆减速器

蜗杆减速器的特点是在外廓尺寸不大的情况下可以获得大的传动比，工作平衡，噪声较小，但效率低，只宜传递中等以下的功率，一般不超过50kW。

二、减速器的结构

减速器的结构随其类型和要求的不同而异，一般由箱体、轴承、轴、轴上零件和附件等组成。本节仅介绍箱体的结构及附件，其他零部件在有关章节中讲述。

图 7-50a 所示为单级圆柱齿轮减速器的结构图。箱体为剖分式结构，由箱盖和箱座组成，剖分面通过齿轮轴线平面。箱体应有足够的强度和刚度，除适当的壁厚外，还在轴承座孔处设加强肋。剖分面上铣出导油沟，飞溅到箱盖上的润滑油沿内壁流入油沟，引入轴承室润滑轴承。

箱盖与箱座用一组螺栓联接，螺栓布置要合理。轴承座安装螺栓处做出凸台，以便使轴承座孔两侧的联接螺栓尽量靠近轴承座孔中心。安装螺栓的凸台处应留有扳手空间。

为便于箱盖与箱座的加工及安装定位，在剖分面的长度方向两端各有一个锥形定位销。

箱盖上设有窥视孔，以便观察齿轮或蜗杆与蜗轮的啮合情况。视孔盖上装有通气器，箱内温度升高，气压增大，经过通气器向外散发。为了方便拆卸箱盖，装有两个起盖螺钉。为拆卸和搬运，设置吊耳或吊环螺钉。

箱座上装有油标尺（或油面指示器），用来检查箱内的油量。最低处设有放油螺塞，以便排除污油和清洗底部。

图 7-50b 所示为两级齿轮减速器传动结构图，其传动结构比单级要复杂些。

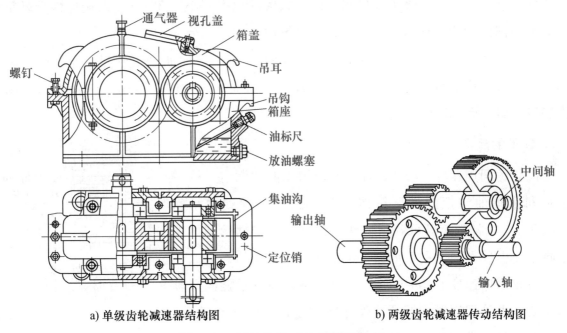

a) 单级齿轮减速器结构图　　　　b) 两级齿轮减速器传动结构图

图 7-50　圆柱齿轮减速器的结构图

三、减速器的润滑

减速器中传动零件和轴承的润滑是十分重要的。润滑的目的在于减少摩擦功率损失和延长使用寿命。选择润滑油牌号和润滑方法时，主要是根据传动零件的工作条件，同时也必须对轴承润滑做相应的考虑。

1. 传动零件的润滑

传动零件的润滑主要有油池润滑和喷油润滑两种。

（1）油池润滑　减速器中传动零件的圆周速度 $v<12\mathrm{m/s}$ 时，采用油池润滑，如图 7-51 所示。为了减少搅油损失和温升，圆柱齿轮或蜗杆（蜗杆上置式）浸入油中深度以 2~3 个齿高为宜，但不应小于 10mm；锥齿轮要把整个齿宽浸入油中；对于下置式蜗杆减速器，蜗杆浸油深度约为一个齿高，但不应超过滚动轴承最下面滚动体的中心线，以免轴承浸油过深，降低轴承效率；对于上置式蜗杆传动，蜗轮的浸油深度为其外径的 1/3。在多级减速器中，设计时应考虑使各级传动中大齿轮浸入油池的深度近于相等。有时为了避免低速级大齿轮浸油过深，用一非金属材料制造的打油轮来润滑高速级齿轮（图 7-51b）。

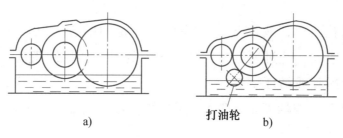

a)　　　　　　　　　打油轮　b)

图 7-51　油池润滑

此外，还应保持低速级大齿轮齿顶圆距箱底的距离不小于 30mm，以避免由于齿轮的搅动将油池底部的污物和铁屑带入啮合处和轴承内。

（2）喷油润滑　当传动零件的圆周速度 $v>12\mathrm{m/s}$ 时，搅油过于剧烈，同时由于离心力的作用也很难保证润滑效果，故不宜采用油池润滑而需采用喷油润滑。这种方法是用机油泵将润滑油经油管和喷嘴喷至啮合处。

2. 轴承的润滑

当齿轮的圆周速度 $v>2\mathrm{m/s}$ 时，可采用飞溅法润滑。这种方法是利用集油沟把搅溅于箱体内壁上的油引导到轴承室（图 7-50a）。蜗杆减速器可利用特殊的刮油板，将蜗轮端面上的油收集、引导到轴承室，如图 7-52 所示。

当齿轮圆周速度 $v<2\mathrm{m/s}$ 时，由于飞溅的油量不能满足轴承的需要，可采用润滑脂润滑。但应在轴承内侧设置挡油环，以免油池中的油进入轴承室稀释润滑脂。

大功率或高速机器应采用压力喷油润滑。

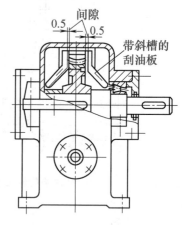

图 7-52　轴承的润滑

四、齿轮减速器的标准简介

通用减速器大多已标准化。如锥齿轮圆柱齿轮减速器标准为 JB/T 8853—2015，冶金设备用 MHB 齿轮箱标准为 YB/T 050—2021，蜗杆减速器标准有锥面包络圆柱蜗杆减速器 JB/T 5559—2015、圆弧圆柱蜗杆减速器 JB/T 7935—2015、直廓环面蜗杆减速器 JB/T 7936—2010 和平面包络环面蜗杆减速器 JB/T 9051—2010 等。选用减速传动装置时，应优先选择标准减速器。选择标准减速器的要点是：①根据使用条件，选择减速器的类型；②计算减速器所需的额定功率，根据给定的传动比范围、输入轴的转速范围等选择减速器的规格。选用标准减速器，到市场购买，既快速又经济。只有在选不到合适的标准减速器时，才需自行设计。

思维训练

一、概念自检题

7-1　渐开线齿廓上压力角为零的点在齿轮的（　　　）上。

A. 基圆　　　　　　B. 齿根圆　　　　　　C. 分度圆　　　　　　D. 齿顶圆

7-2　决定渐开线齿廓形状的基本参数是（　　　）。

A. 模数　　　　　　　　　　　　　B. 模数和齿数

C. 模数和压力角　　　　　　　　　D. 模数、齿数和压力角

7-3　正常齿制标准直齿圆柱齿轮的齿高等于 9mm，则该齿轮的模数为（　　　）。

A. 2mm　　　　　B. 3mm　　　　　C. 4mm　　　　　D. 8mm

7-4　有四个直齿圆柱齿轮：①$m_1 = 5$mm，$z_1 = 20$，$\alpha_1 = 20°$；②$m_2 = 2.5$mm，$z_2 = 40$，$\alpha_2 = 20°$；③$m_3 = 5$mm，$z_3 = 40$，$\alpha_3 = 20°$；④$m_4 = 2.5$mm，$z_4 = 40$，$\alpha_4 = 15°$。下列选项中，两个齿轮的渐开线齿廓形状相同的是（　　　）。

A. ①和②　　　　B. ①和③　　　　C. ②和③　　　　D. ③和④

7-5　一标准齿轮机构，若安装中心距比标准中心距大，则啮合角的大小将（　　　）。

A. 等于压力角　　　　　　　　　　B. 小于压力角

C. 大于压力角　　　　　　　　　　D. 大于、小于或等于压力角

7-6　齿轮与齿条啮合传动时，不论安装距离是否变动，下列结论中不正确的是（　　　）。

A. 齿轮的节圆始终等于分度圆

B. 啮合角始终等于压力角

C. 齿条速度等于齿轮分度圆半径与角速度的乘积

D. 重合度不变

7-7　用齿条插刀加工标准直齿圆柱齿轮时，齿坯上与刀具中线相切的圆是（　　　）。

A. 基圆　　　　　B. 分度圆　　　　　C. 齿根圆　　　　　D. 齿顶圆

7-8　斜齿圆柱齿轮啮合时，两齿廓接触情况是下列中的（　　　）。

A. 点接触　　　　　　　　　　　　B. 与轴线平行的直线接触

C. 不与轴线平行的直线接触　　　　D. 螺旋线接触

7-9　用铣刀加工标准斜齿圆柱齿轮时，选择铣刀号所依据的齿数是（　　　）。

A. 实际齿数 z　　　　　　　　　B. 当量齿数 z_v

C. 不发生根切的最少齿数 z_{min}　　D. 假想（相当）齿数 z'

7-10　润滑良好的闭式传动的软齿面齿轮，主要的失效形式是（　　　）。

A. 轮齿折断　　　　B. 齿面点蚀　　　　C. 齿面磨损　　　　D. 齿面胶合

7-11 齿面塑性变形一般容易发生在（　　）情况。

A. 硬齿面齿轮高速重载工作 　　B. 开式齿轮传动润滑不良

C. 淬火钢或铸铁齿轮过载工作 　　D. 软齿面齿轮低速重载工作

7-12 齿面点蚀首先发生在轮齿的（　　）。

A. 接近齿顶处 　　B. 靠近节线的齿顶部分

C. 接近齿根处 　　D. 靠近节线的齿根部分

7-13 下列材料中，适用于制造承受载荷较大而又无剧烈冲击的齿轮的是（　　）。

A. 45 钢正火 　　B. 40Cr 表面淬火

C. 20CrMnTi 渗碳淬火 　　D. 38CrMnAlA 氮化

7-14 设计软—硬齿面的齿轮传动时，小齿轮的材料和热处理方式应选用（　　）。

A. 35SiMn 调质 　　B. 20Cr 表面淬火

C. 35SiMnMo 调质 　　D. 20Cr 渗碳淬火

7-15 为了提高齿轮传动的齿面接触强度，下列措施有效的是（　　）。

A. 分度圆直径不变的条件下增大模数 B. 增大分度圆直径

C. 分度圆直径不变的条件下增加齿数 D. 减小齿宽

7-16 齿轮系的下列功用中，必须依靠行星齿轮系实现的功用是（　　）。

A. 变速传动 　　B. 大的传动比 　　C. 分路传动 　　D. 运动的合成和分解

二、运算自检题

7-17 压力角为 20° 的齿轮，跨 4 齿测量的公法线长度为 43.68mm，跨 5 齿测量的公法线长度为 55.49mm，该齿轮的模数为（　　）。

A. 3mm 　　B. 4mm 　　C. 5mm 　　D. 8mm

7-18 某外啮合正常齿制标准直齿圆柱齿轮机构的中心距为 200mm，其中一个齿轮丢失，测得另一个齿轮的齿顶圆直径为 80mm，齿数为 18，丢失齿轮的齿数应为（　　）。

A. 22 　　B. 32 　　C. 62 　　D. 82

7-19 某齿条型刀具（滚刀）模数为 5mm，加工齿数为 46 的直齿圆柱齿轮。加工时，刀具中线到齿轮坯中心的距离为 120mm，这样加工出来的齿轮分度圆直径应为（　　）。

A. 230mm 　　B. 232.5mm 　　C. 235mm 　　D. 240mm

7-20 两个标准直齿圆柱齿轮的模数 $m=2$mm，齿数 $z_1=18$、$z_2=31$，$h_a^*=1$，$\alpha=20°$。当安装中心距为 50mm 时，两齿轮的节圆直径 d' 与分度圆直径 d 比较，必有（　　）。

A. $d'>d$ 　　B. $d'=d$

C. $d'<d$ 　　D. $d'_1>d_1$，$d'_2<d_2$

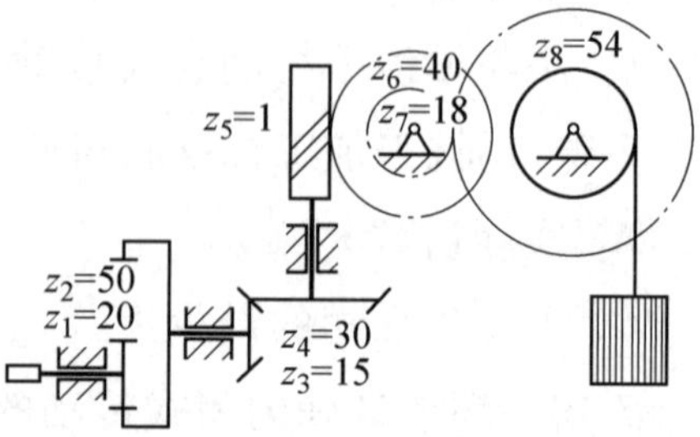

7-21 图 7-53 所示为一手摇提升装置，其中各齿轮

图 7-53 题 7-21 图

齿数如图，传动比 i_{18} 及提升重物时手柄的转向为（ ）。

A. 270, ↑ B. 270, ↓ C. 600, ↑ D. 600, ↓

作业练习

7-22 已知一标准外啮合直齿圆柱齿轮传动的传动比 $i_{12}=4$，$z_1=30$，$m=5\text{mm}$，$\alpha=20°$，$h_a^*=1$，$c^*=0.25$。试求这对齿轮的中心距，两齿轮的分度圆直径、齿顶圆直径、齿根圆直径和基圆直径。

7-23 已知一对外啮合标准直齿圆柱齿轮的标准中心距 $a=180\text{mm}$，齿数 $z_1=25$、$z_2=65$，试求其模数 m 及分度圆直径 d_1、d_2。若该齿轮传动的安装中心距 $a'=182\text{mm}$，试问：

(1) 两齿轮的节圆直径各为多少？啮合角 α' 多大？

(2) 该传动能否连续传动？（用作图法证明）

7-24 已知一对正确啮合的斜齿圆柱齿轮齿数 $z_1=32$、$z_2=128$，模数 $m_n=2\text{mm}$，$\alpha_n=20°$，齿宽 $b_1=65\text{mm}$、$b_2=60\text{mm}$，螺旋角 $\beta=14°8'28''$，正常齿制。试计算其主要尺寸（d_1，d_2，h，d_{a1}，d_{a2}，d_{f1}，d_{f2}）。

7-25 已知一对正常齿制渐开线标准锥齿轮的轴交角 $\Sigma=90°$，$z_1=17$，$z_2=43$，$m=3\text{mm}$。试求分锥角、分度圆直径、齿顶圆直径、齿根圆直径和当量齿数。

7-26 如图 7-54 所示的齿轮系中，已知 $z_1=z_2'=15$，$z_2=45$，$z_3=30$，$z_3'=17$，$z_4=34$，试求传动比 i_{14}。

7-27 如图 7-55 所示的齿轮系中，已知 $z_1=z_2'=28$，$z_2=z_3=25$，$z_3'=2$，$z_4=48$，$z_4'=21$，$z_5=73$，试求行星架 H 的转速 n_H。

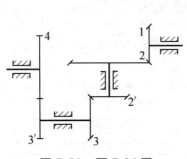

图 7-54 题 7-26 图

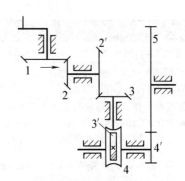

图 7-55 题 7-27 图

第八章　机械挠性传动

齿轮传动的传动件是刚性构件，它具有传递运动相对准确的特点，但也有易于产生冲击载荷的缺点。挠性传动则不同，它们传递运动的准确性虽不如齿轮传动，但却具有一定的吸振能力。构成传动的构件之一为允许挠曲变形构件的传动称为挠性传动，如带传动与链传动就是由主、从动轮与包绕在它们外面的挠性件（带或链）组成的，是典型的挠性传动。它们适用于较大中心距的运动与动力传递，其平均传动比与主、从动轮的直径成反比，瞬时传动比不恒定。

带传动与链传动在工作原理上不同：带传动一般靠摩擦力传递运动与动力，链传动则是靠链条与链轮轮齿之间的啮合实现传动的。表 8-1 所列为两种传动工作特点的比较。

表 8-1　带传动与链传动工作特点的比较

序号	带　传　动	链　传　动
1	为挠性传动;适用于大中心距场合;结构简单,制造和安装精度较低,使用维护方便;瞬时传动比不恒定	
2	带须与带轮有一定的张紧力;一般靠带轮与传动带间的摩擦力传递运动与动力	链与链轮不必张紧;靠链轮齿与传动链的啮合传递运动与动力
3	带为弹性元件,带与带轮间存在着弹性滑动,平均传动比略有变化;工作时能吸振、缓冲,传动平稳,无噪声;带传动会打滑,因此可起到过载保护作用(保护电动机)	链传动为啮合传动,能传递较大载荷,平均传动比准确;工作时噪声稍大;可在较差条件(如高温、多尘、易燃)下工作
4	因张紧力,增加了轴与轴承的压力;传动效率较低	因瞬时传动比不恒定而产生多边形效应,因而限制链速不能过高,以免引起振动;润滑良好时,传动效率较高

第一节　带传动的组成及类型

一、带传动的组成

图 8-1 所示为带传动装置，带传动是由主动轮，从动轮和传动带及机架（轮轴的支承，

省略图示）组成的。

二、带传动的类型

按传动原理，带传动可分为摩擦传动和啮合传动两类。图 8-2 所示为啮合传动类的同步带传动，它克服了带传动弹性滑动对传动比的影响，适用于传递较大功率的场合。

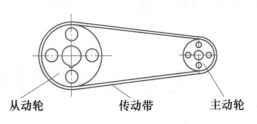

图 8-1　带传动的组成

摩擦传动类是带传动的主要类型，主要有平带传动（图 8-3），V 带传动（图 8-1）两种。在工程中，V 带传动应用最广。V 带的类型很多，如图 8-4 所示，除普通 V 带外，还有窄 V 带、齿形 V 带、联组 V 带、接头 V 带和双面 V 带等，其中以普通 V 带和窄 V 带最为常用。本章主要介绍普通 V 带。

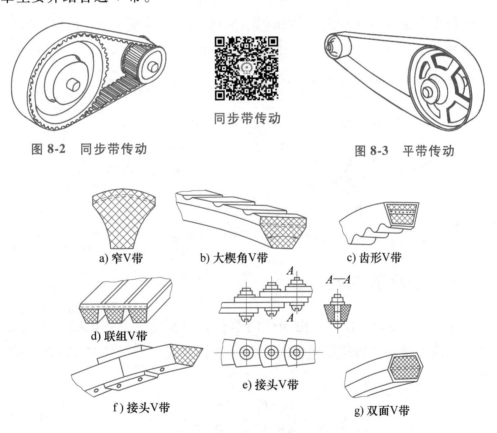

图 8-2　同步带传动

同步带传动

图 8-3　平带传动

a) 窄V带　　　b) 大楔角V带　　　c) 齿形V带

d) 联组V带　　　e) 接头V带

f) 接头V带　　　g) 双面V带

图 8-4　各种类型的 V 带

如图 8-5 所示，普通 V 带的截面呈梯形，由包布层、顶胶层、底胶层和抗拉层（强力层）组成。抗拉层又有帘布结构和线绳结构两种。前者由几层帘布（纬线较稀的织物）组成，后者由一层线绳组成。线绳结构的抗拉能力较强些，故适用于带轮直径较小、转速较高的场合，且寿命较长。抗拉层

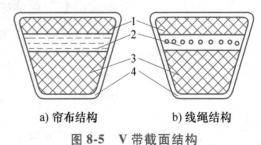

a) 帘布结构　　　b) 线绳结构

图 8-5　V 带截面结构

1—顶胶层　2—抗拉层　3—底胶层　4—包布层

的材料有棉质，也有尼龙、人造丝等化学纤维，后者强度较高。

第二节　带传动的工作原理和工作能力分析

一、工作原理

如图 8-6a 所示，安装时，传动带即以一定的张紧力 F_0 紧套在两带轮上。由于 F_0 的作用，带与带轮的接触面产生正压力。带不工作时，传动带两边的拉力相等，都等于 F_0。

带传动工作时（图 8-6b），设主动轮以 n_1 的转速顺时针方向转动，由于正压力的存在，带轮 1 对带的摩擦力方向与转动方向相同，从而驱动传动带运动；同理，传动带对从动轮 2 的摩擦力方向与带的速度方向一致，从而驱动从动轮 2 以转速 n_2 顺时针方向转动。此时，传动带的下侧被拉紧，称为紧边，紧边拉力大于初拉力 F_0，记为 F_1；传动带的上侧放松，称为松边，松边拉力小于初拉力 F_0，记为 F_2。

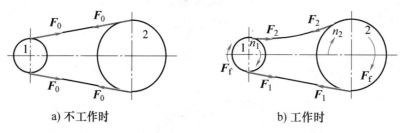

a) 不工作时　　　　b) 工作时

图 8-6　带传动的工作原理

二、带传动的受力分析

如图 8-6 所示，带传动工作时，由于带的总长近似不变，下侧紧边拉力增加带的伸长量，与上侧松边拉力减小带的缩短量相同，均为 Δl，故紧边拉力增量 F_1-F_0 与松边拉力减量 F_0-F_2 相等，均为 ΔF，即

$$F_1-F_0=F_0-F_2$$

或　　　　　　　　　$$F_1+F_2=2F_0 \tag{8-1}$$

如图 8-7 所示，带传动的有效圆周力 F_t 为

$$F_t=F_1-F_2 \tag{8-2}$$

带传动传递的功率 P（kW）为

$$P=\frac{F_t v}{1000} \tag{8-3}$$

式中　v——带的速度，单位为 m/s；

　　　F_t——有效圆周力的大小，单位为 N。

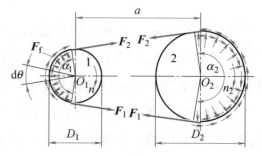

图 8-7　带传动的受力分析

由式（8-2）可知，有效圆周力为紧边、松边的拉力差。在带传动中，当张紧力 F_0 大小一定时，带与带轮之间的摩擦力 F_f 有一极限值，紧边、松边的拉力差小于极限摩擦力 F_{fmax} 时，始终有 $F_t = F_f$。当带有打滑趋势时，摩擦力达到极限值 F_{fmax}，带传动的有效圆周力也达到最大值 F_{max}。当工作载荷进一步增大而超过 F_{max} 时，带与带轮之间将产生显著的相对滑动，这一现象称为打滑。打滑将使带的磨损加剧，从动轮转速急速降低，甚至使传动失效。这种现象应当避免。

可以证明，带在出现打滑趋势而尚未打滑的临界状态时，带的紧边拉力 F_1 与松边拉力 F_2 之间满足柔性体的欧拉公式，即

$$F_1 = F_2 e^{f\alpha} \tag{8-4}$$

式中　　e——自然对数的底（$e = 2.71828\cdots$）；

　　　　f——摩擦因数，对 V 带，用当量摩擦因数 f_v 代替 f；

　　　　α——工作时，带与带轮接触弧所对的圆心角，简称包角，单位为 rad。

将式（8-1）、式（8-2）和式（8-4）联立，可得带传动的最大有效圆周力 F_{max} 为

$$F_{max} = 2F_0 \frac{(e^{f\alpha} - 1)}{(e^{f\alpha} + 1)} \tag{8-5}$$

由于最大有效圆周力取决于较小摩擦力的小带轮包角 α_1，故式（8-5）中应用 α_1 代替 α。由式（8-5）可知，最大有效圆周力 F_{max} 与下列因素有关：

（1）张紧力 F_0　最大有效圆周力 F_{max} 与张紧力 F_0 成正比，张紧力 F_0 增大，摩擦力增大，带传动的承载能力提高。但张紧力过大，易使传动带磨损加剧，以致过快松弛，缩短带的工作寿命。张紧力 F_0 太小，则带传动的工作能力不能充分发挥，易发生打滑。

（2）包角 α　最大有效圆周力 F_{max} 随包角 α 的增大而增大，这是因为包角增大会使摩擦力增大。带轮包角应予限制，使小带轮包角 $\alpha_1 \geqslant 120°$。

（3）摩擦因数 f　摩擦因数大，则摩擦力也大，从而可提高最大有效圆周力 F_{max}。摩擦因数与带及带轮的材料和表面状况、工作环境有关。应当指出，试图用增大带轮表面粗糙度值的方法提高带传动承载能力的做法是不可取的。

三、带的应力

如图 8-8 所示，带传动工作时，带上存在下列三个应力：

（1）拉应力 σ_1 和 σ_2　由紧边、松边拉力 F_1、F_2 引起，$\sigma_1 = F_1/A$，$\sigma_2 = F_2/A$，其中 $A(\mathrm{mm}^2)$ 为带的截面积。

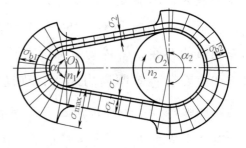

图 8-8　带工作时的应力分布情况示意图

（2）离心应力 σ_L　当带以初速度 $v(\mathrm{m/s})$ 沿带轮轮缘做圆周运动时，带本身的质量将

引起离心力 F_1（N），由 F_1 引起的离心应力 σ_L（MPa）为

$$\sigma_L = \frac{qv^2}{A} \tag{8-6}$$

式中　q——传动带单位长度的质量（kg/m），对 V 带，q 值见表 8-2。

（3）弯曲应力 σ_b　带绕在带轮上时要产生弯曲应力。由工程力学知识可知，弯曲应力大小与受弯的曲率半径有关，较小曲率半径小带轮上的弯曲应力 σ_{b1}（MPa）较大，其大小为

$$\sigma_{b1} = \frac{Eh}{d_{d1}} \tag{8-7}$$

式中　h——带的高度，单位为 mm；

　　　d_{d1}——小带轮的基准直径，单位为 mm，参见表 8-4；

　　　E——带的弹性模量，单位为 MPa。

如图 8-8 所示，带中的最大应力发生在带的紧边绕入小带轮处，此处的最大应力可近似地表示为

$$\sigma_{max} = \sigma_1 + \sigma_{b1} + \sigma_L \tag{8-8}$$

由图可见，带是在变应力状态下工作的。当应力循环次数达到一定值后，将使带产生疲劳破坏。

四、带的弹性滑动

因为带是弹性件，受拉后会产生弹性变形。而带工作时，带的紧边与松边拉力不同，因而带的弹性变形也不同。如图 8-9 所示，当带在紧边刚绕入小带轮时，带与小带轮在 A（A'）处重合，转过 α''_1 角时，虽然传动带拉力逐渐减小，带也逐步回缩，但不明显，故认为带轮上的 B 与带上的 B' 仍近似重合，α''_1 角所对的弧 AB 称为静作用弧；小带轮从 B 再转至 C 处转出时，传动带拉力差大，回缩变形已明显，原与带轮重合的点已滞后至 C'，角 α'_1 所对弧 BC 称为动作用弧。由于动作用弧的存在，带传动有弹性滑动。显然，当负载增加，要求有效圆周力增大，则动作用弧增大；

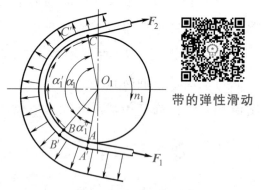

图 8-9　带的弹性滑动

当动作用弧等于小带轮包角 α_1 时，带传动发生打滑现象，从而使有效圆周力下降至临界的最大有效圆周力 F_{max}，带重新正常工作。

带的弹性滑动，使小带轮的速度 v_1 大于带的速度 v，而带的速度 v 又大于大带轮的速度 v_2。带传动弹性滑动的影响可以用滑动率 ε 表示，有

$$\varepsilon = \frac{v_1 - v_2}{v_1} \times 100\% \tag{8-9}$$

或

$$v_2 = v_1 \left(1 - \varepsilon\right)$$

随载荷大小的不同，滑动率 ε 在 $0.01 \sim 0.02$ 之间变化。在不考虑弹性滑动时，带传动的传动比为

$$i_{12} = \frac{n_1}{n_2} = \frac{d_{d2}}{d_{d1}} \tag{8-10}$$

考虑弹性滑动时

$$i_{12} = \frac{n_1}{n_2} = \frac{d_{d2}}{d_{d1}} \left(1 - \varepsilon\right) \tag{8-11}$$

由于滑动率不是一个固定值，随外载荷大小的变化而变化，因而摩擦传动类带传动不能用于要求准确传动比的场合，使带传动的应用受到很大限制。正因如此，近年来才发展出啮合传动类同步带，并日益广泛地应用于工程中。

值得注意的是，带传动的弹性滑动和打滑是两个截然不同的概念，前者是摩擦传动类带传动正常工作时的固有特性，是不可避免的；而后者是由于超载所引起的带轮上的全面滑动，是可以避免的。

第三节　普通 V 带与 V 带轮

一、普通 V 带的结构和标准

图 8-10 所示为 V 带的结构，由顶胶 1、抗拉体 2、底胶 3 以及包布 4 组成。V 带的拉力基本由抗拉体承受，抗拉体有帘布和线绳两种结构。帘布结构制造方便，型号多；而线绳结构柔性好，抗弯强度高，有利于延长 V 带寿命，为提高承载能力，已普遍采用化学纤维物。顶胶采用弹性好的胶料，分别承受传动时的拉伸和压缩。包布材料采用橡胶帆布，可起耐磨和保护作用。

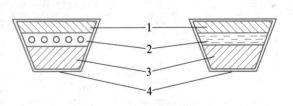

图 8-10　V 带的结构

1—顶胶　2—抗拉体　3—底胶　4—包布

普通 V 带是标准件，GB/T 11544—2012 规定，普通 V 带按截面尺寸分为 Y、Z、A、B、C、D、E 七种型号，其截面尺寸见表 8-2。

表 8-2　普通 V 带截面尺寸

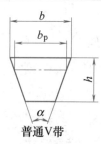

普通 V 带

型　　号	Y	Z	A	B	C	D	E
节宽 b_p/mm	5.3	8.5	11.0	14.0	19.0	27.0	32.0
顶宽 b/mm	6	10	13	17	22	32	38
高度 h/mm	4	6	8	11	14	19	23
楔形角 α	40°						
每米带长的质量 q/（kg/m）	0.04	0.06	0.10	0.17	0.30	0.60	0.87

V 带绕在带轮上产生弯曲，外层受拉伸变长，内层受压缩变短，两层间存在一长度不变的中性层。中性层面称为节面，其宽为节宽 b_p；与节宽 b_p 相对应的带轮直径称为基准直径，用 d_d 表示，为公称直径。在规定的张紧力下，位于带轮基准直径上的周线长度称为基准长度，用 L_d 表示。表 8-3 所列为普通 V 带基准长度。

表 8-3　普通 V 带基准长度（摘自 GB/T 11544—2012）　　　　（单位：mm）

截面型号						
Y	Z	A	B	C	D	E
200	406	630	930	1565	2740	4660
224	475	700	1000	1760	3100	5040
250	530	790	1100	1950	3330	5420
280	625	890	1210	2195	3730	6100
315	700	990	1370	2420	4080	6850
355	780	1100	1560	2715	4620	7650
400	920	1250	1760	2880	5400	9150
450	1080	1430	1950	3080	6100	12230
500	1330	1550	2180	3520	6840	13750
	1420	1640	2300	4060	7620	15280
	1540	1750	2500	4600	9140	16800
		1940	2700	5380	10700	
		2050	2870	6100	12200	
		2200	3200	6815	13700	
		2300	3600	7600	15200	
		2480	4060	9100		
		2700	4430	10700		
			4820			
			5370			
			6070			

注：1. 带的标记已压印在带的外表面上，以便识别和选购。

2. V 带的标记为：型号 基准长度 标准号。例如，型号为 A 型，基准长度 $L_d = 1430$mm 的普通 V 带，标记为：A1430　GB/T 1171。

二、V 带轮的材料与结构

当带轮的圆周速度为 25m/s 以下时，带轮的材料一般采用铸铁 HT150 或 HT200；速度较高时，应采用铸钢带轮或钢板焊接成的带轮。在小功率带轮传动中，也可采用铸铝或塑料带轮。

V 带轮由轮缘（用于安装 V 带轮的部分，制有相应的 V 形轮槽）、轮毂（带轮与轴相联接的部分）以及轮辐（轮缘与轮毂相联接的部分）三部分组成，轮槽尺寸见表 8-4。根据带轮直径的大小，普通 V 带轮有实心式、辐板式、孔板式以及椭圆辐轮式四种典型结构，如图 8-11 所示。

表 8-4　普通 V 带轮轮槽尺寸　　　　　　　　（单位：mm）

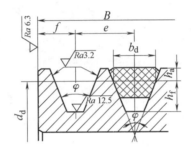

项　　目		符　　号	Y	Z	A	B	C	D	E
基准下槽深		h_{fmin}	4.7	7,9	8.7,11	10.8,14	14.3,19	19.9	23.4
基准上槽深		h_{amin}	1.6	2.0	2.75	3.5	4.8	8.1	9.6
槽间距	基本值	e	8	12	15	19	25.5	37	44.5
	极限偏差		±0.3	±0.3	±0.3	±0.4	±0.5	±0.6	±0.7
第一槽对称面至端面的距离		f_{min}	6	7	9	11.5	16	23	28
基准宽度		b_d	5.3	8.5	11.0	14.0	19.0	27.0	32.0
最小轮缘宽		δ_{min}	5	5.5	6	7.5	10	12	15
带轮宽		B	$B = (z-1)e + 2f$　（z 为轮槽数）						
轮槽角与基准直径　φ	32°	d_d/mm	≤60	—	—	—	—	—	—
	34°		—	≤80	≤118	≤190	≤315	—	—
	36°		>60	—	—	—	—	≤475	≤600
	38°		—	>80	>118	>190	>315	>475	>600

注：V 带轮的标记格式为：

| 名称 | 带轮槽形 | 轮槽数×基准直径 | 带轮结构型式代号 | 标准编号 |

例如，A 型槽，3 轮槽，基准直径 200mm，P-Ⅱ型辐板 V 带轮，标记为：带轮 A3×200P-Ⅱ

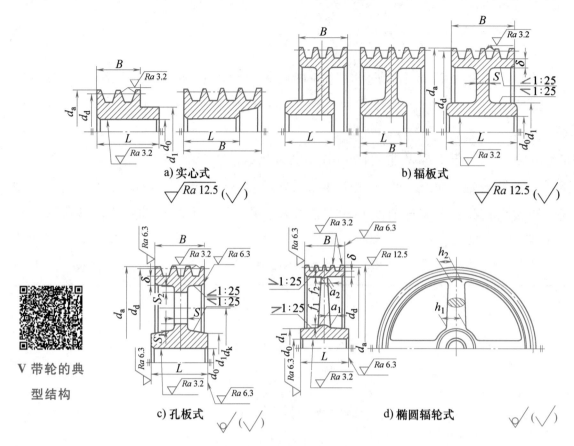

a) 实心式　　　b) 辐板式

c) 孔板式　　　d) 椭圆辐轮式

V带轮的典型结构

图 8-11　V 带轮的典型结构

图中带轮相关结构尺寸的计算和确定可查《简明机械零件设计实用手册》

拓展知识　链传动

链传动

思维训练

8-1　在普通 V 带的外表面上压印的标记"B-2240 GB/T 1171—2017"中"2240"表示（　　）。

A. 基准长度　　　B. 内周长度　　　C. 外周长度　　　D. 内、外周长度的平均值

8-2　普通 V 带的楔角是（　　）。

A. 34°　　　　　B. 36°　　　　　C. 38°　　　　　D. 40°

8-3　V 带中，横截面积最小的带的型号是（　　　）。

A. A 型　　　　　　B. D 型　　　　　　C. Z 型　　　　　　D. E 型

8-4　实现减速传动的带传动中，带的最大应力发生在（　　　）。

A. 进入主动轮处　　B. 退出主动轮处　　C. 进入从动轮处　　D. 退出从动轮处

8-5　带传动的打滑现象首先发生在（　　　）。

A. 小带轮上　　　　　　　　　　　B. 大带轮上

C. 大、小带轮上同时开始　　　　　D. 大、小带轮都可能

8-6　选择标准 V 带型号的主要依据是（　　　）。

A. 传递功率和小带轮转速　　　　　B. 计算功率和小带轮转速

C. 带的线速度　　　　　　　　　　D. 带的圆周力

8-7　带传动的中心距取得过大，会导致（　　　）。

A. 带的寿命缩短　　　　　　　　　B. 带在工作时颤动严重

C. 带的弹性滑动加剧　　　　　　　D. 带容易磨损

8-8　下列措施中，不能提高带传动传递功率能力的是（　　　）。

A. 加大中心距　　　　　　　　　　B. 适当增加带的初拉力

C. 加大带轮直径　　　　　　　　　D. 增大带轮表面粗糙度

8-9　当带轮的最大圆周速度 $v \leqslant 25\text{m/s}$ 时，制造带轮的材料一般采用（　　　）。

A. 灰铸铁　　　　　B. 铸钢　　　　　C. 优质碳素钢　　　　　D. 合金钢

8-10　图 8-12 所示为四种带在带轮轮槽中的安装情况，安装正确的是（　　　）。

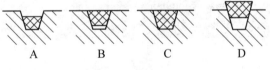

图 8-12　题 8-10 图

8-11　某机床的 V 带传动中有 4 根带，工作较长时间后，有一根产生疲劳撕裂而不能继续使用，正确的更换方法是（　　　）。

A. 更换已撕裂的一根　　　　　　　B. 更换 2 根

C. 更换 3 根　　　　　　　　　　　D. 全部更换

作业练习

8-12　已知 V 带传动中带速 $v = 12\text{m/s}$，传递功率 $P = 10\text{kW}$，紧边拉力为松边拉力的 1.5 倍。试求该 V 带传动的最大有效圆周力 $F_{\max}$ 和紧边拉力 F_1。

8-13　试设计一普通 V 带传动，主动轮转速 $n_1 = 960\text{r/min}$，从动轮转速 $n_2 = 320\text{r/min}$，带型为 B 型，电动机功率 $P = 4\text{kW}$，两班制工作，载荷平稳。

第九章 联 接

机构的构件和机械传动零件如齿轮、带轮等并不能单独工作，它们受到轴或其他零部件的支承，并与这些零部件恰当联接，才能将运动与动力传递给别的零部件或执行机构。

联接是将两个或两个以上的零件联成一体的结构。联接按是否可拆分为两大类：可拆联接和不可拆联接。可拆联接是不损坏联接中任一零件的联接，故多次装拆不影响其使用性能，常用的有键、螺纹和销联接。不可拆联接在拆开时，至少要破坏或损伤联接中的一个零件，常见的有焊接、铆接及粘接等。

第一节 键 联 接

键联接主要用于轴与轮毂的联接，以实现轴与轮毂之间的周向固定并传递转矩。有的还用来实现轴上零件的轴向固定或轴向移动的导向。

一、键联接的类型、特点和应用

键联接可以分为紧键联接和松键联接两类。平键、半圆键为松键联接，松键联接的工作面为两侧面；楔键和切向键为紧键联接，紧键联接的工作面为上下面。

1. 平键联接

按键的用途不同，平键联接可分为普通平键联接、导向平键联接和滑键联接。

（1）普通平键联接　图 9-1a 所示为普通平键联接的结构。键的两侧面靠键与键槽侧面的挤压传递运动和转矩，键的顶面为非工作面，与轮毂键槽表面留有间隙。因此，这种联接只能用于轴上零件的周向固定。

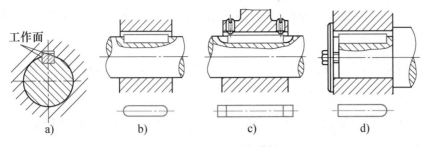

普通平键联接

图 9-1　普通平键联接

平键联接结构简单，装拆方便，对中性好，故应用广泛。

普通平键用于静联接（零件被联接在轴上后，不与轴做相对移动）。平键按其端部形状不同分为圆头（A 型）、平头（B 型）及单圆头（C 型）三种，如图 9-1b、c、d 所示。采用圆头平键时，轴上的键槽用指形铣刀加工而成，键在槽中固定较好，但键槽两端的应力集中较大。平头平键的键槽由盘铣刀加工而成，轴的应力集中较小。单圆头平键主要用于轴端。

（2）导向平键联接和滑键联接　当轮毂在轴上需沿轴向移动而构成动联接时，可采用导向平键或滑键，如图 9-2a 所示。导向平键常用螺钉固定在轴上的键槽中，而轮毂可沿键做轴向滑动，如变速箱中的滑移齿轮等。

当被联接件滑移的距离较大时，宜采用滑键，如图 9-2b 所示。滑键固定在轮毂上，与轮毂同时在轴上的键槽中做轴向滑移，如车床中光杠与溜板箱中零件的联接。

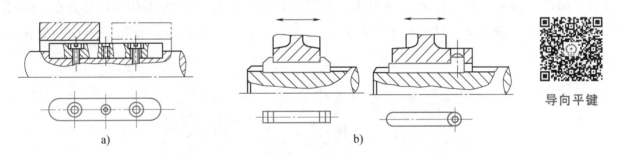

导向平键

图 9-2　导向平键联接和滑键联接

2. 半圆键联接

图 9-3 所示为半圆键联接，其工作面也是键的两侧面，轴槽呈半圆形，键能在轴槽内自由摆动，以适应轴线偏转引起的位置变化，装拆方便。但轴上的键槽较深，对轴的强度削弱较大，故其一般用于轻载，尤其适用于锥形轴端部。

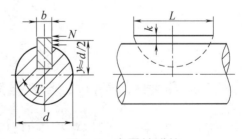

图 9-3　半圆键联接

3. 楔键联接

图 9-4 所示为楔键联接的结构形式。楔键属于紧键联接，其上、下两表面是工作面，两侧面与轮毂槽侧有间隙。键的上表面和与之相配合的轮毂键槽底部表面均具有 1∶100 的

斜度，装配时将键打入轴与轴上零件之间的键槽内，使工作面上产生很大的挤压力。工作时靠接触面间的摩擦力来传递转矩。

楔键联接的对中性差，当受到冲击或载荷作用时，容易造成联接的松动。因此楔键仅适用于要求不高、转速较低的场合，如农业机械和建筑机械中。

楔键分为普通楔键（图9-4a、b）和钩头楔键（图9-4c）。为便于拆卸，楔键最好用于轴端，钩头楔键应加装安全罩。

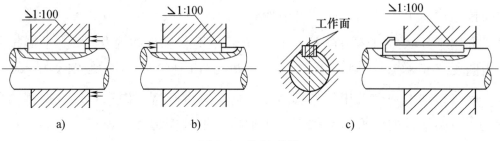

图 9-4　楔键联接

4. 切向键联接

切向键联接也属于紧键联接。切向键由两个斜度为 1∶100 的楔键组成，如图9-5a所示。装配时，把一对楔键分别从轮毂的两端打入，其斜面相互贴合，共同楔紧在轮毂之间。切向键的上、下两面是工作面，工作时，依靠其与轴和轮毂的挤压传递转矩。一对切向键只能传递单向转矩，若需传递双向转矩，必须用两对切向键，且按 120°~135°分布，如图9-5b所示。切向键传递的转矩较大，但对中性差，对轴的削弱较大，常用于对中性要求不高的重型机械。

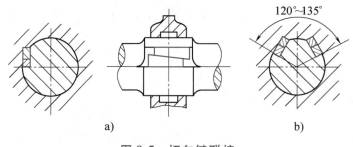

图 9-5　切向键联接

二、平键联接的选择和强度校核

键是标准件，通常用中碳钢 Q235、45 钢制造。平键联接的类型应根据联接特点、使用要求和工作条件选定。

1. 尺寸选择

平键的主要尺寸为宽度 b、高度 h 与长度 L。平键的 $b \times h$ 按轴的直径 d 由标准中选定（表9-1），其长度 L 略短于轮毂长，也从标准中选取。

表 9-1 平键联接和键槽的尺寸（GB/T 1095—2003） （单位：mm）

轴	键	键						槽					
			宽 度 b					深 度				半径 r	
				极 限 偏 差									
公称直径 d	公称尺寸 $b×h$	公称尺寸 b	较松键联接		一般键联接		较紧键联接	轴 t		毂 t_1			
			轴 H9	毂 D10	轴 N9	毂 JS9	轴和毂 P9	公称尺寸	极限偏差	公称尺寸	极限偏差	最小	最大
自 6~8	2×2	2	+0.025 0	+0.060 +0.020	−0.004 −0.029	±0.0125	−0.006 −0.031	1.2	+0.1 0	1	+0.1 0	0.08	0.16
>8~10	3×3	3						1.8		1.4			
>10~12	4×4	4	+0.030 0	+0.078 0.030	0 −0.030	±0.015	−0.012 −0.042	2.5		1.8		0.16	0.25
>12~17	5×5	5						3.0		2.3			
>17~22	6×6	6						3.5		2.8			
>22~30	8×7	8	+0.036 0	+0.098 +0.040	0 −0.036	±0.018	−0.015 −0.051	4.0		3.3		0.25	0.40
>30~38	10×8	10						5.0		3.3			
>38~44	12×8	12	+0.043 0	+0.120 +0.050	0 −0.043	±0.0215	−0.018 −0.061	5.0		3.3	+0.2 0		
>44~50	14×9	14						5.5		3.8			
>50~58	16×10	16						6.0	+0.2 0	4.3			
>58~65	18×11	18						7.0		4.4			
>65~75	20×12	20	+0.052 0	+0.149 +0.065	0 −0.052	±0.026	−0.022 −0.074	7.5		4.9		0.40	0.60
>75~85	22×14	22						9.0		5.4			
>85~95	25×14	25						9.0		5.4			
>95~110	28×16	28						10.0		6.4			
键的长度系列	6,8,10,12,14,16,18,20,22,25,28,32,36,40,45,50,56,63,70,80,90,100,110,125,140,160,180,200,220,250,280,320,360												

注：1. 在工作图中，轴槽深用 t 或 $(d-t)$ 标注，轮毂槽深用 $(d+t_1)$ 标注。

2. $(d-t)$ 和 $(d+t_1)$ 两组组合尺寸的极限偏差按相应的 t 和 t_1 的极限偏差选取，但 $(d-t)$ 的极限偏差值应取负号（−）。

2. 强度校核

平键联接工作时，受力情况如图 9-6 所示。键受到剪切和挤压的作用。实践证明，对于标准键联接，通常主要是由于挤压而破坏，因此一般只需验算挤压强度。

设轴传递的转矩为 T（N·mm），轴的直径为 d（mm），则轴所受的圆周力 F_t（N）为

$$F_t = \frac{T}{\dfrac{d}{2}} = \frac{2T}{d}$$

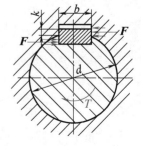

图 9-6 平键联接的受力

挤压应力为

$$\sigma_p = \frac{F_t}{A} = \frac{\frac{2T}{d}}{\frac{h}{2}l} = \frac{4T}{dhl} \qquad (9-1)$$

挤压强度条件为

$$\sigma_p \leqslant [\sigma_p] \qquad (9-2)$$

式中 h——键的高度，单位为 mm，键与轮毂的有效接触高度可近似计为 $0.5h$；

l——键与轮毂接触的工作长度，对于双圆头（A 型）普通平键，$l=L-b$；对于平头（B 型）普通平键，$l=L$；对于单圆头（C 型）普通平键，$l=L-0.5b$；

$[\sigma_p]$——键联接中较弱零件（一般为轮毂）的许用挤压应力，其值见表 9-2。

表 9-2 键联接的许用挤压应力 $[\sigma_p]$ （单位：MPa）

联接方式	轮毂材料	载荷性质		
		静载荷	轻微冲击	冲击
静联接	钢	125~150	100~120	60~90
	铸铁	70~80	50~60	30~45
动联接(导向键)	钢	50	40	30

注：1. $[\sigma_p]$ 应按联接中零件材料力学性能较弱的选取。

2. 如与键有相对滑动的被联接件表面经过淬火，则动联接的 $[\sigma_p]$ 可提高 2~3 倍。

平键联接的验算强度不够时，可采取如下措施：

1）适当增加键和轮毂的长度。但键的长度一般不应超过 $2.5d$，否则挤压应力沿键的长度方向分布将很不均匀。

2）在轴上相隔 180°配置两个普通平键。但强度验算时，只按 1.5 个平键计算。

例 9-1 图 9-7 所示为减速器的输出轴，轴与齿轮采用平键联接，已知传递的转矩 $T=600\text{N·m}$，有轻微冲击，试选择平键的尺寸。

解 1）尺寸选择。由 $d=75\text{mm}$ 查表 9-1 选择 A 型平键，尺寸为

$$b \times h \times L = 20\text{mm} \times 12\text{mm} \times 70\text{mm}$$

2）强度验算。工作长度 $l=L-b=(70-20)\text{mm}=50\text{mm}$，由表 9-2，根据静联接、铸钢齿轮、载荷有轻微冲击，查得许用挤压应力 $[\sigma_p]=100\text{MPa}$。

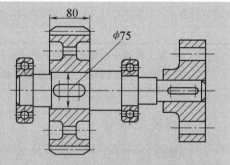

图 9-7 减速器输出轴

由挤压强度条件得 $\sigma_p = \dfrac{4T}{dhl} = \dfrac{4 \times 600 \times 10^3}{75 \times 12 \times 50}\text{MPa} = 53.3\text{MPa} \leqslant [\sigma_p]$

故此键联接的强度足够。

其标记为：GB/T 1096 键 20×12×70。

三、花键联接

花键联接由内、外花键组合而成（图9-8）。它是平键联接在数目上的发展。与平键联接相比，花键联接承载能力强，同时由于齿槽较浅，故对轴的强度削弱较轻，并且有良好的定心精度和导向性能，但常需专门设备加工，成本高。

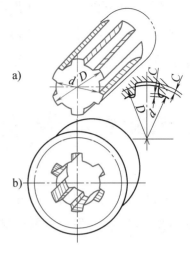

图9-8 花键联接

花键已标准化，按其齿形不同，可分为矩形花键和渐开线花键，如图9-9a、b所示。

（1）矩形花键 其齿廓为两条平行于键齿对称线的直线。键宽为B，大径为D，小径为d，键数为N，标记为：$N \times d \times D \times B$。

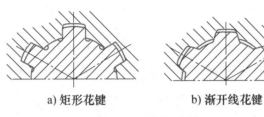

a) 矩形花键　　　　b) 渐开线花键

图9-9 花键联接

矩形花键联接的定心方式有大径定心、小径定心和齿侧定心三种，其特点和应用见表9-3。矩形花键制造方便，应用最为广泛。

表9-3 矩形花键联接的定心方式及其特点和应用

类　型	特　点	应　用
按D定心　毂　轴　按大径定心	定心精度高。加工方便，外花键的大径尺寸可在普通磨床上加工至所需的精度，内花键的大径尺寸(表面硬度<40HRC)可由拉刀保证其精度	用于定心精度要求高的传动零件与轴的联接，应用最广
按d定心　毂　轴　按小径定心	定心精度高。加工不如按D定心方便，内、外花键齿在热处理后都要磨削。内花键的定心面硬度要求在40HRC以上	用于定心精度要求高，并符合下列条件时 1)内花键表面硬度要求较高(在40HRC以上)，热处理后不宜校正大径 2)单件生产或大径较大，采用按D定心在工艺上不经济 3)内花键的定心面要求表面粗糙度值小，采用按D定心在工艺上不易达到要求
按齿侧定心　毂	定心精度不高，但有利于各齿均匀承载	主要用于载荷较大而定心精度要求不高的重系列联接，且多用于静联接

（2）渐开线花键　其齿廓为渐开线，分度圆压力角有 30° 和 45° 两种。后者又称为三角形花键。渐开线花键的齿根宽，强度高，可用加工渐开线齿形的方法加工，故工艺性好，易获得高精度，适用于重载、轴直径较大的联接。

第二节　螺　纹　联　接

螺纹联接是利用螺纹零件，将两个以上零件刚性联接起来构成的一种可拆联接。螺纹联接结构简单、联接可靠、装拆方便、成本低廉，故应用极为广泛。

一、常用螺纹的种类、特点和应用

1. 螺纹的形成

如图 9-10a 所示，将一直角三角形绕到一圆柱体上，并使其一直角边与圆柱体底面的周边重合，则斜边在圆柱体上就形成了一条螺旋线。取一平面图形，如矩形（三角形、梯形或锯齿形等），使其底边与圆柱体底边贴合，并沿螺旋线移动，在圆柱体上形成的轨迹曲线为矩形（三角形、梯形或锯齿形）螺纹。

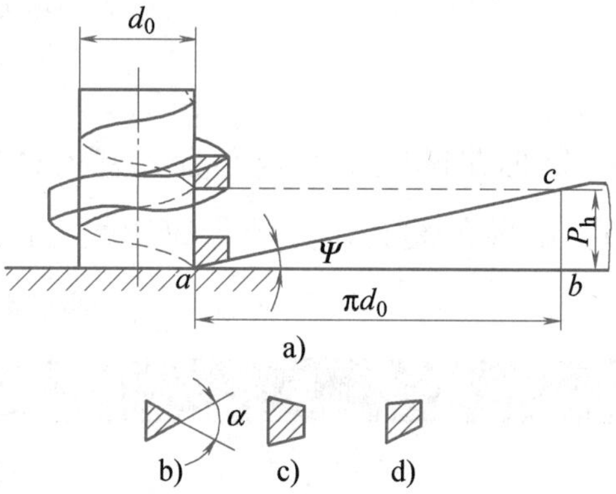

2. 螺纹的牙型及主要参数

如第六章第四节螺旋机构所述，根据螺纹轴平面的形状，常用的螺纹牙型有三角形、矩形、梯形和锯齿形等。三角形螺纹多用于联接，其余多用于传动。

图 9-10　螺纹的形成

螺纹参数都已标准化。螺旋机构中对螺纹的主要参数已有阐述。表 9-4 列出了部分标准粗牙普通螺纹的一些基本参数。

表 9-4　粗牙普通螺纹基本参数（摘自 GB/T 196—2003）　　（单位：mm）

公称直径（大径）d	螺距 P	中径 d_2	小径 d_1
6	1	5.350	4.917
8	1.25	7.188	6.647
10	1.5	9.026	8.376
12	1.75	10.863	10.106
16	2	14.701	13.835
20	2.5	18.376	17.294
24	3	22.051	20.752
30	3.5	27.727	26.211
36	4	33.402	31.670

注：粗牙普通螺纹的代号用 "M" 及 "公称尺寸" 表示，例如大径 $d = 20$mm 的粗牙普通螺纹的标记为 M20。

二、螺纹副的自锁

螺纹副被拧紧后，如不加反向外力矩，则不论轴向载荷多大，也不会自动松开，此现象称为螺纹副的自锁性能。其自锁条件为

$$\psi \leqslant \rho \tag{9-3}$$

式中，ρ 为螺纹的摩擦角，它与螺纹副材料有关，设螺纹摩擦因数为 f，则有 $\tan\rho = f$。对于三角形螺纹，摩擦角 ρ 的大小还与牙型角 α 有关，式（9-3）中的摩擦角 ρ 应用当量摩擦角 ρ_v 代替，当量摩擦因数 $f_v = \tan\rho_v$。各种螺纹的 f_v 为

矩形螺纹 　　　　$\alpha = 0°$ 　　　$f_v = f$

锯齿形螺纹 　　　$\alpha = 33°$ 　　$f_v = 1.001f$

梯形螺纹 　　　　$\alpha = 30°$ 　　$f_v = 1.035f$

普通螺纹 　　　　$\alpha = 60°$ 　　$f_v = 1.155f$

由此可见，牙型角 α 最小的矩形螺纹适用于传动，而牙型角 α 较大的普通螺纹更适合用于联接。

三、螺纹联接的基本类型及螺纹联接件

1. 螺纹联接的基本类型

螺纹联接的类型很多，常用的有螺栓联接、双头螺柱联接、螺钉联接等。其构造、主要尺寸关系、特点和应用见表 9-5。装配时需要拧紧的螺栓联接称为紧联接，不需要拧紧的螺栓联接称为松联接，前者应用较广。

根据主要受力情况，螺栓联接又分为受拉螺栓联接和受剪螺栓联接。受拉螺栓联接又称为普通螺栓联接，螺栓杆与孔之间有间隙，杆与孔的加工精度要求低。受剪螺栓联接又称为铰制孔用螺栓联接，螺栓杆部与孔之间为紧密配合，杆与孔的加工精度高，但有良好的承受横向载荷的能力与定位功能。

2. 螺纹联接件

螺纹联接件包括螺栓、螺柱、螺钉、紧定螺钉、螺母、垫圈及防松零件等，大多数联接件已标准化，可按标准选用。它们的结构特点和应用见表 9-6。

四、螺纹联接的预紧和防松

大多数螺纹联接在安装时都需要拧紧，通常称为预紧。预紧的目的是增强联接的可靠性、密封性和防松能力。在螺栓联接中，预紧力的大小要恰当，因此要对拧紧力矩予以控制。

表 9-5　螺纹联接

类型	构造	主要尺寸关系	特点和应用
螺栓联接 受拉螺栓 受剪螺栓	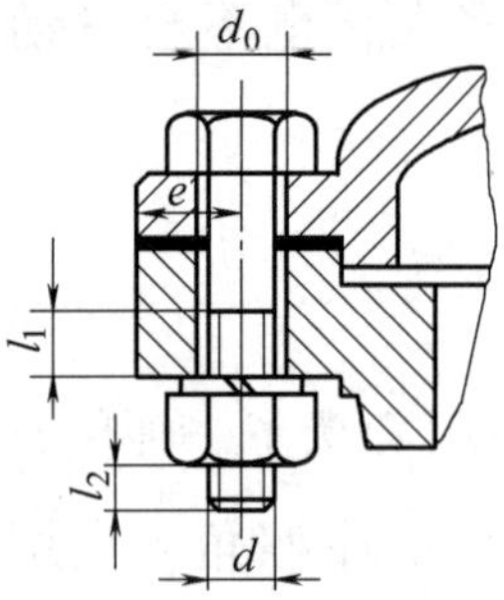	螺纹余留长度 l_1 受拉螺栓联接 　静载荷 $l_1 \geqslant 0.3d$ 　变载荷 $l_1 \geqslant 0.75d$ 　冲击、弯曲载荷 $l_1 \geqslant d$ 受剪螺栓联接 l_1 尽可能小 螺纹伸出长度 $l_2 = (0.2 \sim 0.3)d$ 螺栓轴线到被联接件边缘的距离 $e = d + (3 \sim 6)\,\mathrm{mm}$	无须在被联接件上车制螺纹，使用不受被联接件材料的限制，结构简单，装拆方便，应用最广。用于通孔并能从联接两边进行装配的场合
双头螺柱联接	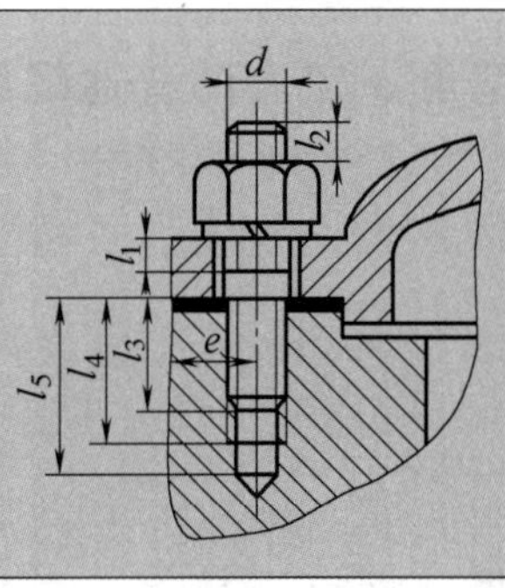	螺纹旋入深度 l_3，当螺孔零件为 　钢或青铜 $l_3 \approx d$ 　铸铁 $l_3 = (1.25 \sim 1.5)d$ 　铝合金 $l_3 = (1.25 \sim 2.5)d$ 螺孔深度 $l_4 = l_3 + (2 \sim 2.5)d$ 钻孔深度 $l_5 = l_4 + (0.2 \sim 0.3)d$ l_1、l_2、e 同上	座端旋入并紧定在被联接件之一的螺孔中，用于受结构限制而不能用螺栓或希望联接结构较紧凑的场合
螺钉联接	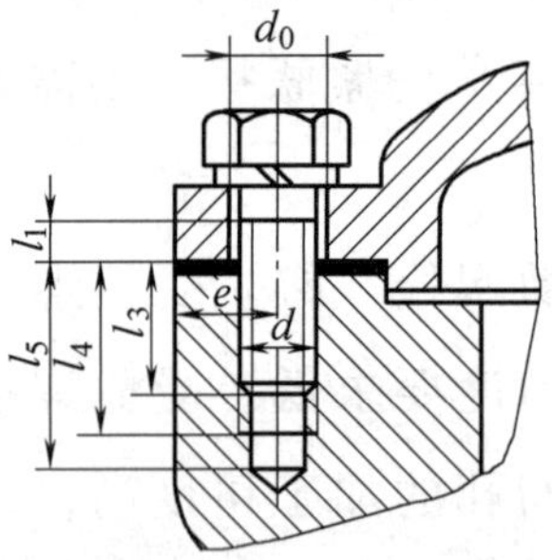	l_1、l_3、l_4、l_5、e 同上	不用螺母，而且能有光整的外露表面，应用与双头螺柱联接相似，但不宜用于时常装拆的联接，以免损坏被联接件的螺孔
紧定螺钉联接	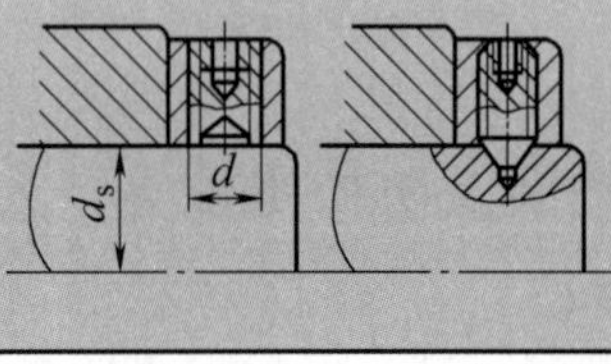	$d = (0.2 \sim 0.3)d_s$ 转矩大时取大值	旋入被联接件之一的螺孔中，其末端顶住另一被联接件的表面或顶入相应的坑中，以固定两个零件的相互位置，并可传递不大的力或转矩

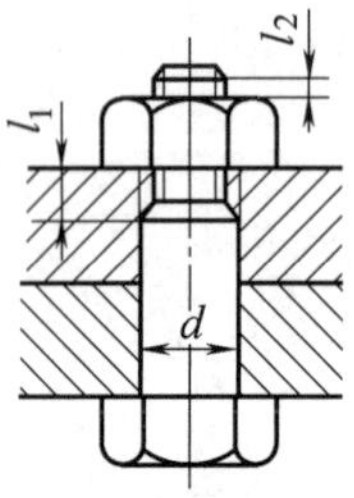

表 9-6　常用螺纹联接件

类型	图例	结构特点和应用
六角头螺栓	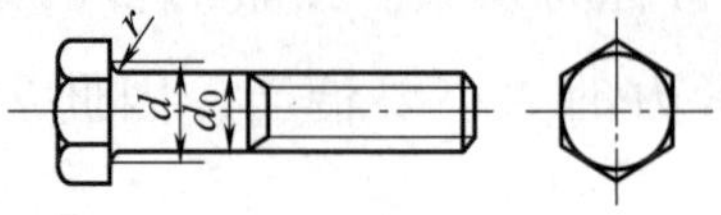	种类很多，应用最广，分为 A、B、C 三级，通用机械制造中多用 C 级（左图）。螺栓杆部可制出一段螺纹或全螺纹，螺纹可用粗牙或细牙（A、B 级）

（续）

类型	图　例	结构特点和应用
双头螺柱	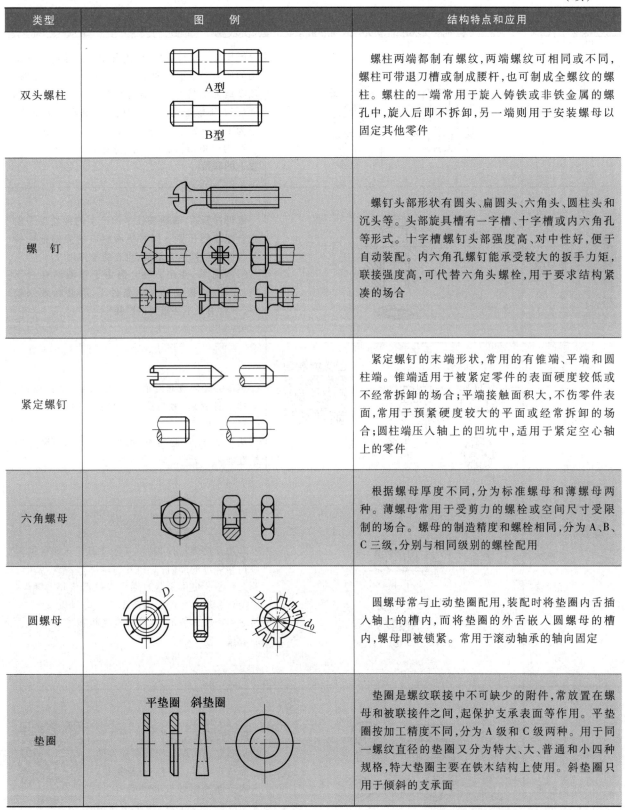 A型 B型	螺柱两端都制有螺纹,两端螺纹可相同或不同,螺柱可带退刀槽或制成腰杆,也可制成全螺纹的螺柱。螺柱的一端常用于旋入铸铁或非铁金属的螺孔中,旋入后即不拆卸,另一端则用于安装螺母以固定其他零件
螺　钉		螺钉头部形状有圆头、扁圆头、六角头、圆柱头和沉头等。头部旋具槽有一字槽、十字槽或内六角孔等形式。十字槽螺钉头部强度高、对中性好,便于自动装配。内六角孔螺钉能承受较大的扳手力矩,联接强度高,可代替六角头螺栓,用于要求结构紧凑的场合
紧定螺钉		紧定螺钉的末端形状,常用的有锥端、平端和圆柱端。锥端适用于被紧定零件的表面硬度较低或不经常拆卸的场合;平端接触面积大,不伤零件表面,常用于预紧硬度较大的平面或经常拆卸的场合;圆柱端压入轴上的凹坑中,适用于紧定空心轴上的零件
六角螺母		根据螺母厚度不同,分为标准螺母和薄螺母两种。薄螺母常用于受剪力的螺栓或空间尺寸受限制的场合。螺母的制造精度和螺栓相同,分为 A、B、C 三级,分别与相同级别的螺栓配用
圆螺母		圆螺母常与止动垫圈配用,装配时将垫圈内舌插入轴上的槽内,而将垫圈的外舌嵌入圆螺母的槽内,螺母即被锁紧。常用于滚动轴承的轴向固定
垫圈	平垫圈　斜垫圈	垫圈是螺纹联接中不可缺少的附件,常放置在螺母和被联接件之间,起保护支承表面等作用。平垫圈按加工精度不同,分为 A 级和 C 级两种。用于同一螺纹直径的垫圈又分为特大、大、普通和小四种规格,特大垫圈主要在铁木结构上使用。斜垫圈只用于倾斜的支承面

　　在比较重要的联接中,若不能严格控制预紧力的大小,而只靠安装经验来拧紧螺栓,为避免螺栓拉断,通常不宜采用小于 M12 的螺栓,一般用 M12~M24 的螺栓。

　　螺纹联接常用的防松方法见表 9-7。

表 9-7 螺纹联接常用的防松方法

防松方法		结 构 型 式	特点和应用
摩擦防松	对顶螺母	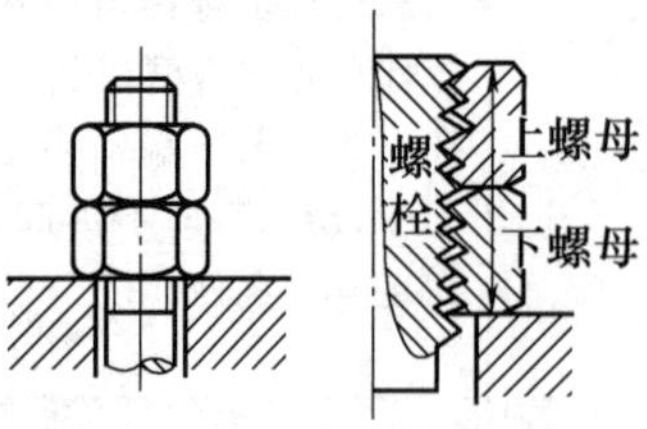	两螺母对顶拧紧后，使旋合螺纹间始终受到附加的压力和摩擦力的作用。工作载荷有变动时，该摩擦力仍然存在。旋合螺纹间的接触情况如图所示，下螺母螺纹牙受力较小，其高度可小些。但为了防止装错，两螺母的高度取成相等为宜 结构简单，适用于平稳、低速和重载的固定装置上的联接
	弹簧垫圈	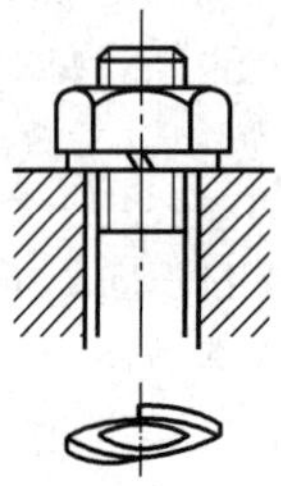	螺母拧紧后，靠垫圈压平而产生的弹性反力使旋合螺纹间压紧。同时垫圈斜口的尖端抵住螺母与被联接件的支承面，也有防松作用 结构简单，使用方便。但由于垫圈的弹力不均，在冲击、振动的工作条件下，其防松效果较差，一般用于不甚重要的联接
	自锁螺母	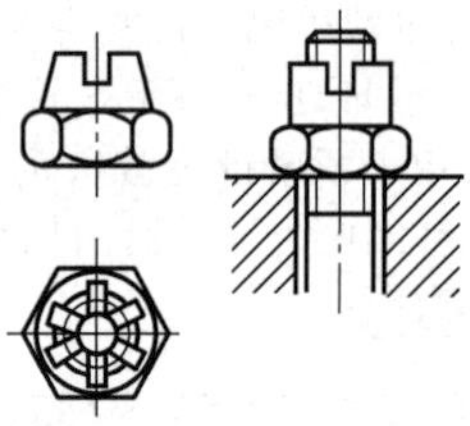 自锁螺母防松	螺母一端制成非圆形收口或开缝后径向收口。当螺母拧紧后，收口胀开，利用收口的弹力使旋合螺纹间压紧 结构简单，防松可靠，可多次装拆而不降低防松性能
机械防松	开口销与六角开槽螺母	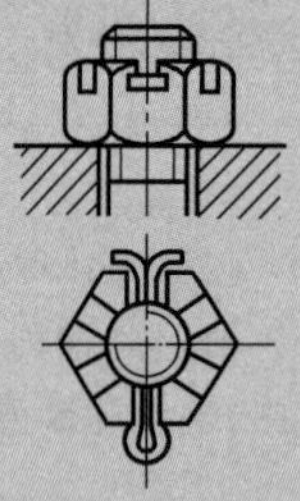	六角开槽螺母拧紧后，将开口销穿入螺栓尾部小孔和螺母的槽内，并将开口销尾部掰开与螺母侧面贴紧。也可用普通螺母代替六角开槽螺母，但需拧紧螺母后再配钻销孔 适用于较大冲击、振动的高速机械中运动部件的联接
	止动垫圈	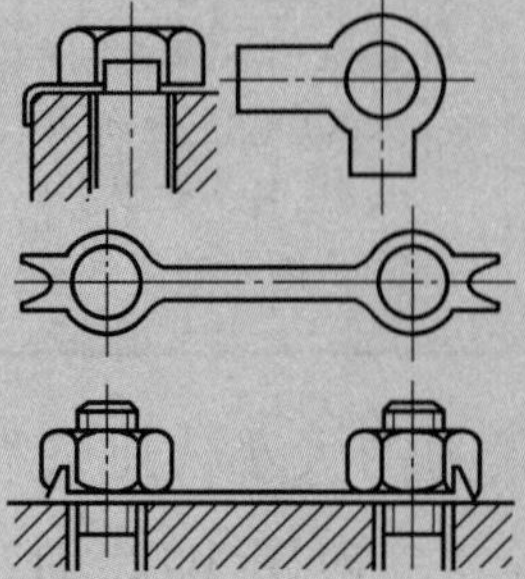	螺母拧紧后，将单耳或双耳止动垫圈分别向螺母和被联接件的侧面折弯贴紧，即可将螺母锁住。当两个螺栓需要双联锁紧时，可采用双联止动垫圈，使两个螺母相互制动 结构简单，使用方便，防松可靠 止动垫圈防松

第三节　联　轴　器

一、联轴器的功用

联轴器主要用于联接两轴，使两轴一起转动并传递转矩。这种联接形式，只有当机器停车后拆开联轴器，才能将两轴分离。

二、联轴器的分类

联轴器所连接的两根轴，由于制造、安装误差或受载、变形等一系列原因，两轴的轴线会产生轴向位移 x、径向位移 y、角位移 α 和综合位移，如图 9-11 所示。轴线的位移将使机器的工作情况恶化，因此要求联轴器具有补偿轴线位移的能力。另外，在有冲击、振动的场合，还要求联轴器具有缓冲和吸振的能力。

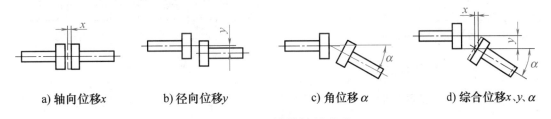

a) 轴向位移 x 　　b) 径向位移 y 　　c) 角位移 α 　　d) 综合位移 x、y、α

图 9-11　两轴的轴线位移

联轴器类型较多，其中大多数已标准化，设计时只需参考有关手册选用。
常用联合器分类如下：

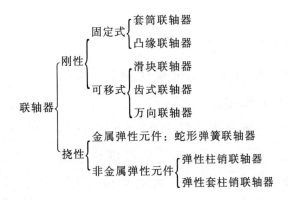

三、常用联轴器的结构、特点和应用

（一）刚性固定式联轴器

这种联轴器要求两轴严格对中，并在工作时不发生相对位移。

1. 套筒联轴器

套筒联轴器是用一个套筒，通过键或销等零件把两轴相连接，如图 9-12 所示。套筒联轴器的结构简单，径向尺寸小，但传递的转矩较小，不能缓冲、吸振，装拆时需做轴向移动，常用于机床传动系统。

另外，如果销的尺寸设计得恰当，过载时销就会被剪断，因此也可用作安全联轴器。

2. 凸缘联轴器

凸缘联轴器是一种应用最广泛的刚性联轴器，如图 9-13 所示。它由两个半联轴器通过键及联接螺栓组成。它有两种对中方法：一种是用两半联轴器的凹、凸圆柱面（榫肩）配合对中，如图 9-13a 所示；另一种是用配合螺栓联接对中，如图 9-13b 所示。前者制造方便。

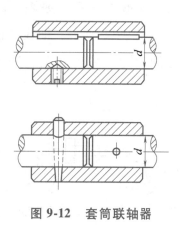

图 9-12 套筒联轴器

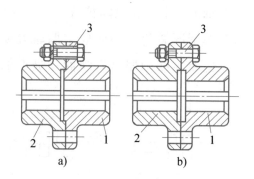

图 9-13 凸缘联轴器

1、2—半联轴器 3—联接螺栓

凸缘联轴器结构简单，对中精度高，传递的转矩较大，但不能缓冲和吸振，一般用于转矩较大、载荷平稳、两轴对中性好的场合。

（二）刚性可移式联轴器

刚性可移式联轴器的类型很多，如滑块联轴器、齿式联轴器等，这里仅介绍滑块联轴器的工作原理。

滑块联轴器由两个端面开槽的半联轴器 1、2 和中间两面都有凸榫的圆盘 3 组成。其圆盘两端面上的凸榫相互垂直，可以分别嵌入半联轴器相应的凹槽，如图 9-14 所示。凸榫可在半联轴器的凹槽中滑动，利用其相对滑动来补偿两轴之间的位移。

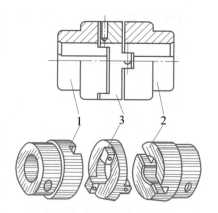

图 9-14 滑块联轴器

1、2—半联轴器 3—圆盘

为避免过快磨损及产生过大的离心力，轴的转速不可过高。滑块联轴器主要用于没有剧烈冲击载荷而又允许两轴线有一定径向位移的低速轴（$n < 250 \text{r/min}$）的联接。

（三）挠性可移式联轴器

挠性可移式联轴器的特点是在两半联轴器间有弹性元件，因此可允许有微小的角度和综合位移。这类联轴器主要有弹性套柱销联轴器（图 9-15）和弹性柱销联轴器（图 9-16）等。这里仅介绍弹性套柱销联轴器。

弹性套柱销联轴器的构造与凸缘联轴器相似，只是用套有弹性套的柱销代替了联接螺栓，如图 9-15 所示。弹性套的变形可以补偿两轴的径向位移和角位移，并且有缓冲、吸振作用。

弹性套柱销联轴器结构简单、成本较低、装拆方便，适用于转速较高、有振动和经常正反转、起动频繁的场合。

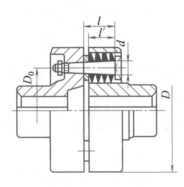

图 9-15　弹性套柱销联轴器

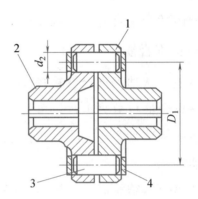

图 9-16　弹性柱销联轴器
1、2—半联轴器　3—尼龙柱销　4—挡板

第四节　离　合　器

一、离合器的功用

为使机器能空载起动，起动后又能随时接通、中断，以完成传动系统的换向、变速、调整、停止等工作，可在传动的两轴间安装离合器，从而做到随时控制主、从动轴的接合或分离。

二、常用离合器的主要类型

离合器根据工作原理不同，可分为牙嵌式和摩擦式两类，它们分别用牙（齿）的啮合和工作表面的摩擦力来传递转矩。

按照操纵方式不同，离合器又有机械操纵式、电磁操纵式、液压操纵式和气动操纵式等形式。它们统称为操纵离合器。能够自动进行接合和分离，不需要人来操纵的离合器称为自控离合器。

工业中常用的离合器有牙嵌离合器、摩擦离合器、超越离合器和安全离合器等。下面只介绍牙嵌离合器和摩擦离合器。

1. 牙嵌离合器

牙嵌离合器是一种啮合式离合器。如图9-17所示，它主要由端面带牙的两个半离合器1、2组成，通过啮合的齿来传递转矩。其中，半离合器1装在主动轴上，半离合器2则利用导向平键安装在从动轴上，沿轴线移动。拨叉5可移动半离合器2，使两半离合器接合或分离。

牙嵌离合器结构简单，尺寸小，工作时无滑动，并能传递较大的转矩，故应用较广。其缺点是运转中接合有冲击或噪声，必须在两轴转速差很小或停车时进行接合或分离。

2. 摩擦离合器

依靠主、从动半离合器接触表面间的摩擦力来传递转矩的离合器统称为摩擦离合器。

摩擦离合器可分为单片、多片和圆锥式三类。图9-18所示为单片圆盘摩擦离合器，滑环5右移使从动盘3与主动盘2接触并压紧，从而产生摩擦力将主动轴1的转矩和运动传递给从动轴4。

这种离合器结构简单，散热性好，但传递的转矩较小。为了传递较大的转矩，可采用多片圆盘摩擦离合器。

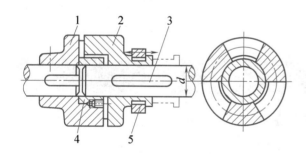

图9-17　牙嵌离合器

1、2—半离合器　3—导向平键

4—对心环　5—拨叉

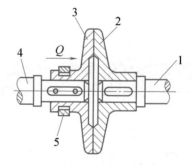

图9-18　单片圆盘摩擦离合器

1—主动轴　2—主动盘　3—从动盘

4—从动轴　5—滑环

🔧 思维训练

9-1　当轴做单向回转时，平键的工作面为（　　　）。

A. 上、下两面　　　B. 上面或下面　　　C. 两侧面　　　D. 一侧面

9-2　某滑动齿轮与轴相联接，要求轴向移动量不大时，宜采用的键联接为（　　　）。

A. 普通平键联接　　B. 导向平键联接　　C. 花键联接　　D. 切向键联接

9-3　根据制图规范，可以判定图9-19所示联接是（　　　）。

A. 半圆键联接　　　　　B. 切向键联接　　　　C. 楔键联接　　　　D. 平键联接

9-4　图 9-20 所示零件 1 和 2 采用了（　　）。

A. 切向键联接　　　　　B. 楔键联接　　　　C. 平键联接　　　　D. 半圆键联接

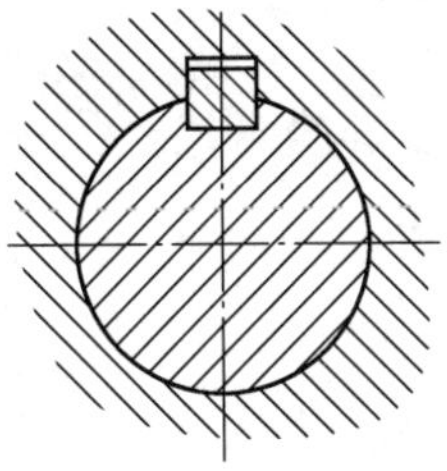

图 9-19　题 9-3 图 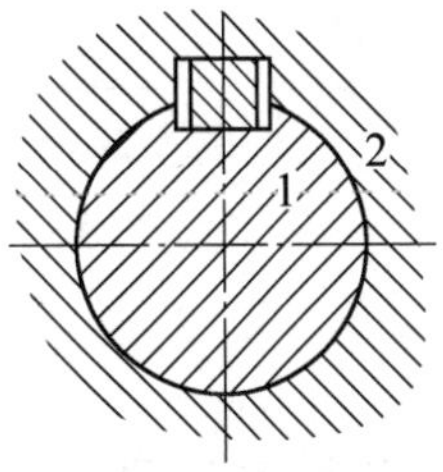　　　　　　　　　　图 9-20　题 9-4 图

9-5　键的长度主要根据（　　）从标准中选定。

A. 传递功率的大小　　　B. 传递转矩的大小　　　C. 轮毂的长度　　　D. 轴的直径

9-6　平键联接中，材料强度较弱零件的主要失效形式是（　　）。

A. 工作面的疲劳点蚀　　B. 工作面的挤压破坏　　C. 压缩破裂　　　D. 弯曲折断

9-7　轻载荷时，某薄壁套筒零件与轴采用花键静联接，宜选用（　　）。

A. 矩形齿　　　　　　　B. 渐开线齿

C. 三角形齿　　　　　　D. 矩形齿和渐开线齿均可以

9-8　渐开线花键联接，应用较广的定心方式为（　　）。

A. 大径定心　　　　　　B. 小径定心　　　　C. 齿侧定心　　　　D. 同心圆

9-9　管螺纹的公称直径指的是（　　）。

A. 管子孔径　　　　　　B. 螺纹大径　　　　C. 螺纹中径　　　　D. 螺纹小径

9-10　普通螺纹的牙型角为（　　）。

A. 30°　　　　　　　　B. 45°　　　　　　C. 55°　　　　　　D. 60°

9-11　用于薄壁零件联接的螺纹，应采用（　　）。

A. 三角形细牙螺纹　　　　　　　　　　B. 三角形粗牙螺纹

C. 梯形螺纹　　　　　　　　　　　　　D. 锯齿形螺纹

9-12　在钢制零件上加工 M10 的粗牙内螺纹，其加工工艺过程是先钻底孔后攻螺纹，则在攻螺纹前应钻孔径为（　　）。

A. $\phi9.5mm$　　　　　B. $\phi9.2mm$　　　　C. $\phi9mm$　　　　D. $\phi8.5mm$

9-13　铸造铝合金 ZL104 的箱体与箱盖用螺纹联接，箱体被联接处厚度较大，要求联接结构紧凑，且需经常拆卸箱盖进行修理，一般宜采用（　　）。

A. 螺钉联接　　　　　　B. 螺栓联接

C. 双头螺柱联接　　　　D. 紧定螺钉联接

9-14　图 9-21 所示四种螺栓联接的结构图中，正确的是（　　）。

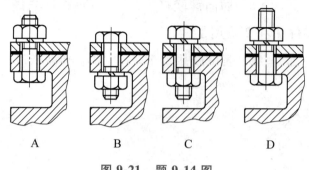

图 9-21 题 9-14 图

9-15 安装凸缘联轴器时，对两轴的要求是（   ）。

A. 严格对中   B. 可有径向偏移   C. 可相对倾斜一角度   D. 可有综合偏移

9-16 若两轴刚性较好，且安装时能精确对中，可选用的联轴器为（   ）。

A. 凸缘联轴器   B. 齿式联轴器   C. 弹性套柱销联轴器   D. 轮胎式联轴器

9-17 下列四种联轴器中，可允许两轴线有较大夹角的是（   ）。

A. 弹性套柱销联轴器   B. 弹性柱销联轴器

C. 齿式联轴器   D. 万向联轴器

9-18 用于联接两相交轴的单万向联轴器，其主要缺点是（   ）。

A. 结构庞大，维护困难

B. 只能传递小转矩

C. 零件易损坏，使用寿命短

D. 主动轴做等速转动，从动轴做周期性变速转动

9-19 某机器的两轴，要求在任何转速下都能接合，应选择的离合器为（   ）。

A. 摩擦离合器   B. 牙嵌离合器

C. 安全离合器   D. 离心式离合器

9-20 牙嵌离合器适用于（   ）的情况。

A. 单向转动   B. 高速转动

C. 正反转工作   D. 两轴转速差很小或停车

作业练习

9-21 按图 9-22 给定的尺寸确定联接件（螺栓、螺母、螺钉等）的尺寸，并写出标记。

9-22 一钢制齿轮与轴静联接，轴径 $d = 100mm$，齿轮轮毂宽度为 180mm，工作时有轻微冲击。试确定普通平键联接的尺寸，并计算其能传递的最大转矩。

9-23 图 9-23 所示为刚性凸缘联轴器，传递的转矩 $T = 1500N \cdot m$，试为之选择平键联接尺寸并校核其强度。若强度不足，应采取什么措施？

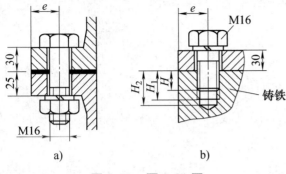

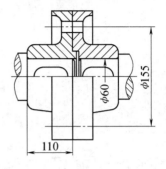

图 9-22　题 9-21 图　　　　　图 9-23　题 9-23 图

第十章 机械支承零部件

机械支承零部件是能将机械传动零件（如齿轮、带轮、凸轮等）可靠地支承在机架上，并保证它们具有准确的工作位置和较小功率损失的零部件，主要由轴和轴承组成。

第一节 轴

一、轴的功用与分类

轴是直接支持旋转零件（如齿轮、带轮、链轮、车轮等）并传递运动和动力的支承零件，是组成机器的重要零件之一。根据受载情况，轴可分为：

传动轴——以传递转矩（T）为主，不承受弯矩（M）或承受很小弯矩的轴，如汽车的传动轴（图 10-1）。

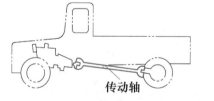

传动轴

传动轴

图 10-1 汽车的传动轴

心轴——承受弯矩（M），不传递转矩（T）的轴，如铁路机车的轮轴（图 10-2a）和

转动心轴

a) 铁路机车的轮轴

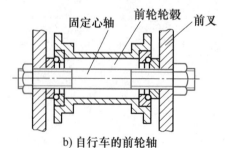

固定心轴　前轮轮毂　前叉

b) 自行车的前轮轴

图 10-2 心轴

自行车的前轮轴（图 10-2b）。

转轴——既传递转矩（T），又承受弯矩（M）的轴，如减速器的输出轴（图 10-3）。

根据轴线形状，轴又可分为直轴（图 10-4）、曲轴（图 10-5）和挠性钢丝轴（图 10-6）。直轴应用最广。根据外形，直轴可分为直径无变化的光轴和直径有变化的阶梯轴（图 10-4a、b）。为提高刚度，有时制成空心轴（图 10-4c）。

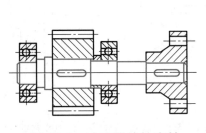

图 10-3　减速器的输出轴

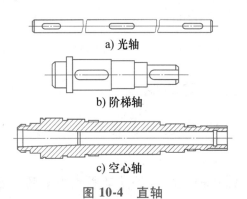

a) 光轴

b) 阶梯轴

c) 空心轴

图 10-4　直轴

例 10-1　试根据受载说明吊扇中的转动轴、三轮车的前轮轴和后轮轴各为何种类型的轴。

解　吊扇中的转动轴为电动机转子轴，传递转矩，为传动轴；三轮车前轮轴仅受弯矩，为心轴，其后轮轴既受弯矩又传递转矩，为转轴。

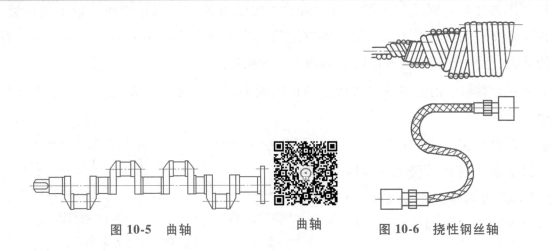

图 10-5　曲轴　　　　曲轴　　　　图 10-6　挠性钢丝轴

二、轴的材料

轴的主要失效形式为疲劳断裂。轴的材料应具有较好的强度、冲击韧性，与轴上零件有相对滑动处还应有一定的耐磨性。

一般用途的轴常采用优质碳素结构钢 35、45、50 等，进行调质或正火处理；有耐磨性要求的轴段应进行表面淬火及低温回火处理。轻载或不重要的轴可用 Q235、Q275 等普通碳素钢。

在高温、高速、重载下工作或有特殊要求的轴，可选用合金结构钢。合金结构钢具有较高的力学性能，热变形小，但价格较贵，对应力集中比较敏感，选用时应予综合考虑。

外形复杂或尺寸较大的轴，可考虑选用球墨铸铁，如内燃机中的曲轴。球墨铸铁吸振性好，对应力集中不敏感，耐磨，价格低廉，但铸造品质不易控制，冲击韧性差。

三、轴的结构

图 10-7 所示为圆柱齿轮减速器低速轴的结构图。

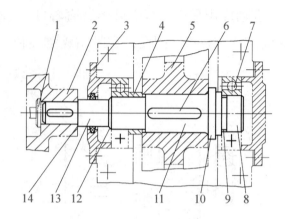

图 10-7 圆柱齿轮减速器的低速轴

1—挡圈 2—联轴器 3—轴承盖 4—套筒 5—齿轮
6—键 7—轴承 8—轴颈 9—砂轮越程槽 10—轴环
11—轴头 12—倒角 13—轴身 14—轴肩

轴与轴承配合处的轴段称为轴颈，安装轮毂的轴段称为轴头，外伸的轴头又称轴伸。轴伸应取规定的系列值。轴伸与轴颈间的轴段称为轴身。

如图 10-7 所示，为了便于安装和拆卸，一般的转轴均为中间大、两端小的阶梯轴，阶梯轴上截面尺寸变化的部位称为轴肩或轴环。轴肩和轴环常作为定位、固定的手段。图中齿轮 5 由左方装入，依靠轴环限定轴向位置；左端的联轴器 2 和右端的轴承 7 依靠轴肩得以定位。为了轴向固定轴上零件，轴上还设有其他相应的结构，如左轴端制有安装轴端挡圈 1 用的螺孔。

轴头上常开有键槽，通过键联接实现传动件的周向固定。为便于装配，轴上还常设有倒角和锥面。

从制造工艺性出发，轴的两端常设有中心孔以保证加工时各轴段的同轴度和尺寸精度。需切制螺纹和磨削的轴段，还应留有螺纹退刀槽和砂轮越程槽（图 10-8）。

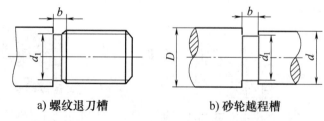

a) 螺纹退刀槽　　b) 砂轮越程槽

图 10-8 螺纹退刀槽和砂轮越程槽

综上所述，轴的结构应满足：①轴上零件的准确定位与固定；②轴上零件便于装拆和调整；③良好的加工工艺性；④尽量减小应力集中。

第二节 滑动轴承

轴承是支承轴和轴上零件的部件。

按摩擦性质，轴承可分为滑动轴承和滚动轴承。一般情况下，滚动摩擦力小于滑动摩擦力，因此，滚动轴承应用很广泛。但润滑良好的滑动轴承在高速、重载、高精度，以及结构要求对开的场合优点更突出，因而在汽轮机、内燃机、大型电机、仪表、机床、航空发动机及铁路机车等机械上被广泛应用。此外，在低速、伴有冲击的机械中，如水泥搅拌机、破碎机等，也常采用滑动轴承。

按受载方向，滑动轴承可分为受径向载荷的径向轴承和受轴向载荷的止推轴承。

一、滑动轴承的结构

常用滑动轴承的结构型式及其尺寸已经标准化，应尽量选用标准型式。必要时也可以专门设计，以满足特殊需要。

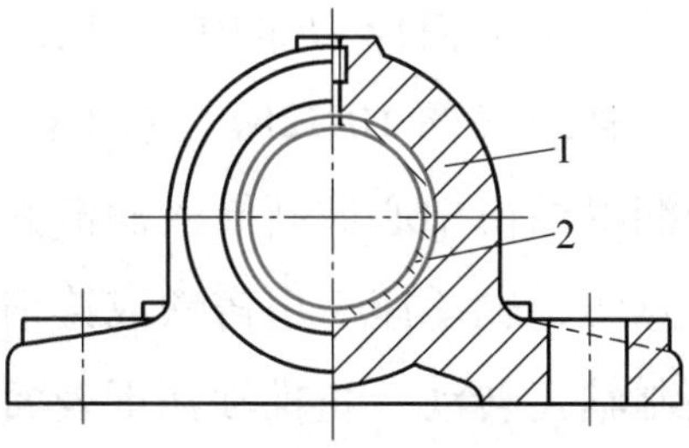

1. 径向滑动轴承的结构型式

图 10-9 所示为整体式径向滑动轴承，由轴承体 1、轴套 2 和润滑装置等组成。这种轴承结构简单，但装拆时轴或轴承需轴向移动，而且轴套磨损后轴承间隙无法调整。整体式轴承多用于间歇工作和低速轻载的机械。

图 10-9　整体式径向滑动轴承
1—轴承体　2—轴套

图 10-10a 所示为剖分式径向滑动轴承，由轴承座 1、轴承盖 2、轴瓦 3 和 4 及双头螺柱 5 等组成。轴瓦直接与轴相接触。轴瓦不能在轴承孔中转动，为此轴承盖应适度压紧。轴承盖上制有螺孔，便于安装油杯或油管。为了提高安装的对心精度，在中分面上制出台阶形榫口。当载荷方向倾斜时，可将中分面相应斜置（图 10-10b），但使用时应保证径向载荷的实际作用线与中分面对称线摆幅不超过 35°。

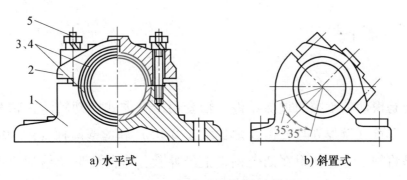

a) 水平式　　　　　　　　　　b) 斜置式

图 10-10　剖分式径向滑动轴承
1—轴承座　2—轴承盖　3、4—轴瓦　5—双头螺柱

剖分式轴承装拆方便，轴承孔与轴颈之间的间隙可适当调整，当轴瓦磨损严重时，可方便地更换轴瓦，因此应用比较广泛。

径向滑动轴承还有其他许多类型，如轴瓦外表面和轴承座孔均为球面，从而能适应轴线偏转的调心滑动轴承（图 10-11）、轴承间隙可调的滑动轴承等。

2. 止推滑动轴承的结构型式

止推滑动轴承用来承受轴向载荷，如图 10-12e 所示。常见的止推面结构有轴的端面（图 10-12a、b）、轴段中制出的单环或多环形轴肩（图 10-12c、d）等。

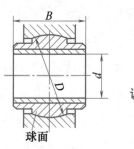

调心滑动轴承

实心端面（图 10-12a）为止推面的轴颈工作时，接触端外缘的滑动速度较大，因此端面外缘的磨损大于中心处，结果使应力集中于中心处。实际结构中多数采用空心轴颈（图 10-12b），它不但能改善受力状况，且有利

图 10-11　调心滑动轴承

于润滑油由中心凹孔导入润滑并储存。图 10-12e 所示为空心型立式平面止推滑动轴承结构示意图，轴承座 1 由铸铁或铸钢制成，止推轴瓦 2 由青铜或其他减摩材料制成，限位销钉 4 限制轴瓦转动。止推轴瓦下表面制成球形，以防偏载。

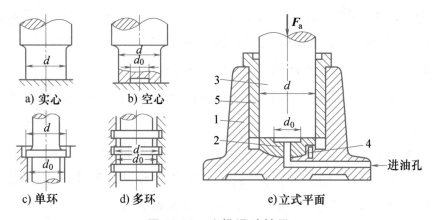

a) 实心　　b) 空心

c) 单环　　d) 多环　　e) 立式平面

图 10-12　止推滑动轴承

1—轴承座　2—止推轴瓦　3—轴颈　4—限位销钉　5—轴套

二、轴瓦和轴承衬

1. 结构

轴瓦和轴套是滑动轴承中的重要零件。轴套用于整体式滑动轴承，轴瓦用于剖分式滑动轴承。轴瓦有厚壁（壁厚 δ 与直径 D 之比大于 0.05）和薄壁两种（图 10-13）。

薄壁轴瓦是将轴承合金粘附在低碳钢带上经冲裁、弯曲变形及精加工而成，这种轴瓦

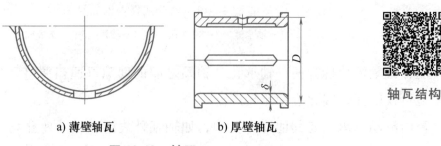

轴瓦结构

a) 薄壁轴瓦　　b) 厚壁轴瓦

图 10-13　轴瓦

适合于大量生产，质量稳定，成本低，但刚性差，装配后不再修刮内孔，轴瓦受力变形后的形状取决于轴承座的形状，所以轴承座也应精加工。

厚壁轴瓦常由铸造制得。为改善摩擦性能，可在底瓦内表面浇注一层轴承合金（称为轴承衬），厚度为零点几毫米至几毫米。为使轴承衬牢固粘附在底瓦上，可在底瓦内表面预制出燕尾槽（图10-14）。为更好发挥材料的性能，还可在这种双金属轴瓦的轴承衬表面镀一层铟、银等更软的金属。多金属轴瓦能满足轴瓦的各项性能要求。

为使润滑油均布于轴瓦工作表面，轴瓦上制有油孔和油槽。当载荷向下时，承载区为轴瓦下部，上部为非承载区。润滑油进口应设在上部（图10-15），使油能顺利导入。油槽应以进油口为中心沿纵横或斜向开设，但不得与轴瓦端面开通，以减少端部泄油。图10-16所示为常用的油槽形式。

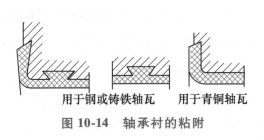

用于钢或铸铁轴瓦　用于青铜轴瓦

图10-14　轴承衬的粘附

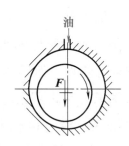

图10-15　注油口位置

轴瓦的主要参数是宽径比 B/d，B 是轴瓦的宽度，d 是轴颈直径。对流体摩擦滑动轴承，常取 $B/d = 0.5 \sim 1$；对边界和混合摩擦滑动轴承，常取 $B/d = 0.8 \sim 1.5$。

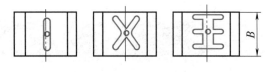

图10-16　油槽形式

2. 材料

轴瓦和轴承衬的材料应具备下述性能：①摩擦因数小；②导热性好，热膨胀系数小；③耐磨、耐蚀，抗胶合能力强；④足够的机械强度和一定的塑性；⑤对润滑油的亲合性好。

轴瓦（包括轴承衬）材料直接影响轴承的性能，应根据使用要求、生产批量和经济性要求合理选择。

常用的轴瓦和轴承衬材料如下：

（1）铸造轴承合金　该合金又称巴氏合金或白合金，有锡锑轴承合金和铅锑轴承合金两大类。

锡锑轴承合金的摩擦因数小，抗胶合性能良好，对油的吸附性好，耐腐蚀，易磨合，常用于高速重载的场合，但是价格较贵，且机械强度较差，因此多用作轴承衬材料浇注在钢、铸铁或青铜底瓦上，常用牌号为 ZSnSb11Cu6、ZSnSb8Cu4 等。

铅锑轴承合金的各方面性能与锡锑轴承合金相近，但材料较脆，不宜承受较大的冲击载荷，一般用于中速、中载的场合，常用牌号为 ZPbSb16Sn16Cu2、ZPbSb15Sn5Cu3Cd2 等。

（2）铸造青铜 青铜的熔点高、硬度高，其承载能力、耐磨性与导热性均高于轴承合金，可以在较高温度（250℃）下工作，但是塑性差，不易磨合，与之配合的轴颈必须淬硬。

青铜可单独制成轴瓦。为节约非铁金属材料，也可将青铜浇注在钢或铸铁底瓦上。常用的铸造青铜主要有铸造锡青铜和铸造铝青铜，一般分别用于重载、中速中载和低速重载场合，常用牌号为ZCuSn10P1、ZCuSn5Pb5Zn5、ZCuAl10Fe3等。

（3）粉末合金 该合金又称金属陶瓷，它经制粉、定型、烧结等工艺制成。粉末合金轴承具有多孔组织，使用前将轴承浸入润滑油，让润滑油充分渗入微孔组织。运转时，轴瓦温度升高，由于油的热膨胀及轴颈旋转时的抽吸作用使油自动进入滑动表面润滑轴承。轴承一次浸油后可以使用较长时间，常用于不便加油的场合。粉末合金轴承在食品机械、纺织机械、洗衣机等家用电器中有广泛应用。

（4）非金属材料 制作轴承的非金属材料主要是塑料。它具有摩擦因数小、耐腐蚀、抗冲击、抗胶合等特点，但导热性差，容易变形，重载使用时必须充分润滑。大型滑动轴承（如水轮机轴承）可选用酚醛塑料，中小型轴承可选用聚酰胺（尼龙）塑料。

此外，碳-石墨、橡胶和木材等也可用作轴承材料。

应用时，轴瓦和轴承衬材料的牌号和性能可由机械零件设计手册查取。

第三节 滚动轴承的类型及选择

滚动轴承一般由内圈1、外圈2、滚动体3和保持架4组成（图10-17）。当内、外圈相对旋转时，滚动体沿内、外圈滚道滚动。保持架的作用是把滚动体均匀隔开。

滚动体与内、外圈的材料要求具有较高的硬度和接触疲劳强度、良好的耐磨性和冲击韧性。一般用滚动轴承钢制成，经淬火硬度可达61～65HRC，工作表面须经磨削和抛光。保持架一般用低碳钢板冲压制成，也可用非铁金属或塑料制成。

滚动轴承具有摩擦阻力小、起动灵敏、效率高、润滑简便、互换性好等优点。其缺点是抗冲击能力较差，高速时易出现噪声，工作寿命也不及液体摩擦滑动轴承长。

滚动轴承已标准化，由专业工厂大批量生产，因此，熟悉标准、正确选用是使用者的主要任务。

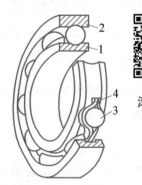

滚动轴承的构造

图10-17 滚动轴承的构造

1—内圈 2—外圈

3—滚动体 4—保持架

一、滚动轴承的基本类型及应用

滚动轴承按受载方向分，有向心轴承与推力轴承两大类。向心轴承主要承受径向载荷，推力轴承主要承受轴向载荷。

　　滚动体是滚动轴承构成中不可省略的关键零件。按滚动体形状不同，轴承可分为球轴承与滚子轴承两大类（图 10-18）。

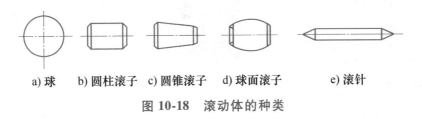

a) 球　　b) 圆柱滚子　c) 圆锥滚子　d) 球面滚子　　e) 滚针

图 10-18　滚动体的种类

　　如表 10-1 图例所示，滚动体与内、外圈接触处的法线 nn 与轴承径向平面之间所夹的锐角 α 称为公称接触角。公称接触角 α 越大，轴承承受轴向载荷的能力就越大。相关标准规定：公称接触角为 $0° \leq \alpha \leq 45°$ 的称为向心轴承；公称接触角为 $45° < \alpha \leq 90°$ 的称为推力轴承；$\alpha = 0°$ 的向心轴承称为径向接触轴承，通常只能承受径向载荷（深沟球轴承除外）；$\alpha = 90°$ 的推力轴承称为轴向接触轴承，只能承受轴向载荷；$0° < \alpha < 90°$ 的轴承统称为角接触轴承。

表 10-1　各类轴承的公称接触角

轴承类型	向　心　轴　承		推　力　轴　承	
	径向接触	角　接　触		轴向接触
公称接触角 α	$\alpha = 0°$	$0° < \alpha \leq 45°$	$45° < \alpha < 90°$	$\alpha = 90°$
图例				

　　滚动轴承内、外圈与滚动体之间存在一定的间隙，因此内、外圈可以有相对位移，最大位移量称为轴承游隙。沿轴向的相对位移量称为轴向游隙 Δa；沿径向的相对位移量称为径向游隙 Δl（图 10-19）。游隙的存在是边界润滑油膜形成的必要条件，它影响轴承的载荷分布、振动、噪声和寿命。

　　使用中，安装误差及轴和支承的变形等原因，将引起轴承内圈轴线与座孔轴线不同轴，从而易使轴承磨损失效。此时，应使用能适应这种轴线转角变化并保持正常工作性能的调心轴承（图 10-20）。

　　滚动轴承的基本类型及主要性能见表 10-2。

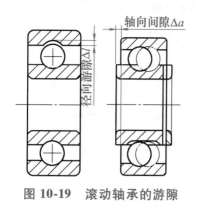

轴承的游隙

图 10-19　滚动轴承的游隙

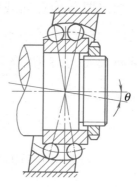

图 10-20　调心轴承

表 10-2　常用滚动轴承类型及主要性能

类型及代号	结构简图及标准号	载荷方向	主要性能及应用
调心球轴承 （1）			其外圈的内表面是球面，内、外圈轴线间允许角偏位为 2°～3°，极限转速低于深沟球轴承。可承受径向载荷及较小的双向轴向载荷，用于轴变形较大及不能精确对中的支承处
调心滚子轴承 （2）			轴承外圈的内表面是球面，主要承受径向载荷及一定的双向轴向载荷，但不能承受纯轴向载荷，允许角偏位为 0.5°～2°，常用在长轴或受载荷作用后轴有较大的弯曲变形及多支点的轴上
圆锥滚子轴承 （3）			可同时承受较大的径向及轴向载荷，承载能力大于"7"类轴承。外圈可分离，装拆方便，成对使用
双列深沟球轴承 （4）			能承受较单列深沟球轴承更大的径向载荷
推力球轴承 （5）			只能承受轴向载荷，而且载荷作用线必须与轴线相重合，不允许有角偏差，极限转速低
深沟球轴承 （6）			可承受径向载荷及一定的双向轴向载荷，内、外圈轴线间允许角偏位为 8'～16'

（续）

类型及代号	结构简图及标准号	载荷方向	主要性能及应用
角接触球轴承 （7）	7000C型（$\alpha=15°$） 7000AC型（$\alpha=25°$） 7000B型（$\alpha=40°$）		可同时承受径向及轴向载荷，也可用来承受纯轴向载荷。承受轴向载荷的能力由接触角 α 的大小决定，α 大，承受轴向载荷的能力高。由于存在接触角 α，承受纯径向载荷时，会产生内部轴向力，使内、外圈有分离的趋势，因此这类轴承都成对使用，可以分装于两个支点或同装于一个支点上。其极限转速较高
推力圆柱滚子轴承 （8）	GB/T 4663–2017		能承受较大的单向轴向载荷，极限转速低
圆柱滚子轴承 （N）			能承受较大的径向载荷，不能承受轴向载荷，极限转速也较高，但允许的角偏位很小，为 $2'\sim4'$。设计时，要求轴的刚度大，对中性好
滚针轴承 （NA）			不能承受轴向载荷，不允许有角度偏斜，极限转速较低。结构紧凑，在内径相同的条件下，与其他轴承相比，其外径最小。适用于径向尺寸受限制的部件中

二、滚动轴承的代号

按照 GB/T 272—2017 规定，滚动轴承代号由前置代号、基本代号和后置代号三段构成，代号一般印刻在外圈端面上，排列顺序如下：

前置代号　　基本代号　　后置代号

1. 基本代号

基本代号表示轴承的基本类型、结构和尺寸，一般由五个数字或字母加四个数字表示。基本代号组成顺序及其意义见表 10-3。

2. 前置、后置代号

（1）前置代号　在基本代号段的左侧用字母表示。它表示成套轴承的分部件（如 L 表示可分离轴承的分离内圈或外圈；K 表示滚子和保持架组件），如 LN207 表示（0）2 尺寸系列的单列圆柱滚子轴承的可分离外圈。

（2）后置代号　为补充代号。轴承在结构形状、尺寸公差、技术要求等有改变时，才在基本代号右侧予以添加。一般用字母（或字母加数字）表示，与基本代号相距半个汉字

表 10-3　基本代号

类 型 代 号	尺寸系列代号		内 径 代 号
	宽（高）度系列代号	直径系列代号	
用一位数字或一至两个字母表示，见表 10-2	表示内径、外径相同，宽（高）度不同的系列。用一位数字表示	表示同一内径、不同外径的系列。用一位数字表示	通常用两位数字表示 内径 d = 代号×5mm $d \geqslant 500$mm、$d < 10$mm 及 $d = 22$mm、28mm、32mm 的内径代号查手册 10mm $\leqslant d < 20$mm 的内径代号如下：<table><tr><td>内径代号</td><td>00</td><td>01</td><td>02</td><td>03</td></tr><tr><td>内径/mm</td><td>10</td><td>12</td><td>15</td><td>17</td></tr></table>
	尺寸系列代号连用，当宽（高）度系列代号为 0 时可省略，见表 10-4		

例 1：基本代号 71108，表示 7 类（角接触球）轴承；尺寸系列 11；内径 $d = 40$mm

例 2：基本代号 N211，表示 N 类（圆柱滚子）轴承，尺寸系列（0）2，内径 $d = 55$mm

表 10-4　尺寸系列代号

直径系列代号	向 心 轴 承							推 力 轴 承			
	宽度系列代号							高度系列代号			
	宽度尺寸依次递增→							高度尺寸依次递增→			
	8	0	1	2	3	4	5	6	7	9	1	2
7	—	—	17		37							
8	—	08	18	28	38	48	58	68	—	—	—	—
9	—	09	19	29	39	49	59	69	—	—	—	—
0	—	00	10	20	30	40	50	60	70	90	10	
1	—	01	11	21	31	41	51	61	71	91	11	
2	82	02	12	22	32	42	52	62	72	92	12	22
3	83	03	13	23	33				73	93	13	23
4	—	04		24					74	94	14	24
5	—	—								95	—	—

注：表中"—"表示不存在此种组合。

距离。后置代号共分八组，例如，第一组表示内部结构变化，以角接触球轴承的接触角变化为例，如公称接触角 $\alpha = 40°$ 时，代号为 B；$\alpha = 25°$ 时，代号为 AC；$\alpha = 15°$ 时，代号为 C。第五组为公差等级，按精度由低到高代号依次为：/PN、/P6、/P6X、/P5、/P4、/P2。/PN 级为普通级，可省略不标注。

例 10-2　说明代号 62303、72211AC　LN308/P6X 及 59220 的含义。

解　62303　6 类（深沟球）轴承，尺寸系列 23（宽度系列 2，直径系列 3），内径 17mm，精度 PN 级。

72211AC　7 类（角接触球）轴承，尺寸系列 22（宽度系列 2，直径系列 2），内径 55mm，接触角 $\alpha = 25°$，精度 PN 级。

LN308/P6X　N类（单列圆柱滚子）轴承，可分离外圈，尺寸系列（0）3（宽度系列0，直径系列3），内径40mm，精度P6X级。

59220　5类（推力球）轴承，尺寸系列92（高度系列9，直径系列2），内径100mm，精度PN级。

三、滚动轴承的选择

滚动轴承的选择包括类型选择、精度选择和尺寸选择。

1. 类型选择

选择滚动轴承类型时，应根据轴承的工作载荷（大小、方向和性质）、转速、轴的刚度及其他要求，结合各类轴承的特点进行。

1）当工作载荷较小、转速较高、旋转精度要求较高时，宜选球轴承；载荷较大或有冲击载荷、转速较低时，宜用滚子轴承。

2）同时承受径向及轴向载荷的轴承，如：以径向载荷为主时，可选用深沟球轴承；径向载荷和轴向载荷均较大时，可选用向心角接触轴承；轴向载荷比径向载荷大很多或要求轴向变形小时，可选用推力轴承和向心轴承组合的支承结构（图10-21）。

3）跨距较大或难以保证两轴承孔的同轴度的轴及多支点轴，宜选用调心轴承。

4）为便于安装、拆卸和调整轴承游隙，可选用内、外圈可分离的圆锥滚子轴承。

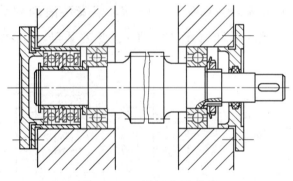

图10-21　蜗杆支承结构

5）从经济性角度考虑，一般来说，球轴承比滚子轴承价廉，有特殊结构的轴承比普通结构的轴承贵。

2. 精度选择

同型号的轴承，精度越高，价格也越高，一般机械传动宜选用普通级（PN）精度。

3. 尺寸选择

根据轴颈直径，初步选择适当的轴承型号，然后进行轴承寿命计算或静强度计算。

第四节　轴系结构分析

轴、轴承和轴上传动零件等组成的工作部件称为轴系（图10-22）。合理的轴系结构是保证传动实现的关键。影响轴系结构的因素很多，没有一成不变的规律，设计时应灵活多变，具体问题具体分析。合理的轴系结构必须满足下列基本要求：①轴和轴承在预期寿命内不失效；②轴上零件在轴上准确定位与固定，轴系在箱体上可靠固定；③轴系结构有良好的工艺性；④好的经济性。

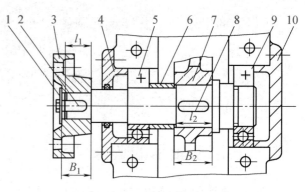

图 10-22　轴系部件

1—轴端挡圈　2、8—键　3—半联轴器　4、10—轴承盖　5、9—滚动轴承　6—套筒　7—齿轮

一、轴上零件的轴向定位和固定

为了使零件在装配时容易获得准确的轴向位置，并在工作时得到保持，轴系结构必须保证轴上零件的轴向定位和固定。

轴肩与轴环是轴上零件轴向直接定位的常用手段。如图 10-23 所示，为保证轴上零件的端面能与轴肩平面可靠接触，轴肩（或轴环）高度 h 应大于轴的圆角 R 和零件倒角 C_1，一般取 $h_{min} = (0.07 \sim 0.1) d$。但安装滚动轴承的轴肩高度 h 必须小于轴承内圈高度 h_1，以便轴承的拆卸（图 10-23b），此安装尺寸可在轴承标准内查取。轴环宽度 $b \approx 1.4h$。

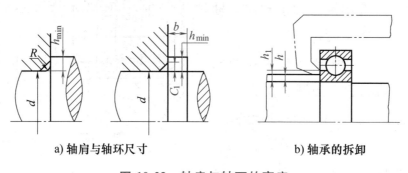

a) 轴肩与轴环尺寸　　　　　　　　b) 轴承的拆卸

图 10-23　轴肩与轴环的高度

有些零件（图 10-22 中的左轴承）用套筒进行间接定位，套筒厚度可按定位及装拆要求参照轴肩高度设计。

零件的轴向固定方法很多。其中，轴肩（或轴环）结构简单，能承受较大的轴向力；套筒能同时固定两个零件的轴向位置（图 10-24a），但不宜用于高转速轴；轴端挡圈用于外伸轴端上的零件固定（图 10-24b）；圆螺母固定可靠（图 10-24c），能实现轴上零件的间隙调整；弹性挡圈结构紧凑，装拆方便（图 10-24d），但受力较小；紧定螺钉多用于光轴上零件的固定，并兼有周向固定作用（图 10-24e），但受力小且不宜用于转速较高的轴。

为了使套筒、圆螺母、轴端挡圈等可靠压紧轴上零件的端面，与零件轮毂相配的轴段长度 l 应略小于轮毂宽度 B，一般短 $1 \sim 3mm$。

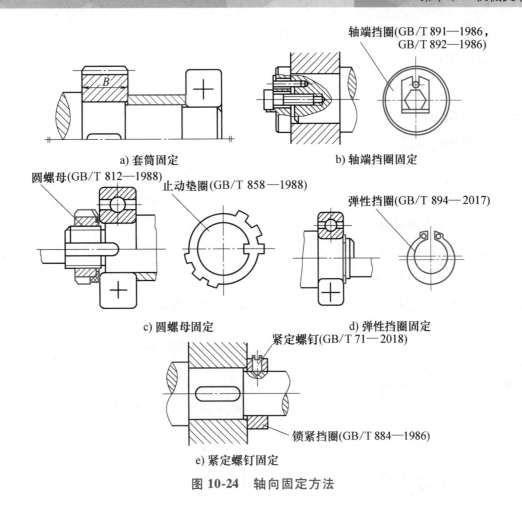

图 10-24　轴向固定方法

二、轴上零件的周向固定

运转时，为了传递转矩或避免与轴发生相对转动，零件在轴上必须周向固定。

如图 10-25 所示，轴上零件的周向固定多数采用键联接或花键联接，有时采用成形联接、销联接、弹性环联接、过盈配合等。例如，滚动轴承内圈与轴常采用过盈配合实现周向固定（如 n6、m6、k6 等），减速器中的齿轮与轴常同时采用过盈配合和普通平键联接实现周向固定。

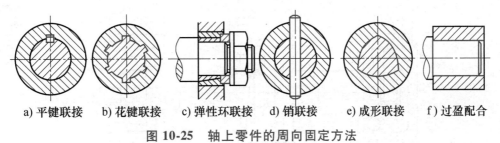

a) 平键联接　　b) 花键联接　　c) 弹性环联接　　d) 销联接　　e) 成形联接　　f) 过盈配合

图 10-25　轴上零件的周向固定方法

三、轴系的轴向固定

如图 10-22 所示，轴系在箱体内的位置必须确定，工作时，不允许轴系有轴向窜动，否则，将影响机械传动质量，产生噪声，甚至加速传动零件失效。

轴系的轴向固定是依靠固定轴承外圈来实现的。轴承外圈的固定方法很多，如用轴承盖、箱体座孔凸肩、孔用弹性挡圈等。其中，轴承盖因能承受较大的轴向力，且箱体座孔结构简单，应用最为广泛。

轴系的轴向固定方式主要有如下两种：

（1）两端单向固定　如图10-26所示，每个支承均能限制轴系一个方向的移动，两端合作的结果就限制了轴的双向移动，这种固定方式称为两端单向固定。该方式适用于普通温度（≤70℃）、支点跨距较小（$L \leqslant 400mm$）的场合。为了防止轴因受热伸长使轴承游隙减小甚至造成卡死，对图10-26a所示的深沟球轴承，可在轴承盖与轴承外圈端面间留出热补偿间隙Δ（$\Delta = 0.2 \sim 0.4mm$），间隙量可通过调整轴承盖与机座端面间的垫片厚度来控制。对于向心角接触轴承（图10-26b），补偿间隙可留在轴承内部。

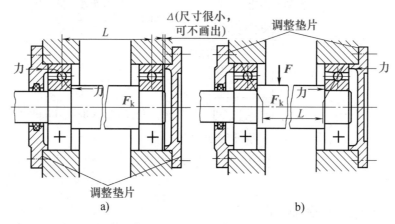

图10-26　两端单向固定

（2）一端双向固定、一端游动　如图10-27所示，一端的轴承内、外圈均双向固定，以限制轴的双向移动，另一端的轴承可做轴向游动，这种方式称为一端双向固定、一端游动。选用深沟球轴承作为游动支承时，应在轴承外圈与端盖间留适当间隙C（$C = 3 \sim 8mm$）；选用圆柱滚子轴承作为游动支承时，游动发生在内、外圈之间，因此，轴承内、外圈应做

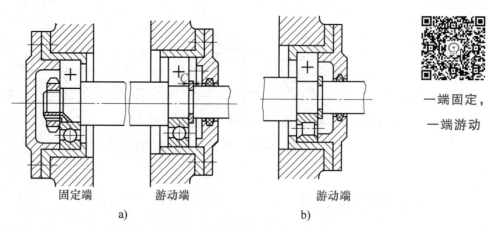

一端固定，

一端游动

图10-27　一端双向固定、一端游动

双向固定（图 10-27b）。这种固定方式适用于跨距较大、温度变化较大的轴。

四、轴系的调整

轴系的调整包括两方面内容。

1. 轴承游隙的调整和轴承的预紧

恰当的轴承游隙是维持良好润滑的必要条件。有些轴承（如 6 类轴承）的游隙在制造时已确定；有些轴承（如 3 类、7 类轴承）装配时可通过移动轴承套圈位置来调整轴承游隙。

通过移动轴承套圈调整轴承游隙的方法有：①用增减轴承盖与机座间垫片厚度的方法进行调整（图 10-26b）；②用调整螺钉 1 压紧或放松压盖 3 使轴承外圈移动，进行调整（图 10-28a），调整后用螺母 2 锁紧防松；③用带螺纹的端盖调整（图 10-28b）；④用螺母调整轴承内圈，调整游隙。

对某些可调游隙的轴承，为提高旋转精度和刚度，常在安装时施加一定的轴向作用力（预紧力）来消除轴承游隙，并使内、外圈和滚动体接触处产生微小弹性变形，这种方法称为轴承的预紧，一般可采用前述移动轴承套圈的方法实现。对某些支承的轴承组合，还可采用金属垫片（图 10-29a）或磨窄外圈（图 10-29b）等方法实现预紧。

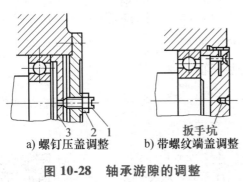

a) 螺钉压盖调整　　b) 带螺纹端盖调整

图 10-28　轴承游隙的调整

1—调整螺钉　2—螺母　3—压盖

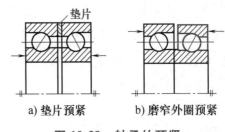

a) 垫片预紧　　b) 磨窄外圈预紧

图 10-29　轴承的预紧

2. 轴系位置的调整

在初始安装或工作一段时间后，轴系的位置与预定位置可能会出现一些偏差，为使轴上零件具有准确的工作位置，必须对轴系位置进行调整。

图 10-30 所示锥齿轮轴系的两轴承均安装在套杯 3 中，增减 1 处垫片可使套杯相对箱体移动，从而调整锥齿轮轴的轴向位置；增减 2 处垫片则可调整轴承游隙。图 10-26 所示的轴系是采

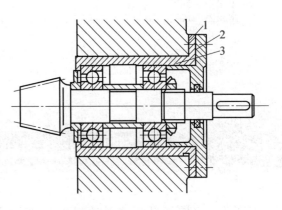

图 10-30　锥齿轮轴系

1、2—垫片　3—套杯

用协调增减两端轴承盖与机座间垫片的方法来调整轴系的位置的。

五、轴系结构的工艺性

轴系结构的工艺性，主要考虑轴的加工和轴系装配。

（1）轴的结构工艺性　在保证工作性能的条件下，轴的形状要力求简单，减少阶梯数；同一轴上各处的过渡圆角半径应尽量一致；同一轴上有多个单键时，尺寸应尽可能一致，并处在同一素线上，如图 10-31 所示；需要磨削或车制螺纹的轴段，应留出砂轮越程槽或退刀槽，如图 10-8 所示。

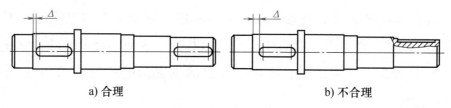

a) 合理　　　　　　　　　　　　b) 不合理

图 10-31　键槽的合理位置

（2）轴系结构的装配工艺性　为了便于装配，安装时零件所经过的各轴段直径应小于零件的孔径，以保证自由通过；为避免损伤配合零件，各轴端须倒角，并尽可能使倒角尺寸相同；与传动零件过盈配合的轴段，可设置 10° 的导锥（图 10-32）；轴系结构应考虑留出便于拆卸轴承的空间，图 10-33 所示为便于拆卸圆锥滚子轴承外圈的结构；定位轴肩应低于轴承内圈高度，如果轴肩高度无法降低，则应在轴肩上开槽（图 10-34），以便放入拆卸器的钩头。

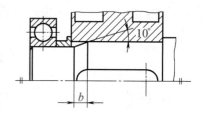

图 10-32　过盈配合的导锥

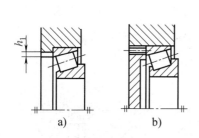

a)　　　　b)

图 10-33　便于外圈拆卸的结构

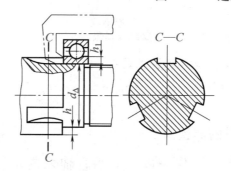

图 10-34　轴肩上开槽

提高轴的疲劳强度和轴系刚度的措施

第五节　轴的强度计算简介

下面介绍按扭转强度计算轴的强度的方法。

由材料力学的知识可知，实心圆轴的扭转强度条件为

$$\tau = \frac{T}{W_n} = \frac{9.549 \times 10^6 P}{0.2 d^3 n} \leqslant [\tau]$$

式中　τ——轴的切应力，单位为 MPa；

$\quad\quad$ T——扭矩，单位为 N·mm；

$\quad\quad$ W_n——抗扭截面系数，对圆截面，$W_n = \pi d^3/16 \approx 0.2d^3$；

$\quad\quad$ P——轴传递的功率，单位为 kW；

$\quad\quad$ n——轴的转速，单位为 r/min；

$\quad\quad$ d——轴的直径，单位为 mm；

$\quad\quad$ $[\tau]$——许用切应力，单位为 MPa。

对于转轴，初始设计时考虑弯矩对轴强度的影响，可将 $[\tau]$ 适当降低。将上式改写为设计公式

$$d \geqslant \sqrt[3]{\frac{9.55 \times 10^6}{0.2 [\tau]}} \sqrt[3]{\frac{P}{n}} = A \sqrt[3]{\frac{P}{n}} \quad\quad\quad (10\text{-}1)$$

式中 A 是由轴的材料和承载情况确定的常数，见表 10-5。

可结合整体设计将由式（10-1）所得直径圆整为标准直径或与相配合零件（如联轴器、带轮等）的孔径相吻合，作为转轴的最小直径。

表 10-5　常用材料的 $[\tau]$ 和 A 值

轴的材料	Q235,20	35	45	40Cr,35SiMn,42SiMn,38SiMnMo,20CrMnTi
$[\tau]$/MPa	12~20	20~30	30~40	40~52
A	160~135	135~118	118~107	107~98

注：1. 轴上所受弯矩较小或只受扭矩时，A 取较小值，否则取较大值。

$\quad\quad$ 2. 用 Q235、35SiMn 时，取较大的 A 值。

$\quad\quad$ 3. 轴上有一个键槽时，A 值增大 4%~5%；有两个键槽时，A 值增大 7%~10%。

弯扭合成强度计算和轴的设计实例

拓展知识　滚动轴承的寿命计算

滚动轴承的寿命计算

第六节 轴系的维护

一、轴系的维护

轴系的维护工作主要包括三方面内容：恰当方式的装配与拆卸，机器的定期维修和调整，以及润滑条件的维持。

1）恰当方式的装配与拆卸。如图 10-35 所示，轴上零件应按一定顺序进行装配或拆卸。各零件的孔与轴的配合性质及精度要求不同，因此要用恰当的方法装拆，以保证安装精度。如齿轮 7 在轴上的安装，必须将键 6 先行装入轴槽内，然后对准毂孔键槽推入；套筒 5 与轴为间隙配合，装拆方便。但轴承 4、8 与轴却是过盈配合，安装时应采用专用工具。大尺寸的轴承可用压力机在内圈上加压装配（图 10-36a），对中小尺寸的轴承，可借助套筒用锤子加力进行装配（图 10-36b）。对于批量安装或大尺寸的轴承还可采用热套的方法，即先将轴承在油中加热（油温不超过 90℃），迅速套在轴颈上。轴承一般应用专用工具拆卸（图 10-37）。轴承盖 3 中的密封圈应先行装入毂孔内，然后装在轴上。调整轴系的位置后，将轴承盖用螺钉与箱体联接，使轴系在箱体中有准确可靠的工作位置。最后安装

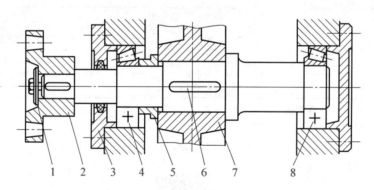

图 10-35 轴系零件的装配

1—轴端挡圈 2—半联轴器 3—轴承盖 4、8—轴承 5—套筒 6—键 7—齿轮

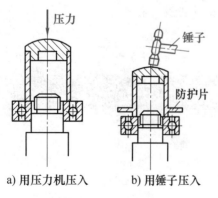

a) 用压力机压入　　b) 用锤子压入

图 10-36 轴承的安装

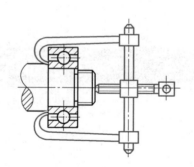

图 10-37 用专用工具拆卸轴承

半联轴器 2，用键做周向固定，用轴端挡圈 1 做轴向定位。

2）对机器要定期维修，认真检查轴承的完好程度，及时维修与更换。安装基本完成后，轴上各零件不一定处于最佳工作位置，需要调整轴系的位置及轴承的游隙。

3）轴系上应重点保证润滑的零件是传动零件（如齿轮、链轮）和轴承。必须根据季节和地点，按规定选用润滑剂，并定期加注，要对润滑系统的润滑油量和质量进行及时检查、补充和更换。

二、轴和轴承的修理

普通精度的滑动轴承，当误差较小（如滑动轴承外圆锥面与箱体孔接触率低于 70%）时，允许用刮研法修理，但修后必须保证内孔尚有刮研调整余量，否则应予更换。大尺寸的轴瓦还可采用热喷涂（青铜）的方法进行修复。

轴颈和轴头是轴的重要工作部位，磨损的积累将影响其配合精度。对精度要求较高的轴，在磨损量较小时，可采用电镀（或刷镀）法在其配合表面镀上一层硬质合金层，并磨削至规定尺寸精度。对尺寸较大的轴颈和轴头，还可采用热喷涂（或喷焊）的方法进行修复。

如图 10-38 所示，对尺寸较大的轴头，还可以用过盈配合加配轴套的办法进行修复，为可靠地传递转矩，在配合处可对称增设若干卸载销。

轴上花键、键槽损伤，可以用气焊或堆焊修复，然后再铣出花键或键槽。也可采用如图 10-39 所示的方法，焊补后铣制新键槽。

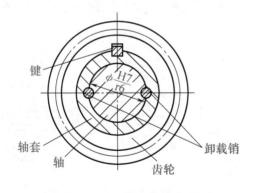

图 10-38　加配轴套修复轴头

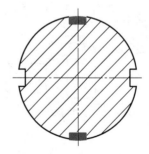

图 10-39　键槽的修复

思维训练

10-1　下列各轴中，为传动轴的是（　　　）。

A. 带轮轴　　　　B. 蜗杆轴　　　　C. 链轮轴　　　　D. 汽车下部变速器与后桥间的轴

10-2　尺寸较大的轴及重要的轴，其毛坯宜采用（　　　）。

A. 锻制毛坯　　　B. 轧制圆钢　　　C. 铸造件　　　　D. 焊接件

10-3 当受轴向力较大，零件与轴承的距离较远，且位置能够调整时，零件的轴向固定应采用（ ）。

A. 弹性挡圈　　　　　　　　B. 圆螺母与止动垫圈

C. 紧定螺钉　　　　　　　　D. 套筒

10-4 为便于拆卸滚动轴承，轴肩处的直径 D（或轴环直径）与滚动轴承内圈的外径 D_1 应保持（ ）的关系。

A. $D>D_1$　　　B. $D<D_1$　　　C. $D=D_1$　　　D. 两者无关

10-5 增大阶梯轴圆角半径的主要目的是（ ）。

A. 使零件的轴向定位可靠　　　B. 降低应力集中，提高轴的疲劳强度

C. 使轴的加工方便　　　　　　D. 外形美观

10-6 轴表面进行喷丸或辗轧的目的是（ ）。

A. 使尺寸精确　　　　　　　　B. 降低应力集中的敏感性

C. 提高轴的耐蚀性　　　　　　D. 美观

10-7 轴表面进行渗碳淬火、高频淬火的目的是（ ）。

A. 降低表面的应力　　　　　　B. 提高疲劳强度

C. 降低应力集中的敏感性　　　D. 提高刚度

10-8 图 10-40 所示轴的结构中，不合理的为（ ）处。

A. 1、2、3、4　　B. 2、3、4、5　　C. 2、3、4、5、6　　D. 1、3、4、5、6

10-9 图 10-41 所示轴的结构中，不合理的为（ ）处。

A. 1、3、4、5　　B. 2、3、5、6　　C. 1、4、5、6　　D. 1、2、5、6

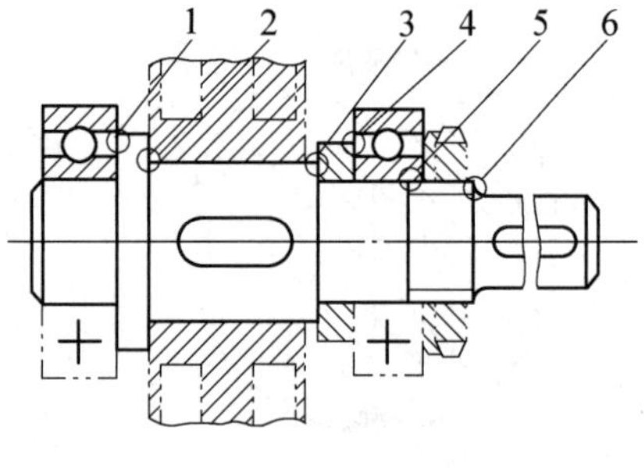

图 10-40 题 10-8 图

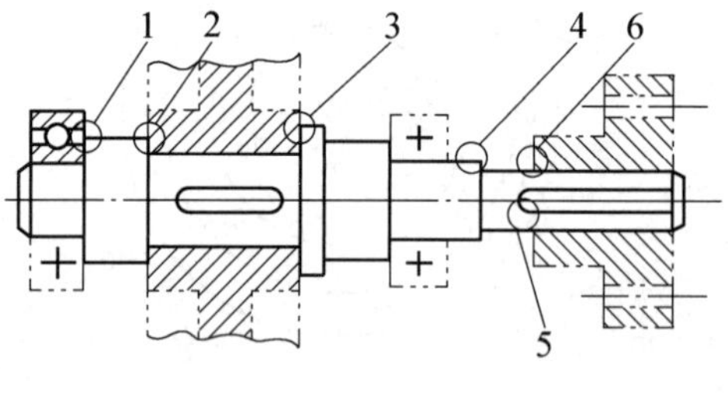

图 10-41 题 10-9 图

10-10 计算当量弯矩 $M_e = \sqrt{M_2 + (\alpha T)^2}$ 时，若转矩大小经常变化，折合因数 α 应取（ ）。

A. 0.3　　　　　B. 0.6　　　　　C. 1　　　　　D. 1.4

10-11 在有较大冲击且需同时承受较大的径向力和轴向力的场合，轴承类型应选用（ ）。

A. N 型　　　　　B. 3000 型　　　　　C. 7000 型　　　　　D. 8000 型

10-12　某直齿圆柱齿轮减速器，工作转速较高，载荷性质平稳，轴承类型应选用（　　）。

A. 单列向心球轴承　　　　　　　　B. 双列调心球轴承

C. 角接触轴承　　　　　　　　　　D. 单列圆柱滚子轴承

10-13　某锥齿轮减速器，中等转速，载荷有冲击，宜选用（　　）。

A. 单列圆锥滚子轴承　　　　　　　B. 角接触球轴承

C. 单列圆柱滚子轴承　　　　　　　D. 双列调心滚子轴承

10-14　当滚动轴承的润滑和密封良好，且连续运转时，其主要的失效形式是（　　）。

A. 滚动体破碎　　　B. 疲劳点蚀　　　C. 永久变形　　　D. 磨损

10-15　如果轴和支架的刚性较差，要求轴承能自动适应其变形，应选用的轴承为（　　）。

A. 整体式滑动轴承　　　　　　　　B. 剖分式滑动轴承

C. 调心式滑动轴承　　　　　　　　D. 止推滑动轴承

作业练习

10-16　如图 10-42 所示，齿轮、圆螺母和深沟球轴承分别装在轴的 A、B、C 段上，试确定轴上尺寸 l、s、d_1、d_2、R_1 和 r_1'。

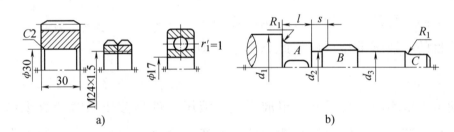

图 10-42　题 10-16 图

10-17　指出图 10-43 中的结构错误（错处用圆圈引出图外），说明原因并予以改正。

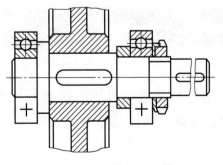

图 10-43　题 10-17 图

第十一章　液压传动

液压传动是工业中常用的控制方式，它采用液压完成能量的转换。液压传动应用的基本原理是帕斯卡原理。如图 11-1 所示，在连通的液流平衡系统中，液体各处的压强是相同的，此时，在较小的活塞上施加的相对压力比较小，而在较大的活塞上施加的压力就比较大。因此，通过液体的传递，可以在不同端得到不同的压力，从而达到传递及转换力的目的。液压千斤顶就依此原理达到增力的目的。

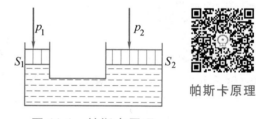

图 11-1　帕斯卡原理

帕斯卡原理

液压传动由功能不同的液压元件组成系统。液压元件是液压系统的最小单元，包括各种类型的液压泵、液压缸、控制阀和辅助件。本章只简要介绍这些元件的工作原理、图形符号、基本结构组成、性能及应用。

第一节　液　压　泵

液压泵是将原动机（如电动机）输入的机械能转换为液体压力能的能量转换元件。在液压系统中，液压泵是动力源，是液压系统的重要组成部分。

一、液压泵的工作原理

以单柱塞液压泵为例，图 11-2 所示为其工作原理和图形符号。柱塞 2 安装在泵体 4 内，柱塞在弹簧 5 的作用下和偏心轮 1 接触。当偏心轮在外力作用下转动时，柱塞做上、下往复运动。当柱塞向下运动时，柱塞顶端和泵体所形成的密封容积增大，形成局部真空，油箱 3 中的油液在大气压作用下，通过单向阀 6 进入泵体内，单向阀 7 处于关闭状态，防止系统油液回流，这时液压泵完成吸油。当柱塞向上运动时，密封容积减小，这时单向阀 6 封住吸油口，避免油液流回油箱 3，泵体内的油液则经单向阀 7 被压入系统，完成压油。若偏心轮不停地转动，柱塞就不停地上、下往复运动，泵就不断地从油箱吸油、向系统供油。泵的输油量与密封工作容积变化的大小、柱塞每分钟往复运动的次数成正比。

上述分析表明，液压泵的工作由吸油过程和压油过程两部分组成。因此，保证液压泵正常工作的必备条件如下：

1）应具备密封容积，且密封容积应能交替变化。

2）要有完善的配油装置（图中由单向阀 6、7 组成），以确保密封容积增大时从油箱吸油，减小时向系统压油。

3）吸油过程中，油箱必须与大气相通，确保液压泵吸油充分。

液压泵图形符号如图 11-2b 所示。

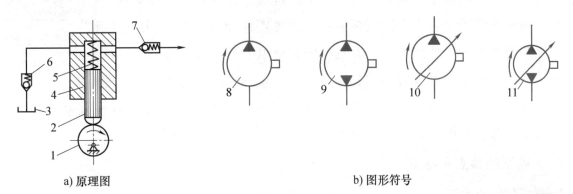

a) 原理图　　　　　　　　　　　　　　　　b) 图形符号

图 11-2　液压泵工作原理和图形符号

1—偏心轮　2—柱塞　3—油箱　4—泵体　5—弹簧　6、7—单向阀
8—单向定量泵　9—双向定量泵　10—单向变量泵　11—双向变量泵

液压泵的

工作原理

二、常用液压泵简介

液压泵的种类很多，按其结构不同可分为齿轮泵、叶片泵、柱塞泵、转子泵和螺杆泵等；按供油方向能否改变，可分为单向泵和双向泵；按排油量（无泄漏时，泵轴转一周的排油量）是否能调节，可分为变量泵和定量泵；按额定压力的高低可分为低压泵、中压泵和高压泵三类。这里只介绍齿轮泵、叶片泵和柱塞泵的工作原理与应用特点。

（一）齿轮泵

齿轮泵广泛应用于汽车、汽车修理和钣金设备液压系统，作为动力元件，向系统供给充足的液压油。齿轮泵分为外啮合式和内啮合式两种，常用的是外啮合式齿轮泵，分为低压式、中压式、高压式三种，其工作原理基本相同。

1. 外啮合式齿轮泵的工作原理

图 11-3 所示为外啮合式齿轮泵的工作原理。泵体内装有一对外啮合齿轮，齿轮两侧靠端盖（图中略）密封。泵体、端盖和齿轮的各齿间组成密封容积，两齿轮的齿顶和轮齿啮合线把密封容积分为不相通的两部分，即吸油腔和压油腔，分别对应吸油口和压油口。吸油口与油箱连通，压油口与系统连通。当齿轮按箭头方向转动时，右侧轮齿逐渐脱离啮合，使密封容积逐渐增大，形成局部真空，油箱中的油液便在大气压力作用下由吸油口进入吸油腔 3，并充满轮齿各空间。随着齿轮不断转动，吸入的油被各轮齿带入泵的左侧压油腔 4，此处轮齿逐渐进入啮合，使密封容积不断减小，油液从齿间被挤出，输入系统而压油。这就是齿轮泵的工作原理。

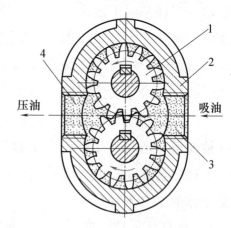

图 11-3　外啮合式齿轮泵的工作原理

1—外啮合齿轮（2个）　2—泵体

3—吸油腔　4—压油腔

外啮合齿轮泵

的工作原理

为了保证油液顺利吸入，液压泵的吸油高度不应超过 0.5m，并应采用直径较大的吸油管同时加粗滤器，以减少因管道阻力而引起的吸油损失。

各类型的齿轮泵工作原理基本相同。其中，η_V 称为容积效率，表明泄漏损失的大小；η_m 为机械效率，表明泵运动部分间摩擦损失的大小。容积效率是影响泵总效率的重要部分。泵的总效率 $\eta_总 = \eta_m \eta_V$，通常取 $\eta_总 = 0.6 \sim 0.8$。

2. 齿轮泵的特点和应用

齿轮泵的特点如下：

1）结构简单，制造方便，工作可靠，自吸能力强，对油液污染不敏感，工作流量大。

2）缺点是噪声较大，流量、压力脉动大。

3）压油腔压力（系统工作压力）大于吸油腔压力（局部真空），造成径向力不平衡，使轴变形、轴承偏磨，泄漏加大（因径向间隙增大）。为减小这种影响，常采取减小压油口（一般齿轮泵压油口均小于吸油口）的方法，减小高压油在齿轮上的作用面积，降低径向不平衡力。

在工程机械中，自卸汽车、汽车式液压起重机、液压转向机构、汽车修理或钣金设备中的各种液压压力机、气缸体平面磨床等，常用齿轮泵作为液压系统的动力源。

（二）叶片泵

1. 单作用叶片泵

图 11-4a 所示为单作用叶片泵的工作原理。传动轴 5 带动转子 1 转动，叶片 4 装在转子 1 的径向槽内，并可在槽内滑动。转子装在定子 2 内，两者有一偏心距 e，在转子两侧装有固定的配油盘 6。

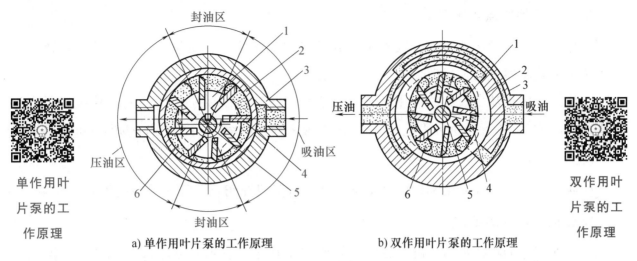

图 11-4　叶片泵

1—转子　2—定子　3—泵体　4—叶片　5—传动轴　6—配油盘

当转子转动时，由于离心力的作用（因此泵还在叶片根部通压力油，以便叶片可靠地伸出），使叶片顶部靠在定子内壁上，这样在定子、转子、叶片和配油盘间形成若干个密封容积。配油盘上开有互不相通的吸油腔和压油腔，分别与吸油口和压油口相通。当转子按如图 11-4 所示方向转动时，右半部叶片逐渐伸出，各密封容积逐渐增大，产生局部真空，通过吸油腔吸油，该区为吸油区。在左半部，叶片受定子内表面限制被压进槽内，密封容积逐渐缩小，将油液通过压油腔压出，该区为压油区。在吸、压油区之间，有一段封油区，确保吸、压油区隔开。通过转子不断转动、叶片伸缩，使密封容积变化而完成吸油与压油过程。

由上述分析可知，叶片泵工作时，转子转一周，每个密封容积完成一次吸、压油，因此称此类泵为单作用叶片泵。由于吸、压油腔的压力不平衡，这种泵又称为非平衡式叶片泵，其工作压力不宜过高。由于该泵定子与转子之间存在偏心距，通过改变偏心距 e 的大小可改变工作总容积的大小，使每转输油量变化，所以称此泵为变量式叶片泵。

2. 双作用叶片泵

图 11-4b 所示为双作用叶片泵的工作原理。该泵也是由转子 1、定子 2、叶片 4、配油盘 6 和泵体 3 等组成。与单作用叶片泵不同之处是，其定子与转子中心重合，定子形状为非圆形（由两组半径不同的圆弧和四段过渡曲线组成），配油盘上有两对吸、压油腔（同类油腔相对设置）。由图 11-4b 可以看出，当转子以箭头方向转动时，利用离心力甩出叶片，紧贴定子内表面，靠定子与转子间形成的不等距来实现叶片缩回，使密封容积变化，完成吸、压油过程。泵转子每转一周，每个密封容积分别完成两次吸油与压油，因此该类泵称为双作用叶片泵。此泵定子与转子同心安装，其密封容积总量不能调节，使每转输油量为定值，所以也称之为定量叶片泵。由于这种泵的两个吸油区和压油区是径向对称的，作用在转子上的径向力平衡，所以又称为平衡式叶片泵。

3. 叶片泵的特点和应用

叶片泵的特点为运转平稳，噪声小，流量稳定，体积小，质量小，油压较高；缺点是对油液污染较敏感，加工精度要求高，成本也高。

叶片泵常用于功率较大的液压系统，通常采用的叶片泵属于中压系列。其额定压力为7~21MPa（双），2.5~6MPa（单）；额定流量为4~210L/min（双），25~63L/min（单）。

（三）柱塞泵

柱塞泵分为径向柱塞泵和轴向柱塞泵两种。这里只介绍目前较多采用的轴向柱塞泵。

1. 轴向柱塞泵的工作原理

轴向柱塞泵的柱塞平行于缸体轴线。如图11-5所示，它主要由柱塞5、缸体7、配油盘10和斜盘1等组成。斜盘1和配油盘10固定，斜盘法线和缸体轴线交角为γ。缸体由轴9带动旋转，缸体上均匀分布了若干个轴向柱塞孔，孔内装有柱塞5，套筒4在弹簧6的作用下，通过压板3使柱塞头部的滑履2和斜盘靠牢，同时套筒8则使缸体7和配油盘10紧密接触，起密封作用。当缸体按图示方向转动时，由于斜盘和压板的作用，迫使柱塞在缸体内做往复运动，使各柱塞与缸体间的密封容积增大或缩小，通过配油盘的吸油窗口和压油窗口吸油和压油。当缸体自最低位置向上方转动（前面半周）时，柱塞在转角0~π范围内逐渐向左伸出，柱塞端部的缸孔内密封容积增大，经配油盘吸油窗口吸油；柱塞在转角π~2π（后面半周）范围内，柱塞被斜盘逐步压入缸体，柱塞端部容积减小，经配油盘压油窗口压油。

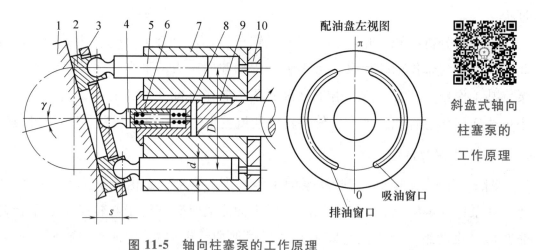

图 11-5　轴向柱塞泵的工作原理

1—斜盘　2—滑履　3—压板　4、8—套筒　5—柱塞　6—弹簧　7—缸体　9—轴　10—配油盘

改变斜盘倾角γ的大小，就能改变柱塞的行程长度，也就改变了泵的排量。如果改变斜盘倾角的方向，就能改变泵吸压油的方向，从而变为双向变量轴向柱塞泵。

2. 轴向柱塞泵的特点和应用

轴向柱塞泵的柱塞与缸体均为圆柱表面，因此加工方便，配合精度高，密封性能好，容积效率高；同时，柱塞处于受压状态，能使材料的强度性能充分发挥，只要改变柱塞的工作行程就能改变泵的排量。

（四）液压泵的选择

在设计液压传动系统时，应根据设备的工作情况和系统要求的压力、流量、工作性能合理选择液压泵。表 11-1 列出了液压系统中常用液压泵的性能及应用。

表 11-1　常用液压泵的性能及应用

项　　目	齿　轮　泵	双作用叶片泵	限 压 式变量叶片泵	轴向柱塞泵	径向柱塞泵	螺　杆　泵
工作压力/MPa	<20	6.3～21	≤7	20～35	10～20	<10
转速范围/(r/min)	300～7000	500～4000	500～2000	600～6000	700～1800	1000～18000
容积效率	0.70～0.95	0.80～0.95	0.80～0.90	0.90～0.98	0.85～0.95	0.75～0.95
总效率	0.60～0.85	0.75～0.85	0.70～0.85	0.85～0.95	0.75～0.92	0.70～0.85
功率重量比	中等	中等	小	大	小	中等
流量脉动率	大	小	中等	中等	中等	很小
自吸特性	好	较差	较差	较差	差	好
对油的污染敏感性	不敏感	敏感	敏感	敏感	敏感	不敏感
噪声	大	小	较大	大	大	很小
寿命	较短	较长	较短	长	长	很长
单位功率造价	最低	中等	较高	高	高	较高
应用范围	机床、工程机械、农机、航空、船舶、一般机械	机床、注射机、液压机、起重运输机械、工程机械、飞机	机床、注射机	工程机械、锻压机械、起重运输机械、矿山机械、冶金机械、船舶、飞机	机床、液压机、船舶	精密机床、精密机械，食品、化工、石油、纺织等机械

一般负载小、功率小的液压设备，可采用齿轮泵、双作用泵；精度较高的机械设备（磨床），可选用双作用叶片泵、螺杆泵；负载较大，并有快速和慢速工作行程的机械设备（组合机床），可选用限量式变量叶片泵和双联叶片泵；负载大、功率大的设备（刨床、拉床、压力机）可选用柱塞泵；机械设备的辅助装置，如物料输送等不重要场合，可选用价格低廉的齿轮泵。

第二节　液　压　缸

液压缸是将液体的压力能转变为机械能的能量转换装置，它是液压传动系统的执行元件，其运动形式一般为直线往复式。汽车的液压制动器、液压翻斗车、单臂剪床刀口的移动控制等均用到各式液压缸。

按结构不同，液压缸可分为活塞式、柱塞式、伸缩式等形式；按油压作用形式可分为单作用式和双作用式。

一、活塞式液压缸

活塞式液压缸分为单杆（单作用和双作用）式、双杆式。

1. 单杆单作用式液压缸

图 11-6a 所示为单杆单作用活塞式液压缸的图形符号，其工作进给时靠油压作用移动，退回时靠弹簧力或其他外力作用移动。缸体上只有一个油孔（进出油兼用）。这种液压缸适用于自卸汽车的液压翻斗和汽车起重机吊臂变幅机构。

2. 双作用活塞式液压缸

图 11-6b、c 所示为单杆双作用活塞式液压缸的结构原理和图形符号。由图 11-6b 可看出，整体式活塞 7 将缸体 6 密封容积分为两腔，液压缸一端有活塞杆 5，使两腔形成不等的工作面积，分别为 A_1、A_2，对应的两腔分别称为无杆腔和有杆腔。液压缸两端盖 3、9 上开有油口，确保进出油。密封圈 1、8 确保液压缸可靠密封。

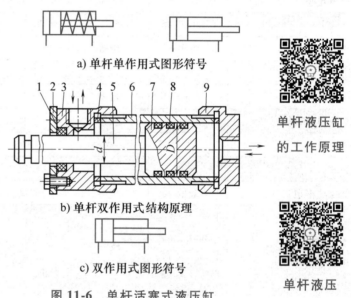

a) 单杆单作用式图形符号

b) 单杆双作用式结构原理

c) 双作用式图形符号

图 11-6 单杆活塞式液压缸

1、8—密封圈 2—盖板 3、9—端盖 4—垫圈
5—活塞杆 6—缸体 7—活塞

单杆液压缸的工作原理

单杆液压缸的结构

液压缸工作原理如图 11-7 所示。当液压油进入无杆腔作用于 A_1 面上（图 11-7a）时，在油压作用下活塞左移，产生速度 v_1，有杆腔的油被排出，流回油箱。换向后液压油进入有杆腔作用于 A_2 面上（图 11-7b），在油压作用下活塞右移，产生速度 v_2，无杆腔的油则被排出，流回油箱。一般以面积大的一腔进油时，活塞移动方向为工作进给方向，反向为退回。

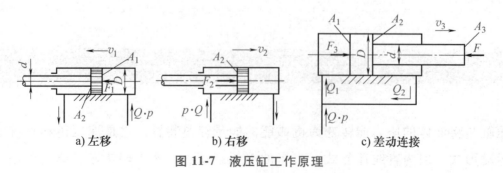

a) 左移 b) 右移 c) 差动连接

图 11-7 液压缸工作原理

设进入两腔油液的流量为 q，进入两腔油液的压力均为 p，活塞与活塞杆直径分别为 D、d，则根据帕斯卡原理，容易导出活塞速度 v_1、v_2 及产生的推力 F_1、F_2 为

$$\left.\begin{array}{l} v_1 = \dfrac{q}{A_1} = \dfrac{4q}{\pi D^2} \\[3mm] v_2 = \dfrac{q}{A_2} = \dfrac{4q}{\pi(D^2 - d^2)} \\[3mm] F_1 = pA_1 \\[2mm] F_2 = pA_2 \end{array}\right\} \tag{11-1}$$

分析可知，因为 $A_1 > A_2$，所以 $v_2 > v_1$、$F_1 > F_2$。这种单杆双作用式液压缸的特点常被用于实现机床的快速退回及工作进给。

当单杆双作用活塞式液压缸连成如图 11-7c 所示形式时，由于用一个液压泵同时供油于两腔，会形成差动速度 v_3，因此称之为差动连接。分析可知，差动速度 v_3（m/s）和差动连接液压缸的推力 F_3 为

$$\left.\begin{array}{l} v_3 = \dfrac{q}{A_3} = \dfrac{4q}{\pi d^2} \\[3mm] F_3 = F_1 - F_2 = p(A_1 - A_2) = pA_3 = p\,\dfrac{\pi d^2}{4} \end{array}\right\} \tag{11-2}$$

式中　A_3——活塞两腔的面积差，$A_3 = A_1 - A_2$。

综上分析可知，差动连接液压缸的特点是：速度快、推力小，适用于快速进给系统。

3. 双杆活塞式液压缸

图 11-8 所示为双杆活塞式液压缸的结构和图形符号。该液压缸均为双作用式，与单杆式相比，液压缸两端均有活塞杆，使两腔有效作用面积相等。其特点是：活塞左右移动速度、推力均相等，活塞带动工作台移动范围大，因此常用于要求工作范围大的机构中，如平面磨床的工作台液压缸。

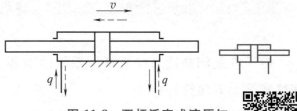

图 11-8　双杆活塞式液压缸

双杆液压缸
的工作原理

二、其他典型液压缸

其他常用的液压缸主要有柱塞式液压缸和伸缩式液压缸。图 11-9 所示为两种液压缸的结构原理。图 11-9a 所示为柱塞式液压缸的结构原理，图 11-9b 所示为伸缩式液压缸的结构原理及其图形符号。

1. 柱塞式液压缸的结构特点

如图 11-9a 所示，柱塞（受压作用面与传力直径相等，并制成一体）较粗，不易变形，

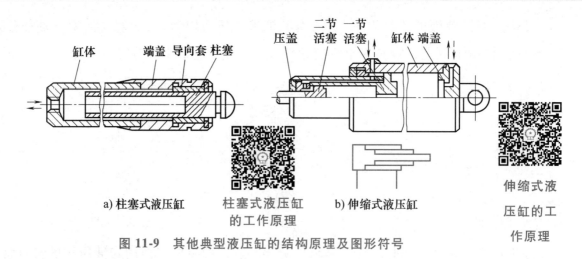

a) 柱塞式液压缸　柱塞式液压缸的工作原理　b) 伸缩式液压缸　伸缩式液压缸的工作原理

图 11-9　其他典型液压缸的结构原理及图形符号

而且柱塞在缸体内与缸体内壁不相接触（一般靠导向套导向），因此，缸体内壁不需要精加工，简化了缸体的加工工艺，适用于长行程液压缸。为了减小质量，柱塞一般制成空心。柱塞式液压缸一般制成单作用式，伸出靠压力作用，缩回靠外载或自重作用，常用于叉车起升液压缸、起重机变幅缸。

2. 伸缩式液压缸的特点

伸缩式液压缸由多个柱塞套装而成，各节伸出时行程大，缩回时结构体积小，有单作用和双作用两种。此缸伸缩顺序为：伸出由大节到小节逐次进行（大缸有效作用面积大，同等压力下推力大）；空载缩回时，由小节到大节（小节柱塞面积小，摩擦阻力小，易复位）逐次进行。伸缩式液压缸常用于起重机的悬臂和自卸汽车翻斗等处。其图形符号如图11-9b 所示，为双作用伸缩式液压缸。

第三节　液压控制阀

液压控制阀是用来控制液压系统油液压力、流量和流动方向的，使执行机构的推力、速度和运动方向符合要求。

液压控制阀的类型很多，按功用可分为压力控制阀、流量控制阀和方向控制阀。从结构上看，各类阀均由阀体、阀芯、阀芯控制件三部分组成。其中阀芯控制件有手动式、机动式、电动式、液动式、电液式等结构。

一、方向控制阀

方向控制阀是用来控制油液流动方向的阀，按类型分为单向阀和换向阀。

1. 单向阀

单向阀是控制油液单方向流动的方向控制阀，按阀芯结构分为球阀式、锥阀式，如图

11-10 所示。

图 11-10b 所示为锥阀式单向阀，阀的原始状态是阀芯 2 在弹簧 3 作用下轻压在阀座上。工作中随着进油口 P_1 处压力的升高使其克服弹簧 3 的压力将阀芯顶起，使阀打开，接通油路，这样油便从进油口流入，从出油口流出。反之，当出油口处油压高于进油口处的压力时，油的压力使阀芯紧紧压在阀座上，油路不通。弹簧的作用是，阀关闭时协助反流油液，压紧阀口，加强密封，其弹力不能过大，以防油液正向流动时压力损失太大。一般单向阀的开启压力为 0.035~0.05MPa，全部流量通过时的压力损失一般不超过 0.3MPa，并要求单向阀工作灵敏可靠。

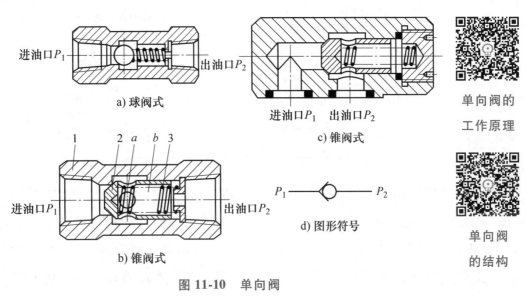

进油口 P_1　出油口 P_2
a) 球阀式

进油口 P_1　出油口 P_2
c) 锥阀式

1　2 a b 3
进油口 P_1　出油口 P_2
b) 锥阀式

P_1 —⊙— P_2
d) 图形符号

单向阀的
工作原理

单向阀
的结构

图 11-10　单向阀
1—阀体　2—阀芯　3—弹簧

2. 换向阀

换向阀是用来改变油液流动路线以改变工作机构的运动方向的。它是利用阀芯相对阀体移动，接通或关闭相应的油路，从而改变液压系统的工作状态的。

按阀芯运动方式不同，换向阀可分为滑阀式和转阀式两类，其中滑阀式换向阀使用较多。一般所说的换向阀是指滑阀式换向阀。

（1）换向阀的结构特点和换向原理　滑阀式换向阀是靠阀芯在阀体内沿轴向往复滑动而实现换向作用的。因此，这种阀芯又称滑阀。滑阀是一个有多段环形槽的圆柱体（图 11-11），直径大的部分称为凸肩。有的滑阀还在轴的中心处加工出回油通路孔，阀体内孔与滑阀凸肩相配合，阀体上加工出若干段环形槽。阀体上有若干个与上部相通的通路口，各与相应的环形槽相通。

下面以三位四通阀为例说明换向阀是如何实现换

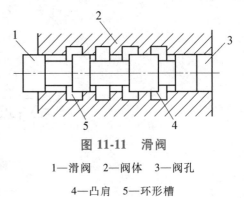

图 11-11　滑阀
1—滑阀　2—阀体　3—阀孔
4—凸肩　5—环形槽

向的。如图 11-12 所示，三位四通换向阀有三个工作位置、四个通路口。三个工作位置就是滑阀在中间以及滑阀移到左、右两端时的位置，四个通路口即进油口 P、回油口 T 和通往执行元件两端的油口 A 和 B。由于滑阀相对阀体做轴向移动，改变了位置，所以各油口的连通关系就改变了，这就是滑阀式换向阀的换向原理。

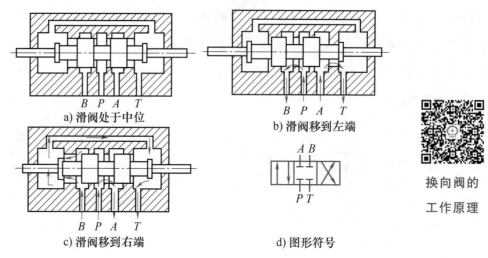

a) 滑阀处于中位　B P A T
b) 滑阀移到左端　B P A T
c) 滑阀移到右端　B P A T
d) 图形符号

换向阀的工作原理

图 11-12　滑阀式换向阀的换向原理

（2）手动换向阀　手动换向阀一般有二位二通、二位四通和三位四通等多种形式。图 11-13 所示为手动换向阀，其中图 11-13a 所示为三位四通自动复位式手动换向阀。P 为进油口，A、B 分别接通液压缸（或液压马达），T 为回油口，环形槽 a 通过阀芯的中心孔和回油口 T 相通。当将手柄 1 向左扳时，阀芯 2 右移，P 和 A 接通；当将手柄 1 向右扳时，阀芯 2 左移，P 和 B 接通，A 通过环形槽 a 和阀芯 2 的中心孔与 T 连通，实现了换向；放松手柄

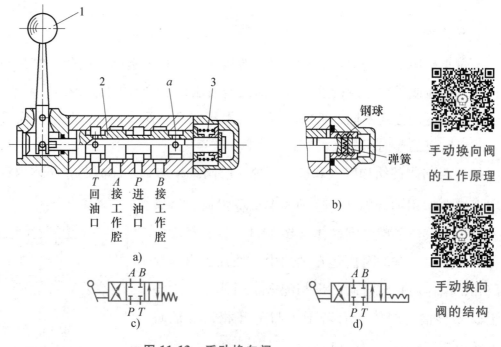

T 回油口　A 接工作腔　P 进油口　B 接工作腔

a)

钢球　弹簧

b)

手动换向阀的工作原理

手动换向阀的结构

c)　A B　P T
d)　A B　P T

图 11-13　手动换向阀

1—手柄　2—阀芯　3—弹簧

时，右端弹簧 3 能够自动将阀芯恢复到中间原位，使油路断开，所以称其为自动复位式。这种换向阀不能定位在两端的位置上。

如果要滑阀在三个位置上都能定位，可以将右端的弹簧 3 改为如图 11-13b 所示的定位式结构，在阀芯右端的一个径向孔中装有一个弹簧和两个钢球。图 11-13a、b 所示换向阀的图形符号分别如图 11-13c、d 所示。

根据操纵机构不同，除手动换向阀外，还有电磁控制式、机械控制式、液动控制式等形式的换向阀。

二、压力控制阀

压力控制阀是控制液压系统中油液压力的一种控制元件，根据结构和作用不同可分为溢流阀、减压阀、顺序阀等类型，在此着重研究溢流阀的结构、工作原理。

溢流阀的作用主要是溢流调压和稳压，常用于定量液压泵控制系统。图 11-14 所示为直动式溢流阀结构原理。溢流阀是利用力的平衡原理（油压作用和弹簧力的平衡）进行工作的。如图 11-14b 所示，调压弹簧 2 顶在阀芯 3 上端，弹簧作用力的大小可由调压螺母 1 来调整，确定阀的调定压力。由进油口 P 流入的油液压力为 p_1，回油口油液的压力为 p_2（若回油口直通油箱，则 $p_2=0$）。工作时，油液从 P 经阻尼小孔 4 作用在阀芯 3 底面。当进油压力 p_1 较小时，阀芯在调压弹簧 2 的作用下处于下端位置，将 P 和 T 两油口隔开。当液压泵供油量超过液压缸所需油量（一般该油路由节流阀控制进入液压缸油量的多少）时，油压便升高；若油压超过溢流阀的调定压力时，阀芯 3 便在油压作用下克服调压弹簧的作用而上升，使 P 和 T 两油口相通，多余油液溢出回油箱，以降低油压，直到系统的油压达到调定压力时为止。当油压降至低于调定压力值时，阀口会关闭（弹簧弹力作用大于油压

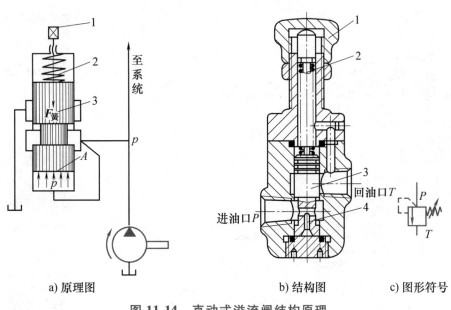

直动式溢流阀
的工作原理

a) 原理图　　　　b) 结构图　　　c) 图形符号

图 11-14　直动式溢流阀结构原理

1—调压螺母　2—调压弹簧　3—阀芯　4—阻尼孔

作用），使油压重新升高，直到使 P 和 T 两油口重新接通而溢流。如此反复变化，就会使阀在调定压力下稳定溢流（将多余油液排出），使液压泵的出口压力稳定在调定值上。这就是溢流阀的调压稳压作用。在定量泵控制的系统中，液压泵的输出流量总是大于工作液压缸要求的流量，因此，工作中多余的油液要始终通过溢流阀排出，这时的溢流阀即为常溢流式。

直动式溢流阀只适用于低压油路，在中高压以上的油路中要采用其他形式的溢流阀。溢流阀的图形符号如图 11-14c 所示。

溢流阀除调压稳压外，还可用作安全阀。在变量泵控制的系统中，进入液压缸的流量一般是由变量泵调定的（系统压力取决于负载大小），因此，油路中没有多余油液，不需要设溢流阀。但是由于压力取决于负载大小，当超载时，系统压力会大于系统元件及管路的极限压力，从而损坏系统。应通过溢流阀泄油以保护系统，这时的溢流阀称为安全阀，如图 11-15 所示。

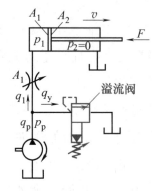 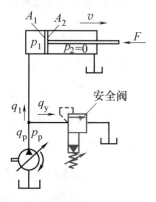

a) 稳压作用　　　　　b) 安全阀作用

图 11-15　变量泵系统图

三、流量控制阀

流量控制阀是靠改变节流口的大小来调节通过阀口的流量，以改变执行机构运动速度的液压控制元件，简称流量阀。常见的流量控制阀有节流阀、调速阀等。这里主要介绍节流阀的工作原理和结构。普通节流阀常用的节流口形式如图 11-16b 所示，有针阀式、偏心式、轴向三角槽式等。

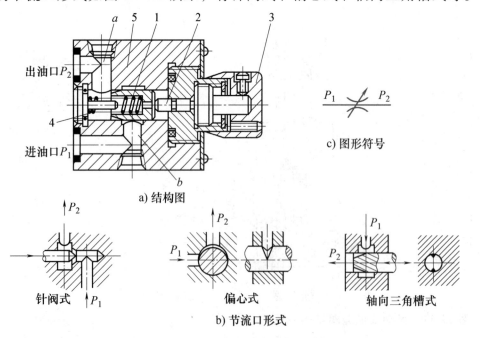

c) 图形符号

a) 结构图

针阀式　　　　偏心式　　　　轴向三角槽式

b) 节流口形式

图 11-16　普通节流阀

节流阀
的结构

节流阀的
工作原理

节流口的形式

1—阀芯（三角槽式节流口）　2—推杆　3—调压螺母　4—弹簧　5—阀体

图 11-16a 所示为普通节流阀，它采用的节流口形式为轴向三角槽式，工作时阀芯受力均匀、流量稳定性好、不易堵塞。油液从进油口 P_1 流入，经孔道 b 和阀芯 1 左端的节流沟槽进入孔道 a，再从出油口 P_2 流出。调节流量时旋转调压螺母 3，可使推杆 2 沿着轴向移动，推杆左移时，阀芯在弹簧力的作用下右移，节流口开大，通过流量增大。其图形符号如图 11-16c 所示。油液通过节流阀时会产生压力损失 $\Delta p = p_1 - p_2$，并随负载大小变化，从而引起通过节流口流量的变化，影响控制速度。节流阀常用于负载和温度变化不大或速度稳定性要求较低的液压系统。

调速阀的作用是保证节流阀前后压差不变，使其不受负载影响，从而使通过节流阀的流量为定值。

第四节　辅助元件

辅助元件主要包括油箱、过滤器、蓄能器、油管和管接头等，是液压传动系统正常工作所必需的元件，对系统工作性能有着重要的作用。

一、油箱

油箱用来储油、散热，以及分离油液中的空气和杂质。汽车液压系统中一般采用单独的油箱，汽车修理设备中一般可利用设备底座作为油箱，这样可使结构紧凑。

图 11-17 所示为油箱结构示意图。吸油区和回油区之间焊有高度为 3/4 油面高度的隔板 7 和 9，将两区分开，以防互相干扰。吸、回油管应尽量远离，但距箱边距离应大于管径的 3 倍，管口离箱底距离大于管径的 2 倍并切成 45°角，吸油口处安装粗滤器。油箱底面有适当斜度，并设有放油塞 8。油箱侧面设有油标 6，以指示油位。盖板 5 上设有加油口，口上有带通气孔的油箱盖 3，通气孔下的滤网 2 兼有防尘作用，油箱四周密封，油箱有效容量应是泵额定流量的 2~12 倍。

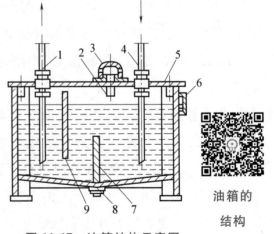

图 11-17　油箱结构示意图
1—吸油管　2—滤网　3—油箱盖
4—回油管　5—盖板　6—油标
7、9—隔板　8—放油塞

油箱的结构

二、过滤器

过滤器的作用是净化工作油液，清除油液中的杂物（灰尘、磨屑、油液氧化变质的析出物等），防止油路堵塞和元件磨损，确保系统正常工作。过滤器分为粗滤器（滤去杂质直

径 $d \geqslant 100 \mu m$）和精滤器（滤去杂质直径 $d = 5 \sim 10 \mu m$）两类。粗滤器用于吸油管路或一些普通元件之前，滤掉粗杂质；精滤器主要用于流量控制元件之前的油路中，保护精密元件。

过滤器分为网式、线隙式、纸滤式、烧结式和磁性纸滤芯式等形式。

图 11-18 所示为常见过滤器（图形符号表示）的安装位置。其中，精滤器一旦堵塞，可打开溢流阀，油液可继续通过，以免影响系统正常工作。

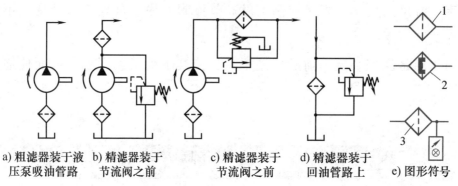

a) 粗滤器装于液　b) 精滤器装于　　c) 精滤器装于　　d) 精滤器装于　e) 图形符号
　压泵吸油管路　　节流阀之前　　　节流阀之前　　　回油管路上

图 11-18　过滤器安装位置

1——般符号　2—带磁性滤芯的过滤器　3—带堵塞指示器的过滤器

三、蓄能器

蓄能器是把油液储存在耐压容器内，待需要时将其释放出来的一种储能装置。

图 11-19 所示为囊式蓄能器及其图形符号。这种蓄能器由充气阀 1、合成橡胶制成的气囊 2、壳体 3 和提升阀 4 组成，5 是油口。蓄能器工作前先在气囊 2 中充入氮气并达一定压力，然后关闭充气阀。提升阀既能使油液进入蓄能器内，又能防止油液全部排出时气囊膨胀出容器之外。储能时，通过液压泵将多余油液充入油口 5，压缩气囊。需要释放时可打开油口，向系统供给一定流量的油液，完成特定的工作。蓄能器主要作用是：储能、缓和压力冲击和吸收压力脉动。

此外还有活塞式、重力式、弹簧式和隔膜式蓄能器等。

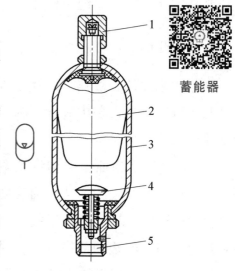

蓄能器

图 11-19　蓄能器

1—充气阀　2—气囊　3—壳体
4—提升阀　5—油口

四、油管和管接头

油管和管接头是各元件组成系统时必需的连接和输油元件。

油管分为铜管、钢管、塑料管、尼龙管、橡胶软管（内布钢丝加固网）等，均为无缝管。可根据系统工作压力和额定流量来选择适应系统要求的油管。

油管与管接头的连接方式分为焊接式、卡套式、管端扩口式和扣压式等。

第五节 液压基本回路及系统实例分析

一、液压基本回路

液压基本回路指的是由有关液压元件组成的用来完成特定功能的典型油路结构，即用基本回路组成系统，完成较复杂的动作。按油路功能不同，基本回路可分为压力控制、速度控制、方向控制和多缸配合动作等回路。分析基本回路时，为了简明起见，油路中只画与回路功能相关的元件，其余部分均省略不画。

1. 换向回路

此回路属于方向控制回路，以实现执行机构运动方向的变换，工作机构的换向大部分是由各类换向阀来控制的。

图 11-20 所示为采用二位四通电磁式换向阀控制的换向回路。当换向阀的电磁铁 YA 通电时，左位接入系统，液压泵输出油液经换向阀 P、A 进入液压缸左腔，推动活塞右移，

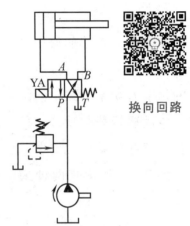

换向回路

图 11-20 换向回路

右腔油液经 B、T 流回油箱；当电磁铁 YA 断电时，滑阀在弹簧作用下复位（图示位置），右位接入系统，油液经 P、B 进入液压缸右腔，推动活塞左移，左腔油液经 A、T 流回油箱。通过电磁铁的通电与断电，可控制液压缸中的活塞改变移动方向。

2. 调压和限压回路

调压和限压回路均属于压力控制回路，利用压力控制阀控制系统或一支路上的油压，以满足执行元件的要求。

（1）单级调压回路 图 11-21a 所示为单级调压回路，系统由定量泵供油，采用节流阀调节进入液压缸的流量，改变液压缸工作速度。由于定量泵流量大于液压缸所需流量，根据溢流阀工作原理知，多余油液（由节流阀控制）从溢流阀流回油箱，泵的出口压力便稳定在溢流阀的调定压力上。调节溢流阀便可调节泵的供油压力。溢流阀调定压力必须大于液压

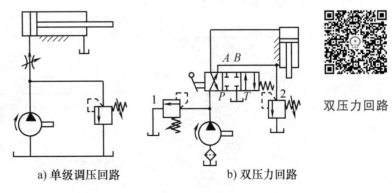

a) 单级调压回路　　b) 双压力回路

双压力回路

图 11-21 调压和限压回路

1—高压溢流阀　2—低压溢流阀

缸最大工作压力和油路上各种压力损失的总和。这种回路可应用于单臂剪板机液压油路中。

（2）双压力回路　图11-21b所示为双压力回路，应用于压力机液压系统中。这种系统的液压缸往返行程的负载压力差别很大，为了降低功率损耗，减少油路发热，就采用此回路来限定液压缸往返的工作压力。当活塞下行（工作方向）时，负载大，工作压力由高压溢流阀1调定；而活塞上行（退回）时，负载很小，泵的工作压力可由低压溢流阀2调定，当活塞到达终点位置时，泵的全部流量经低压溢流阀2流回油箱，这样在回程（主要是指到达终点时）中就减少了功率损耗。

3. 卸荷回路

在定量泵供油的液压系统中，当执行元件需短暂停留（如装卸工件或测量）时，使液压泵输送来的油液直接流回油箱，处于卸载空运转状态的控制油路称为卸荷回路。卸荷的目的是节省功率、减少油液发热、避免经常起停电动机，功率较大的液压泵可利用此回路实现电动机轻载起动。这种回路广泛用于自卸汽车液压翻斗和汽车液压起重机的暂停油路，将在后续液压系统实例中分析说明。

图11-22所示是两种最简单的卸荷回路，分别利用主控制换向阀和二位二通滑阀来工作。

图11-22a所示是利用三位四通电磁式换向阀的卸荷回路。其中主要是利用三位阀的滑阀机能来实现泵的卸荷。一般可以起卸荷作用的滑阀机能有M型、H型和K型。当需卸荷时，使换向阀处于中位（1YA和2YA均断电），液压泵输出的油液便经换向阀中间通道直接流回油箱，实现液压泵的卸荷和工作机构的短暂停留。

图11-22b所示是利用二位二通滑阀的卸荷回路。当执行机构需暂停时，扳动手柄，使二位二通阀处于左位，液压泵输出的油液便可通过二位二通阀流回油箱，实现泵卸荷，执行机构暂停。使用这种回路时，二位二通阀的选用规格应保证能通过液压泵的全部流量，以避免产生过大的卸荷压力。

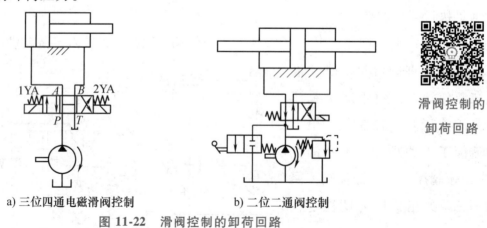

滑阀控制的
卸荷回路

a) 三位四通电磁滑阀控制　　　b) 二位二通阀控制

图11-22　滑阀控制的卸荷回路

4. 速度控制回路

速度控制回路包括使不同速度相互转换的速度换接回路和调节工作行程速度的节流调

速回路。

（1）速度换接回路　图11-23a所示为快慢速度换接回路。这个回路利用单杆双作用液压缸7的差动连接实现活塞快速移动，利用节流阀4控制液压缸7的回油流量，实现液压缸的慢速移动，快、慢速度的油路靠二位三通电磁阀6控制。当需液压缸7中的活塞快速向右移动时，首先使1YA、3YA通电，三位四通换向阀3处左位，二位三通电磁阀6处右位。液压缸两腔呈差动连接状态。根据差动液压缸的特点，活塞向右实现快速（差动速度）移动。当需活塞慢速（工作速度）移动时，可使3YA断电（1YA仍通电），阀6处左位，切断液压缸差动油路，使液压缸右腔油液经阀6、阀4、阀3流回油箱，回油流量受节流阀4控制（实际是限制了进入液压缸左腔的油液流量），使活塞向右慢速移动。液压泵多余油液经溢流阀2流回油箱，使液压泵出口压力一定。

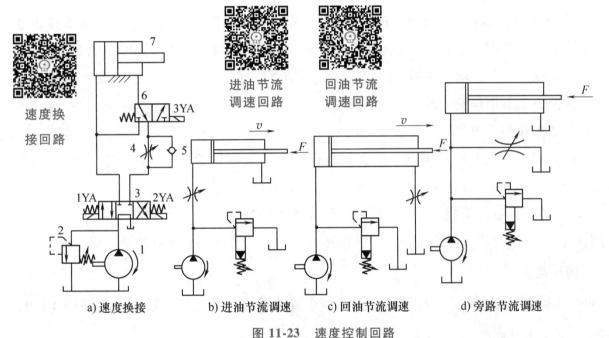

图 11-23　速度控制回路

1—液压泵　2—溢流阀　3—三位四通换向阀　4—节流阀　5—单向阀
6—二位三通电磁阀　7—液压缸

当1YA、3YA均断电，2YA通电时，阀3处右位，阀6处左位，液压泵输出的油液经阀3、阀5、阀6进入缸右腔，推动活塞快退，左腔的油液经阀3流回油箱。当1YA、2YA均断电时，阀3将处中位，此时液压泵将通过阀3中位实现卸荷，液压缸暂停。

（2）节流调速回路　节流调速回路是最简单的调速回路，它由定量泵供油，利用节流阀来调节控制进入液压缸的油液流量，从而实现对液压缸移动速度的控制。节流调速回路分为进油节流、回油节流、旁路节流三种类型的回路。

1）进油节流调速回路。如图11-23b所示，节流阀置于进油路上，通过调节液压缸进油流量来控制活塞移动的速度。由于泵流量总大于执行元件所需流量，多余的油液会使泵阀间油路压力升高，使溢流阀打开溢流，保持泵出口压力稳定在溢流阀调定压力上。因此，该泵的出口压力始终一定，而进口处的压力随负载变化而变化（最大值总小于泵的出口压力）。其特点如下：

① 多余油液的溢流会产生一定的功率损失，使效率降低。

② 在负向负载（阻力方向与运动方向相同）场合会失控前冲，速度不稳定，在正向负载场合，应在回油路中加阻力装置，以稳定移动速度。

③ 调速范围较大。

2）回油节流调速回路。如图 11-23c 所示，节流阀置于回油路上，通过调节液压缸回油量以限制进油量来控制活塞的移动速度。同样，多余油液可通过溢流阀流回油箱，泵的出口压力为定值，由溢流阀调定，其特点与进油节流调速回路相似，但由于节流阀在回油路中，故能承受负向负载。

3）旁路节流调速回路。如图 11-23d 所示，节流阀置于进油旁路，形成分流油路，通过控制泵的分流量来限定进入液压缸的油液流量，控制活塞移动速度。其特点如下：

① 多余油液经节流阀回油箱，因此工作压力随负载变化，功率损失小（效率高）。

② 回路溢流阀用作安全阀，限定系统超压。

③ 只能工作在正向负载场合。

④ 最大缺点是低速性能不好，低速大负载时节流口开度很大，由节流阀自身性能决定，此时通过阀的油液流量随负载变化而变化，影响速度稳定性。

总之，节流调速回路只适用于速度稳定性要求较低的场合。

上述回路结构简单，操作方便，换接调速方便迅速，是常用的速度控制回路。

5. 同步回路

同步回路属于多缸配合工作回路，是使两个或两个以上的液压缸在运动中保持相同位移或相同速度的回路。

图 11-24 所示为串、并联液压缸的同步回路。图 11-24a 所示为两双杆液压缸串联，由同一液压泵供油，要求两液压缸结构参数相同。工作时，换向阀先处于左位，液压泵输出的油液进入液压缸 A 左腔，推动缸 A 活塞右移，右腔的油液便进入液压缸 B 的左腔，推动缸 B 活塞右移，缸 B 右腔的油液经换向阀流回油箱，然后换向阀变右位，实现两缸反向同步。

图 11-24b 所示为汽车制动系统液压并联结构示意图，其中四个单作用式轮缸并联，分别控制制动蹄张开，实施制动；制动主缸为活塞式，由人力控制，工作时驾驶人踩下制动踏板，制动主缸挤压油液产生压力，通过管路传到四个轮缸并作用于活塞上，产生推力使制动蹄张开制动，制动力逐渐增强。松开踏板，制动主缸活塞退回卸压，轮缸活塞在弹簧作用下松开制动蹄，解除制动。由于各轮缸结构参数、负载均相等，因此四缸同步，这正符合汽车各车轮制动需同步的要求。同步回路还可用于自卸汽车翻斗控制。

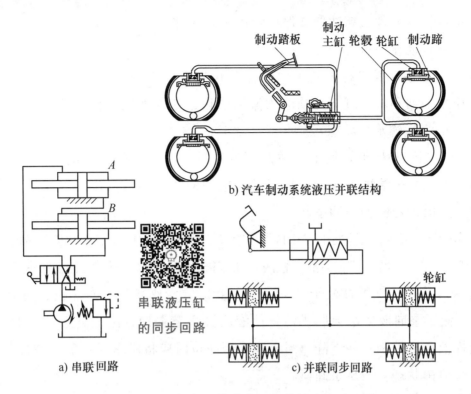

b) 汽车制动系统液压并联结构

A

B

串联液压缸
的同步回路

a) 串联回路

轮缸

c) 并联同步回路

图 11-24　串、并联液压缸的同步回路

二、液压系统实例分析

1. 某型号自卸汽车液压系统

图 11-25 所示为某型号自卸汽车液压举升系统原理。汽车翻斗倾斜的方式如图 11-25a ~ d 所示。其液压系统如图 11-25e 所示，用来控制车厢的翻倾。油路中以外啮合式齿轮泵（额定压力 10MPa，最大极限压力 13MPa）为动力源，由发动机驱动；采用两个规格相同的双作用伸缩式液压缸 7（两节）控制车厢升降；由四位四通手动滑阀 6 来控制油路变化，使液压缸完成空位、举升、中停、下降四个动作（两液压缸动作应同步），系统的工作压力为 8.5MPa，由溢流阀 5 调定；精滤器 3 装于回

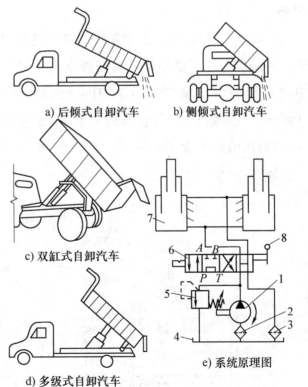

a) 后倾式自卸汽车　　b) 侧倾式自卸汽车

c) 双缸式自卸汽车

d) 多级式自卸汽车

7

6　　　*A* *B*　　　8

P *T*

5

1

2

3

4

e) 系统原理图

自卸汽车
液压系统

图 11-25　某型号自卸汽车液压举升系统原理

1—液压泵　2—粗滤器　3—精滤器　4—油箱　5—溢流阀

6—四位四通手动滑阀　7—伸缩式液压缸　8—操纵杆

油路上，间接保护各元件，粗滤器 2 保护液压泵等元件。

系统工作时各动作的过程如下：

（1）空位　当手动操纵杆 8 处于"空位"位置时，滑阀处于最右位，使 P、A、B、T 均相通，液压泵来油和液压缸下腔油液均流回油箱，这样液压缸控制的车厢处于未举升的自由状态（一般为运输水平状态）。

（2）举升　当手动操纵杆处于"举升"位置时，滑阀变位成最左位，使 P 和 A 相通、B 和 T 相通，液压泵来油进入两液压缸下腔，推动液压缸逐节升出，液压缸上腔油液经滑阀流回油箱，这时液压缸使车厢举起。

（3）中停　当手动操纵杆处于"中停"位置时，滑阀变位成左二位，使 P 和 T 相通，液压泵处于卸荷状态；A、B 均被截止，液压缸两腔油液被封住，这样可使液压缸在任意位置停留。

（4）下降　当手动操纵杆处于"下降"位置时，滑阀变位成左三位，使 P 和 B 相通、A 和 T 相通，液压泵向液压缸上腔供油，使液压缸逐节退回，液压缸下腔的油液经滑阀流回油箱。这样液压缸控制车厢下降，当车厢降至原位时应将操纵杆置于"空位"，液压缸和车厢处于运输自由状态，液压泵卸荷。

由上述分析可知，该系统油路中包含有以下几个基本回路：滑阀 6 控制的换向回路；滑阀右位和左二位控制的卸荷回路；溢流阀 5 控制的限压回路；两液压缸组成的同步工作回路。

2. 单臂剪板机液压系统

图 11-26 所示为一台钣金工使用的单臂剪板机的结构及油路示意图，该剪板机主要由剪刀、机架、液压和操纵系统组成。利用液压系统进行动力控制，液压油路如图 11-26b 所示。油路中选用齿轮泵（额定压力 10MPa、流量 45L/min）作为液压动力源，由电动机（7.5kW、1440r/min）驱动；采用单杆双作用活塞式液压缸（直径 210mm，活塞行程 350mm）；由压力阀限定最大工作压力；三位四通 M 型手动换向阀控制液压缸换向。该油路的工作过程如下：

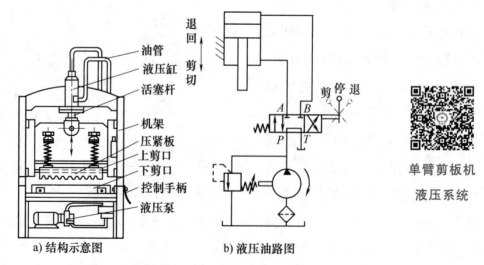

a)结构示意图　　　b)液压油路图

油管
液压缸
活塞杆
机架
压紧板
上剪口
下剪口
控制手柄
液压泵

退回　剪切
剪　停　退
单臂剪板机
液压系统

图 11-26　单臂剪板机结构及油路示意图

工作时，将工件置于上、下剪口之间，起动电动机，带动液压泵转动。当控制手柄将换向阀扳到右位时，P、B 相通，A、T 相通，油液就进入液压缸上腔，推动活塞下移（上剪口及压紧板也随之下移），压紧板先将工件压紧，然后上剪口克服压紧弹簧弹力继续下移，从一端逐渐开始剪切。当剪切终了时，控制手柄将换向阀变为左位，使 P、A 相通，B、T 相通，使液压缸换向，带动上剪口上移到原位，手柄操纵换向阀回复原位（中位），使液压泵卸荷；更换工件后重新扳动换向阀可继续控制剪切。该系统包括的基本回路有：换向阀组成的卸荷回路和换向回路，压力阀构成的限压回路。

思维训练

11-1　液压传动系统在（　　）无法正常工作。

A. 潜艇内　　　　　B. 飞机上　　　　　C. 月球上　　　　　D. 火车上

11-2　液压泵正常工作的必备条件是，除必须具备与大气连通和完善的配油装置外，还要求具有（　　）。

A. 可变的密封容积　　　　　　　　B. 不变的密封容积

C. 可变的与大气连通的容积　　　　D. 不变的与大气连通的容积

11-3　液压缸是液压传动系统中的执行构件，是将液压能转换为机械能的转换装置，根据能量守恒定理，在流量 q 相同的前提下，为获得液压缸活塞向右侧移动较快的速度，则（　　）。

A. 有杆腔在左侧　　B. 有杆腔在右侧　　C. 左侧为无杆腔　　D. 右侧为无杆腔

11-4　液压传动系统中，泵是原动件，液压缸是执行元件，液压阀（　　）。

A. 是传动元件　　B. 是控制元件　　C. 也是执行元件　　D. 也是原动件

11-5　柱塞式液压缸的柱塞一般（　　）。

A. 制成空心　　B. 制成实心　　C. 与杆制成一体　　D. 与杆分别制作

11-6　溢流阀属于（　　）。

A. 方向控制阀　　B. 压力控制阀　　C. 流量控制阀　　D. 调速阀

11-7　在液压系统中，设置卸荷回路的目的是（　　）。

A. 节省功率　　B. 避免电动机经常起停　　C. 减小油液温升　　D. 防止泄漏

作业练习

11-8　有一单杠双作用式液压缸差动连接，缸径 $D=28mm$、杆径 $d=20mm$，当流量 $q=4000mm^3/min$、压力 $p=4.5MPa$ 时，其推力 F、速度 v 各是多少？

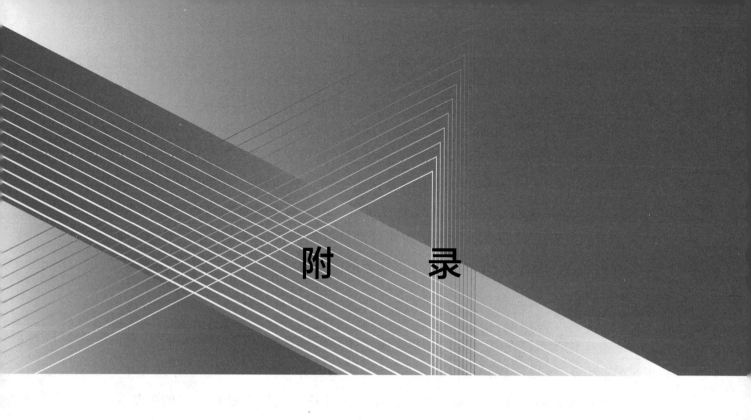

附 录

深沟球轴承（摘自 GB/T 276—2013）

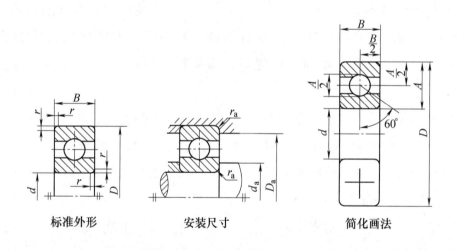

标准外形　　　　　　安装尺寸　　　　　　简化画法

轴承代号	基本尺寸/mm				安装尺寸/mm			基本额定动载荷 C/kN	基本额定静载荷 C_0/kN
	d	D	B	r min	d_a min	D_a max	r_a max		
6004	20	42	12	0.6	25	37	0.6	9.38	5.02
6204		47	14	1.0	26	41	1.0	12.80	6.65
6304		52	15	1.1	27	45	1.0	15.80	7.88
6404		72	19	1.1	27	65	1.0	31.00	15.20
6005	25	47	12	0.6	30	42	0.6	10.00	5.85
6205		52	15	1.0	31	46	1.0	14.00	7.88
6305		62	17	1.1	32	55	1.0	22.20	11.50
6405		80	21	1.5	34	71	1.5	38.20	19.20